煤炭职业教育“十四五”规划教材

电气控制与PLC应用技术

主　编　黄俊梅　朱莹
副主编　徐永帅　王茜　孟卓

应急管理出版社
·北　京·

内 容 提 要

《电气控制与PLC应用技术》是电气自动化技术、机电一体化技术、机械制造及自动化等专业的主干核心课。本书内容包括常见电气设备的应用、电气控制线路的设计与安装调试、西门子S7-1200 PLC的认知与应用、基于PLC的电动机控制、定时计数指令应用、功能指令的编程及应用，旨在使学习者较快地熟悉并掌握相关理论及实操应用技能。

本书可作为高职高专相关电类专业的教学用书，也可作为企业电气工程技术人员的参考用书。

前　言

《电气控制与PLC应用技术》集电机与电气控制、PLC应用技术课程内容于一体。通过本书学习，学生可以全面了解电气控制与可编程逻辑控制器（PLC）的体系结构，掌握常见电器元件、典型控制电路、可编程控制器程序设计、软硬件系统综合调试等知识技能。教材设计逻辑思路清晰，要点突出，有助于培养学生的综合素质，掌握电气控制理念，提高运用PLC技术发现问题、分析问题和解决问题的能力。

根据高职高专人才培养目标，结合学生学情和课程改革，本书具有以下特点。

（1）以"项目引领、任务驱动"为基本设计理念，力求用经典实用的任务实例引领学生，着重培养学生自主分析和解决实际问题的能力，体现当前职业教育的要求。

（2）配套嵌入了课程相关数字化资源（见附录）。通过扫码实现知识点与视频资源、数字化资源的关联，实现立体化教材建设。

（3）注重职业能力培养，以典型工作任务为载体，以任务描述、任务分析、任务实施、评价反馈为主线，注重引导学生在做中学、学中做，提升其学习积极性和成效。

本书由陕西能源职业技术学院黄俊梅、朱莹任主编；陕西能源职业技术学院徐永帅、王茜、孟卓任副主编。编者结合多年的专业教学经验，并在西门子公司（西安分公司）工程师技术支持下编写完成了本书。朱莹编写了项目一、项目二；黄俊梅编写了项目三、项目四；徐永帅编写了项目五；王茜编写了项目六；孟卓负责电气控制部分的视频资源整理及录制。全书由黄俊梅统稿。

本书在编写过程中，得到了陕西能源职业技术学院的大力支持，在此表示由衷感谢。此外，对于本书中引用的参考用书编者，表示诚挚的谢意！

由于编者的水平有限，书中错误和疏漏之处恳切希望广大师生批评指正。

编　者

2024年6月

目　　录

项目一　常见电气设备的应用

项目导入

在工业生产中，电机及其控制电器在工业生产中几乎无处不在，它们是各种机械和设备的主要动力来源，是工业生产中最常见的负载。以下是一些主要使用电机的工业生产领域。

（1）制造业。制造业是电机使用最广泛的行业，包括机械制造、汽车制造、电子制造、家电制造等。在这些领域，电机用于驱动装配线、输送带、机械臂、泵、压缩机等。

（2）化工和制药业。在化工和制药行业，电机用于驱动搅拌器、混合器、压缩机、泵和通风机等设备，用于原料的混合、反应、输送和产品的包装。

（3）矿业和采石业。矿山和采石场使用电机驱动钻机、破碎机、输送带、泵和通风机等设备，用于矿产资源的开采、加工和运输。

（4）建筑业。建筑行业广泛使用电机驱动各种设备，如混凝土搅拌机、起重机、电梯、泵等。

（5）农业。农业领域使用电机驱动灌溉系统、谷物加工机械、饲料混合机、农田机械等。

（6）水处理和废物处理。在水处理和废物处理厂，电机用于驱动水泵、污水处理机械、垃圾压实机等设备。

（7）食品和饮料行业。食品和饮料行业使用电机驱动生产线、包装机、冷藏设备、搅拌机等。

（8）纺织业。纺织行业中的纺纱机、织布机、印染机等设备都依赖电机提供动力。

（9）交通运输。虽然交通运输不属于传统工业生产，但电机在轨道交通（如地铁、轻轨）、电动车辆（如电动汽车、电动公交车）等领域也是关键的动力来源。

以上这些只是电机及其控制电器在工业生产中应用的一部分。实际上，几乎所有工业生产活动都在某种程度上依赖于电机的运转。电机的广泛应用使它们成为现代工业社会不可或缺的一部分。随着技术的进步，电机的效率和性能不断提升，它们在工业生产中的作用也越来越重要。控制电器的发展，也使电机能完成更复杂、更精细、更稳定的生产任务。

学习目标

（1）认识常用低压电器，能正确完成常用低压电器的安装和接线工作。

（2）能对常用低压电器的基本参数进行测量。

（3）熟悉常用电动机的基本类型，能初步对常用电动机进行选择。

（4）熟悉常用电动机的结构和工作原理，能正确完成三相异步电动机的拆装作业。

（5）能对三相异步电动机的基本参数和性能进行检测和分析。

任务一　常用低压电器的选择与应用

任务描述

凡是能自动或手动接通和断开电路，以及能对电路或非电路现象进行切换、控制、保护、检测、变换或调节的元件，统称为电器。低压电器指额定电压为交流 1000 V 或直流 1200 V 及以下的电器。

要想使电动机安全、可靠、受控制地运行，能够根据实际生产情况的需求，实现电动、连动、正反转等，并实现安全启动、迅速制动、受控调速等，就需要低压电器的帮助。

低压电器是电力拖动自动控制系统的基本组成元件。按控制对象，低压电器可分为低压配电电器和低压控制电器。低压配电电器主要用于低压配电系统，如刀开关、转换开关、熔断器、低断路器和保护继电器等。低压控制电器主要用于电力传动系统，如控制继电器、接触器、启动器、控制器调整器、主令电器、变阻器和电磁铁等。

低压电器种类繁多，应用范围广泛。在选用低压电器时，应遵循以下原则。

（1）安全原则。低压电器的选用应符合安全标准，确保电路和用电设备的安全运行。

（2）经济原则。低压电器的选用应具有经济性，满足使用要求，并降低使用成本。

（3）适用原则。低压电器的选用应符合电路和用电设备的使用要求，确保电路和用电设备正常运行。

在实际应用中，低压电器的选用方法主要包括以下几种。

（1）按电压等级选用。低压电器应按电路的额定电压等级进行选择。

（2）按电流等级选用。低压电器应按电路的额定电流等级进行选择。

（3）按工作条件选用。低压电器应按电路的工作条件进行选择。

（4）按环境条件选用。低压电器应按使用环境条件进行选择。

任务分析

低压电器概述

完成本任务需要学生熟悉常用低压电器的外形、结构和工作原理，知道常用低压电器基本参数的物理意义和测试方法，知道常用低压电器的开关特性和测试方法，熟练使用各种常用工具和仪器仪表。

一、主令电器

主令电器

主令电器是一种小电流开关电器，它在控制电路中的作用是发布命令以控制接触器、继电器或其他电器执行元件的电磁线圈，使电路接通或断开，从而控制电力拖动系统的启动或停止。

1. 按钮

按钮又称控制按钮或按钮开关，是一种手动控制电器。它只能短时接通或分断 5 A 以下的小电流电路，向其他电器发出指令的电信号，控制其他电器动作。按钮的外形、结构及其电路符号如图 1-1 所示。

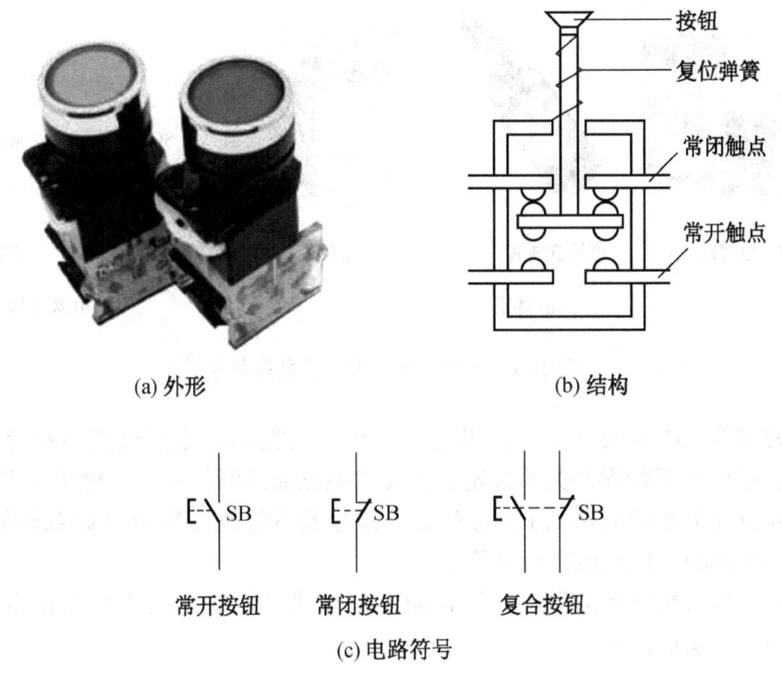

(a) 外形　(b) 结构

(c) 电路符号

图 1-1　按钮的外形、结构及其电路符号

按钮上的触点分为常开触点和常闭触点，由于按钮的结构特点，按钮只起到发出“接通”和“断开”信号的作用。

2. 转换开关

转换开关可以对各种开关设备进行远距离控制，可作为电压表、电流表测量换相开关，或控制小型电动机的启动、制动、正反转控制操作等。转换开关由多层动触点和静触点组成，其外形如图 1-2 所示。

图 1-2　转换开关外形

3. 行程开关

行程开关也称限位开关，是一种根据生产机械的行程信号进行动作的电器，其结构和工作原理与按钮类似，同样包括常开触点和常闭触点。行程开关和按钮一样，要连接在控制电路中。

行程开关外形及其电路符号如图 1-3 所示。

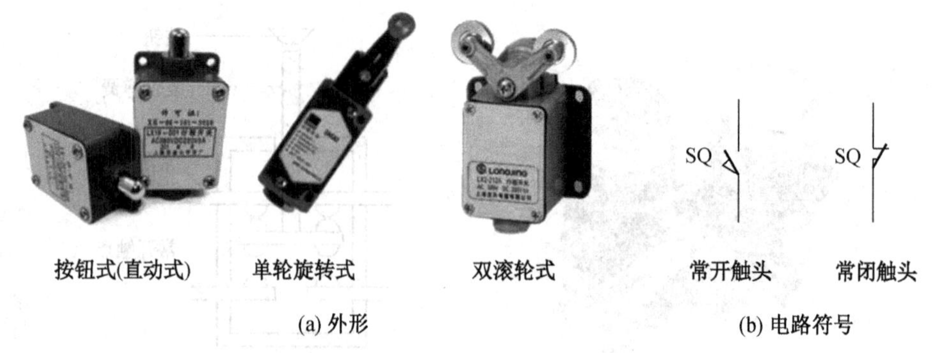

图 1-3 行程开关外形及其电路符号

行程开关安装在固定的基座上，当它与装在被其控制的生产机械运动部件上的“撞块”相撞时，撞块压下行程开关的滚轮，便发出触点通或断信号。当撞块离开后，有的行程开关自动复位（如单轮旋转式），而有的行程开关不能自动复位（如双轮旋转式），后者须依靠另一方向的二次相撞进行复位。

行程开关结构与按钮结构类似，但其动作依靠机械撞击。它主要用作电路的限位保护、行程控制、自动切换等。

二、保护电器

保护电器是一种用于保护用电设备的装置，当电路出现短路、过电流、过电压等异常时，立刻断开电源，从而避免电器设备被烧毁甚至电器火灾事故的发生。

保护电器

1. 熔断器

低压熔断器俗称保险、保险丝。当电路正常时，熔体温度较低，不会熔断。如果电路发生严重过载或短路，并超过一定时间，电流产生的热量会使熔体熔化，分断电路，可起到保护作用。

熔断器在电路中作为电力线路或电气设备的过载保护和系统短路保护，串联在被保护的线路中。当线路正常工作时它如同一根导线，起通路作用；当线路短路或过载时它会熔断，起到保护线路中其他电器设备的作用。

熔断器的电路符号如图 1-4 所示。

熔断器的熔断过程具有反时限特性：熔体上流过的电流越大，熔体熔断所需的时间越短。熔断器的反时限特性曲线如图 1-5 所示。

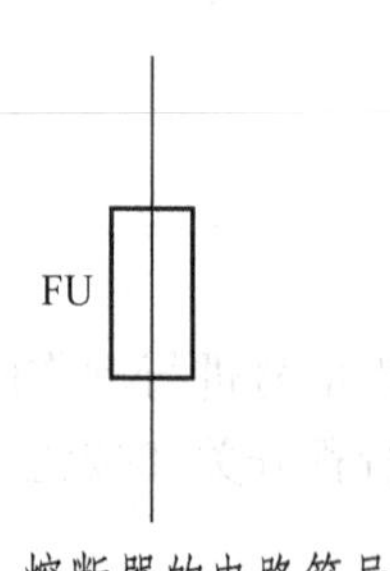

图 1-4 熔断器的电路符号

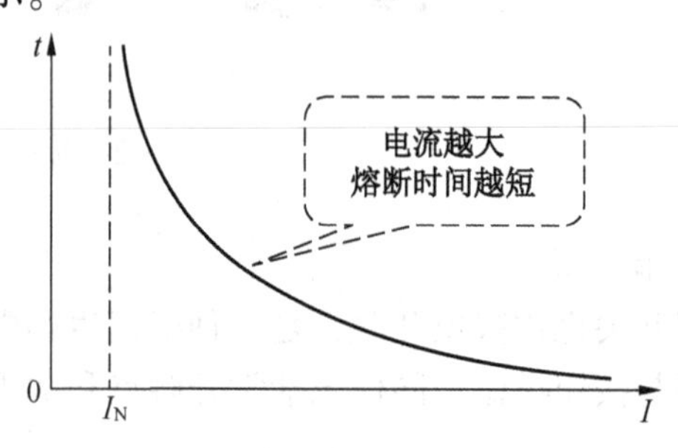

图 1-5 熔断器的反时限特性曲线

熔断器的结构有管式、磁插式、螺旋式等几种。其核心部分熔体（熔丝或熔片）由电阻率较高的易熔合金制成，如铅锡合金；或者由截面积较小的导体制成。

熔体额定电流 I_F 的选择如下。

（1）无冲击电流的场合（如电灯、电炉）：$I_F \geqslant I_L$。

（2）只保护一台电动机的熔断器熔体：熔体额定电流≥电动机的启动电流÷2.5，如果这台电动机启动频繁，则为熔体额定电流≥电动机的启动电÷(1.6~2)。

（3）几台电动机合用的总熔断器熔体：熔体额定电流=(1.5~2.5)×容量最大的电动机的额定电流+其余电动机的额定电流之和。

2. 热继电器

热继电器是用于保护电动机，使之免受长期过载危害的继电器。

热继电器利用电流的热效应而动作，它的工作原理图如图 1-6 所示。发热元件是一段电阻不大的电阻丝。接在电动机主电路中的双金属片，由两种具有不同线膨胀系数的金属片贴合制成，其中下层金属的膨胀系数大，上层金属的膨胀系数小。当主电路中电流持续超过热继电器的整定电流时，双金属片受热向上弯曲致使脱扣，扣板在弹簧的拉力作用下将常闭触头断开。触头是接在电动机的控制电路中的，控制电路断开使接触器的线圈断电，从而断开电动机的主电路。

由于热惯性，热继电器不能做短路保护，因为发生短路事故时，要求电路立即断开电源，而热继电器是不能立即动作的。但在电动机启动或短时过载时，由于热惯性热继电器不会动作，这可避免电动机不必要的停车。如果要复位热继电器，则按下复位按钮即可。

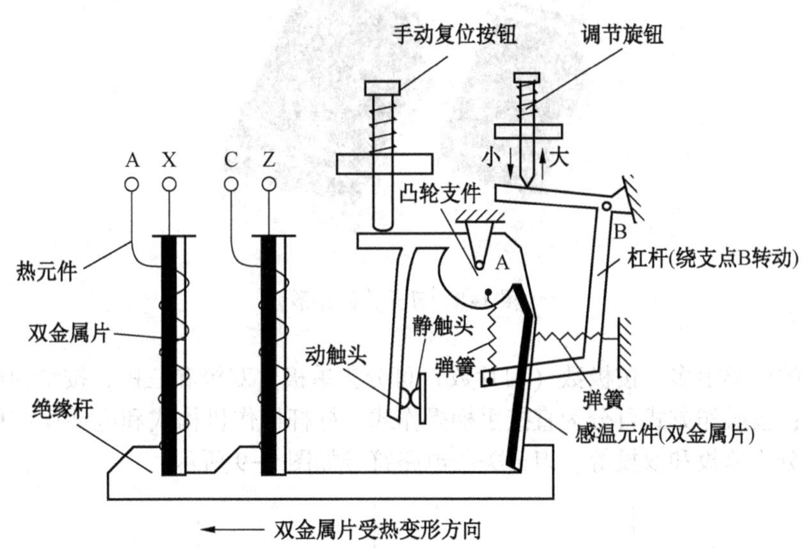

图 1-6　热继电器工作原理图

热继电器的电路符号如图 1-7 所示。

整定电流是热继电器最重要的一个技术数据。当发热元件中通过的电流超过整定电流的 20% 时，热继电器应当在 20 min 内动作。选用热继电器时，应使其整定电流与电动机的额定电流基本上一致。

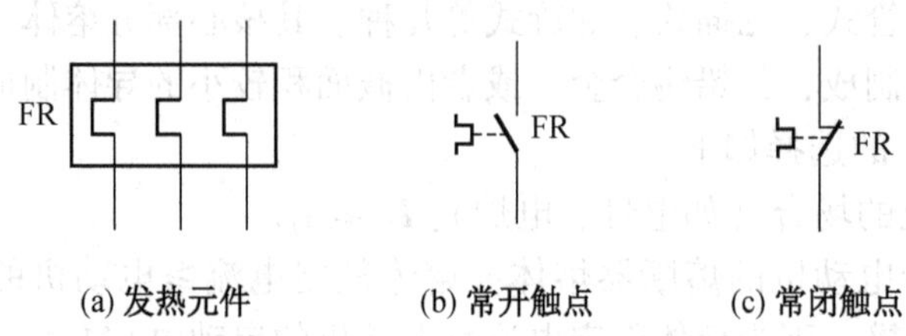

图 1-7　热继电器的电路符号

三、开关电器

开关电器

开关电器用于接通或断开一个或几个电路电流的电器。电力拖动系统中常用的开关有刀开关、低压断路器、接触器等。

1. 刀开关

刀开关又叫闸刀开关，一般用于不频繁操作的低压电路中，用于接通和切断电源，有时也用于控制小容量电动机的直接启动与停机。刀开关由闸刀（动触点）、静插座（静触点）、手柄和绝缘底板等组成。刀开关的外形如图 1-8 所示。

图 1-8　刀开关的外形

刀开关的种类很多。按极数（刀片数）可分为单极、双极和三极；按结构可分为平板式和条架式；按操作方式可分为直接手柄操作式、杠杆操作机构式和电动操作机构式；按转换方向可分为单投和双投等。刀开关的电路符号如图 1-9 所示。

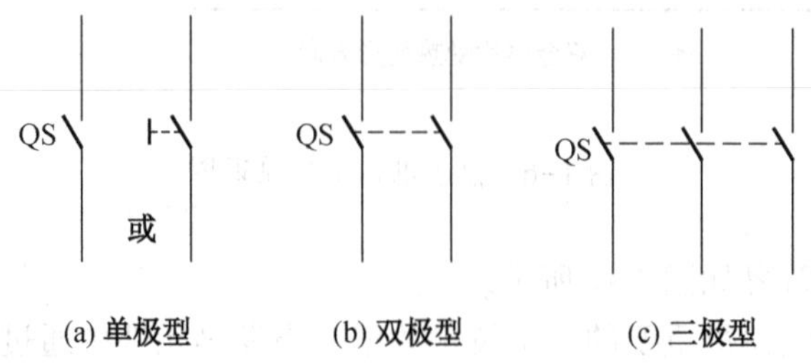

图 1-9　刀开关的电路符号

安装刀开关时瓷底座应与地面垂直，进线接在上方，出线接在下方，进出线不能接反。闭合时手柄向上，不得倒装或平装。倒装时手柄可能因自重落下而引起误合闸，危及设备和人身安全。刀开关一般与熔断器串联使用，以便在短路或过负荷时熔断而自动切断电路。

刀开关的额定电压通常为 250 V、500 V，额定电流为 1500 A 以下。考虑到电动机的启动电流较大，刀闸的额定电流值应为异步电动机额定电流的 3~5 倍。

2. 组合开关

组合开关多用于机床电气控制线路中，常作为电源的引入开关，在不频繁操作的情况下可用于控制电路的接通、断开，以及控制 5 kW 以下小容量电动机的正反转、Y-△启动等。

组合开关内部有三对静触点，分别用三层绝缘板相各自附有连接线路的接线柱。它的刀片（动触点）互相绝缘，可以转动，能组成各种不同的线路。动触点装在有手柄的绝缘方轴，方轴可 90°旋转，通过方轴的旋转使其与静触点接通或断开。开关内装有速断弹簧，用于加速开关的分断速度。常用型号有 HZ5、HZ10、HZ15 等系列。

组合开关外形及其电路符号如图 1-10 所示。

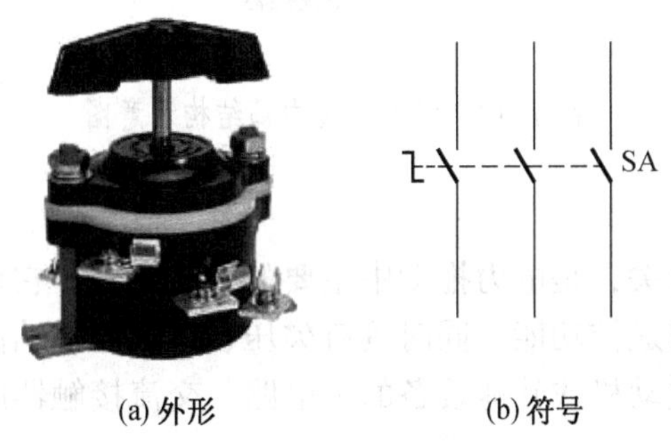

图 1-10　组合开关外形及其电路符号

3. 低压断路器

低压断路器又称低压自动开关，可分为框架式和塑壳式两大类。低压控制线路中主要使用的是塑壳式中的一种，俗称空气开关。空气开关外形及其电路符号如图 1-11 所示。

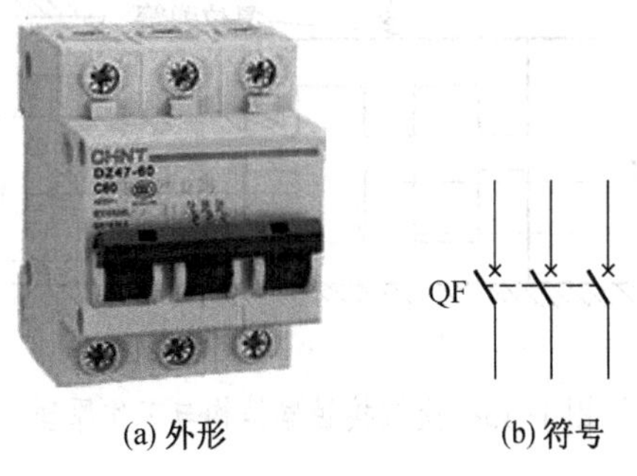

图 1-11　空气开关外形及其电路符号

空气开关内部结构由触点系统、灭弧系统、传动系统、自动控制4部分组成，可以实现四大作用：控制作用、短路保护、过流保护、失压保护。空气开关内部结构示意图如图1–12所示。

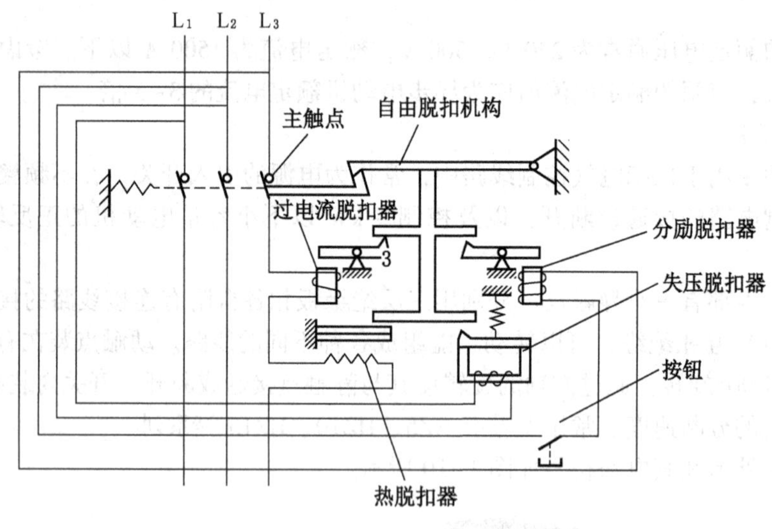

图1–12　空气开关内部结构示意图

4. 接触器

接触器是一种自动开关，是电力拖动中主要的控制电器，它可分为直流和交流两类。接触器具有遥控功能，同时具有欠压、失压保护功能。交流接触器常用于接通和断开电动机或其他设备的主电路。交流接触器的结构与工作原理如图1–13所示。

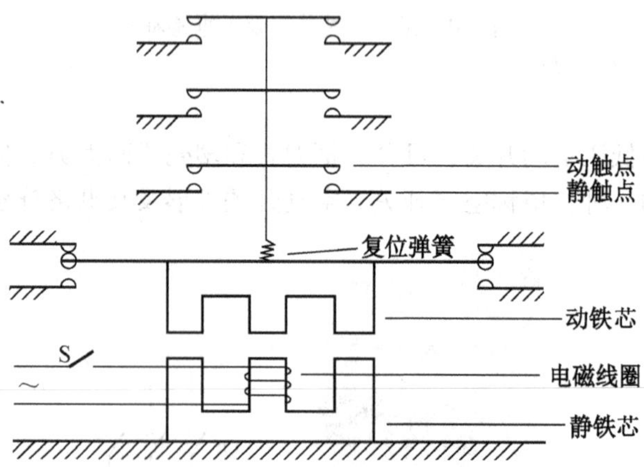

图1–13　交流接触器结构与工作原理

接触器主要由电磁铁和触头两部分组成。它利用电磁铁的吸引力而动作。当电磁线圈通电后，吸引山字形动铁芯，而使常开触头闭合。

根据用途不同，接触器的触头可分为主触头和辅助触头两种。主触头能通过较大电流，常接在电动机的主电路中；辅助触头中通过的电流较小，常接在电动机的控制电路中，不同型号的接触器，辅助触头的类型和数量也不一样。如正泰 CJX2-1210 型交流接触器有 3 个常开主触头和 1 个常开辅助触头，正泰 CJX2-1201 型交流接触器有 3 个常开主触头和 1 个常闭辅助触头，正泰 CJX2-1211 型交流接触器则有 3 个常开主触头和 1 个常开辅助触头、1 个常闭辅助触头。接触器的电路符号如图 1-14 所示。

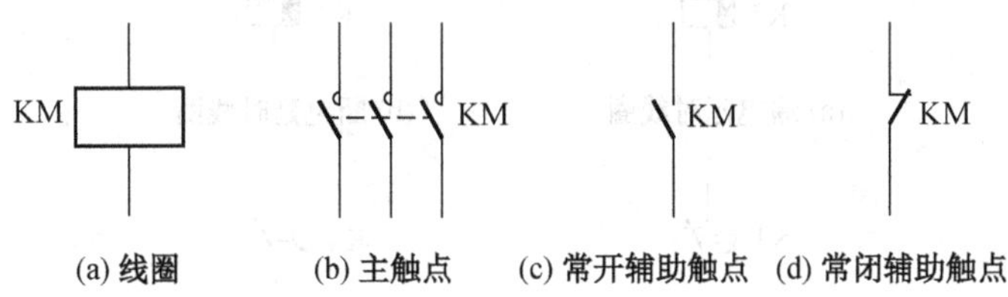

图 1-14　接触器的电路符号

当主触头断开时，其间会产生电弧，烧坏触头，并使电路分断时间拉长，因此，必须采取灭弧措施。通常交流接触器的触头都做成桥式结构，它有两个断点，以降低触头断开时加在断点上的电压，使电弧容易熄灭；同时各相间装有绝缘隔板，可防止短路。在电流较大的接触器中还专门设有灭弧装置。

在选用接触器时，应注意它的额定电流、线圈电压及触头数量等。还应注意交流接触器与直流接触器不能混用，否则会出现铁芯过热、触头震动等问题。

接触器安装、接线时，应注意正确分辨接线端，防止错接、误接。正泰 CJX2-1210 型接触器的外形及主要接线端如图 1-15 所示。

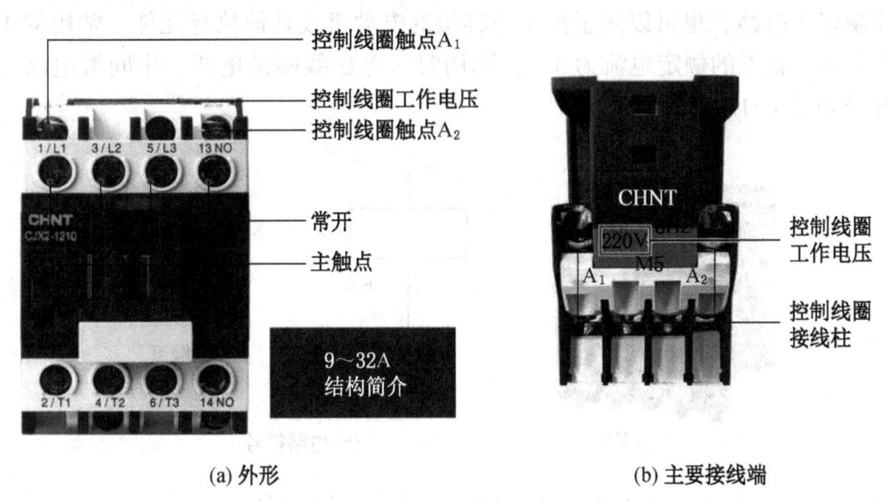

图 1-15　正泰 CJX2-1210 型接触器的外形及主要接线端

四、控制电器

控制电器是用于产生一些控制信号的电器。电力拖动系统中常用的控制电器有电流继电器、电压继电器、时间继电器、中间继电器、信号继电器等。

1. 时间继电器

时间继电器是在感受外界信号后，其执行部分需要延迟一定时间才动作的一种继电器。在电气控制系统中常起到定时、延时控制作用。时间继电器按延迟方式可分为通电延时型和断电延时型两类。时间继电器电路符号如图 1–16 所示。

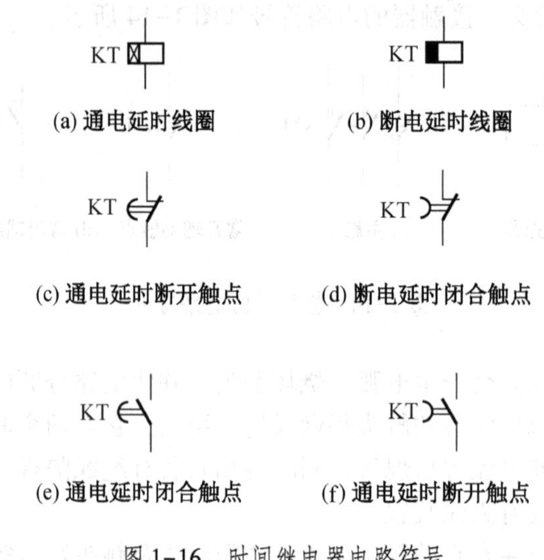

图 1–16　时间继电器电路符号

2. 中间继电器

中间继电器的结构与接触器基本相同，只是体积较小、触点较多，通常用于传递信号或同时控制多个电路，也可以用于控制小容量的电动机或其他执行元件。常用的中间继电器有 JZ7 系列，触点的额定电流为 5 A，选用时应考虑线圈的电压。中间继电器的外形及其电路符号如图 1–17 所示。

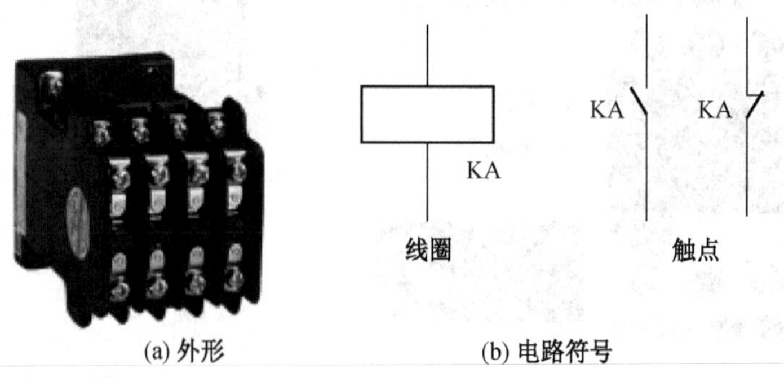

图 1–17　中间继电器的外形及其电路符号

任务实施：低压电器的测试

1. 元器件与工具准备

任务所需的元器件与工具见表 1–1。

表1-1　元器件与工具列表

序号	名　　称	单位	数量
1	电工工具箱 （包含万用表、验电笔、螺丝刀、剥线钳、尖嘴钳、压线钳、橡胶榔头等）	套	1
2	按钮	只	1
3	行程开关	个	1
4	熔断器	个	1
5	低压断路器	个	1
6	接触器	个	1

2. 实施步骤

步骤一　器件识别

（1）根据器件外形判断器件类型。

（2）根据器件的铭牌数据确定器件的主要参数。

步骤二　外观检查

（1）检查外壳：观察外壳是否有明显变形或裂纹。

（2）检查开关机构：打开和关闭开关多次，观察机构是否灵活、可靠。

（3）检查接线端子：检查接线端子是否松动或腐蚀。

步骤三　功能测试

（1）测试额定值：使用万用表测试额定值是否在规定范围内。

（2）测试动作特性：使用万用表测试开关的动作特性，如开合状态、动作时间、动作电流等。

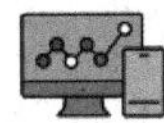

评价反馈任务单

学生任务分配实施单

<table>
<tr><td>任务名称</td><td colspan="5">常用低压电器的选择与应用</td></tr>
<tr><td>班级</td><td></td><td>组号</td><td></td><td rowspan="2">指导教师</td><td rowspan="2"></td></tr>
<tr><td>组长</td><td></td><td>学号</td><td></td></tr>
<tr><td rowspan="4">组员</td><td>姓名</td><td></td><td>学号</td><td></td><td></td></tr>
<tr><td>姓名</td><td></td><td>学号</td><td></td><td></td></tr>
<tr><td>姓名</td><td></td><td>学号</td><td></td><td></td></tr>
<tr><td>姓名</td><td></td><td>学号</td><td></td><td></td></tr>
<tr><td colspan="6">（就组织讨论、工具准备、数据采集记录、安全监督、成果展示等工作内容进行任务分工）</td></tr>
</table>

（续）

实施步骤
步骤一： 步骤二： 步骤三：

经验记录单

任务名称	常用低压电器的选择与应用				
班级		姓名		指导教师	
学号		组号			

总结与经验

实验过程中，出现了哪些问题？你是如何解决的？
问题 1： 解决方法： 问题 2： 解决方法： 问题 3： 解决方法：

各小组互评打分表

姓名		学号			班级				组别			
实训任务		常用低压电器的选择与应用										
评价项目	分值	等级				评价对象（组别）							
		A	B	C	D	1	2	3	4	5	6	7	8
方案合理	20	20	15	10	5								
团队合作	20	20	15	10	5								
工作质量	20	20	15	10	5								
工作规范	20	20	15	10	5								
PPT/演示展示	20	20	15	10	5								
合计	100	各组得分											

总结与反思

（如：在任务实施过程中遇到了什么问题→如何解决的/解决不了的原因→本次任务心得体会）

教师评价打分表

<table>
<tr><td>姓名</td><td colspan="2"></td><td>学号</td><td></td><td>班级</td><td></td><td>组别</td><td></td></tr>
<tr><td colspan="3">实训任务</td><td colspan="6">常用低压电器的选择与应用</td></tr>
<tr><td colspan="3">评价项目</td><td colspan="4">评价标准</td><td>分值</td><td>得分</td></tr>
<tr><td colspan="3">考勤（10%）</td><td colspan="4">未出现无故迟到、早退和旷课的现象</td><td>10</td><td></td></tr>
<tr><td rowspan="9">工作过程（60%）</td><td rowspan="2">知识目标</td><td>获取信息</td><td colspan="4">掌握工作相关知识</td><td>10</td><td></td></tr>
<tr><td>进行表决</td><td colspan="4">制订工作方案，方案合理可行</td><td>10</td><td></td></tr>
<tr><td rowspan="4">技能目标</td><td rowspan="4">任务实施</td><td colspan="4">能够通过外形识别常用低压电器</td><td>5</td><td></td></tr>
<tr><td colspan="4">能够正确完成器件的外观检测</td><td>5</td><td></td></tr>
<tr><td colspan="4">能够正确测量器件的额定值</td><td>5</td><td></td></tr>
<tr><td colspan="4">能够正确测试器件的动作特性</td><td>5</td><td></td></tr>
<tr><td rowspan="3">素养目标</td><td>工作态度</td><td colspan="4">认真严谨、积极主动、安全生产、文明施工</td><td>5</td><td></td></tr>
<tr><td>团队合作</td><td colspan="4">与小组成员、同学之间合作交流、协作工作</td><td>5</td><td></td></tr>
<tr><td>工作质量</td><td colspan="4">能按照工作方案操作，按计划完成工作任务</td><td>10</td><td></td></tr>
<tr><td rowspan="3" colspan="2">项目成果（30%）</td><td>工作完整</td><td colspan="4">能按时完成工作任务的所有环节</td><td>10</td><td></td></tr>
<tr><td>工作规范</td><td colspan="4">过程中规范操作，避免意外事故发生</td><td>10</td><td></td></tr>
<tr><td>汇报展示</td><td colspan="4">能准确表达、汇报工作成果</td><td>10</td><td></td></tr>
<tr><td colspan="7">合计</td><td>100</td><td></td></tr>
<tr><td rowspan="2" colspan="3">综合评价</td><td colspan="2">学生评价（50%）</td><td colspan="2">教师评价（50%）</td><td colspan="2">综合得分</td></tr>
<tr><td colspan="2"></td><td colspan="2"></td><td colspan="2"></td></tr>
<tr><td colspan="3">综合评语</td><td colspan="6">（作业过程中存在的问题及改进建议）</td></tr>
</table>

任务二　电动机的拆装与测试

任务描述

实现电能与机械能相互转换的电工设备总称为电机。电机利用电磁感应原理实现电能与机械能的相互转化。把机械能转化为电能的设备称为发电机，而把电能转化为机械能的设备称为电动机。

电动机是工程中用量最大的电力电器，在国民经济建设中的重要作用不言而喻。统计资料显示，电网 60%～70% 的电能被各种电动机使用。交流异步电动机的拥有量占电动机总拥有量的 90% 以上；直流电动机在调速领域正在被变频调速取代，拥有量下降；步进电机拥有量随着数控技术的发展而快速上升。

电动机按工作电源可分为直流电动机和交流电动机；按结构及工作原理可分为异步电动机和同步电动机；按用途可分为驱动用电动机和控制用电动机；按转子的结构可分为笼型电动机和绕线型电动机；按运转速度可分为高速电动机、低速电动机、恒速电动机和调速电动机；按防护形式可分为开启式电动机、封闭式电动机、网罩式电动机、防滴式电动机、防溅式电动机、潜水式电动机、隔爆式电动机等。生产中主要用的是交流电动机，特别是三相交流异步电动机，具有结构简单、坚固耐用、运行可靠、价格低廉、维护方便等优点，被广泛用于驱动各种金属切削机床、起重机、锻压机、传送带、铸造机械、通风机及水泵等。

不同类型电动机的结构不同，具有不同的性能特点，适用的场合也不同。在生产中，选择合适类型的电动机非常重要。

任务分析

完成本任务需要学生熟悉常用电动机的结构和工作原理；了解电动机基本参数的物理意义和测试方法，熟悉电动机的拆装方法和测试方法，熟练使用各种常用工具和仪器仪表；能够正确完成电动机的拆卸和装配，正确测量电动机的绝缘电阻和空载电流。

一、三相异步电动机

1. 三相交流异步电动机的结构

异步电动机的结构包括定子和转子两大部分。定子是电机中固定不动的部分，转子是电机中的旋转部分。由于异步电动机的定子产生励磁旋转磁场，同时从电源吸收电能，并将电能转化为转子上的机械能，所以与直流电机不同，交流电机定子是电枢。另外，定子和转子之间必须有一定间隙，以保证转子的自由转动，这个间隙称为气隙。异步电动机的空气隙较其他类型的电动机气隙小，一般为 0.2～2 mm。

三相异步电动机
结构及原理

三相异步电动机外形有开启式、防护式、封闭式等多种形式，以适应不同的工作需要。在某些特殊场合，还有特殊的外形防护形式，如防爆式、潜水泵式等。不管外形如何，电动机结构基本上是相同的。现以封闭式电动机为例介绍三相异步电动机的结构。鼠笼型三相异步电动机的结构如图 1-18 所示。

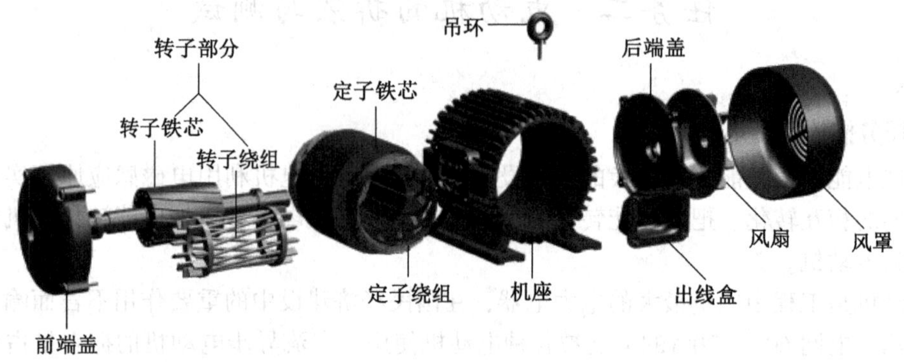

图 1-18 鼠笼型三相异步电动机的结构

1）定子部分

定子部分由机座、定子铁芯、定子绕组及端盖、轴承等部件组成。

(1) 机座。机座用于支承定子铁芯和固定端盖。中小型电动机机座一般用铸铁浇成，大型电动机多采用钢板焊接而成。

(2) 定子铁芯。定子铁芯是电动机磁路的一部分。为减小涡流和磁滞损耗，通常用厚 0.5 mm 的硅钢片叠压成圆筒，硅钢片表面的氧化层（大型电动机要求涂绝缘漆）用于片间绝缘，在铁芯的内圆上均匀分布与轴平行的槽，用于嵌放定子绕组。

(3) 定子绕组。定子绕组是电动机的电路部分，一般由绝缘铜（或铝）导线绕制的绕组连接而成。它的作用是利用通入的三相交流电产生旋转磁场。通常绕组用高强度绝缘漆包线绕制成各种形式的绕组，按一定的排列方式嵌入定子槽。

(4) 轴承。轴承是电动机定、转子衔接的部位。轴承分为滚动轴承和滑动轴承两类，滚动轴承又称滚珠轴承，也称球轴承。目前多数电动机都采用滚动轴承。

2）转子部分

转子是电动机中的旋转部分。一般由转轴、转子铁芯、转子绕组、风扇等组成。

(1) 转轴。转轴是输出转矩带动负载的部件，由碳纲制成，两端轴颈与轴承配合，出轴端铣有键槽，用于固定皮带轮或联轴器。

(2) 转子铁芯。转子铁芯也是电动机磁路的一部分。由厚 0.5 mm 的硅钢片叠压成圆柱体，并紧固在转子轴上。转子铁芯的外表面有均匀分布的线槽，用于嵌放转子绕组。

(3) 转子绕组。三相交流异步电动机按照转子的绕组形式，一般可分为笼型和绕线型。

笼型转子线槽有直条形式和斜条形式，一般采用斜条形式，能够改善启动与调速性能。笼型绕组是在转子铁芯的槽里嵌放裸铜条或铝条（称为导条），然后用两个金属环（称为端环）分别在裸金属导条两端将它们全部短接，即构成转子绕组；小型笼型电动机一般用铸铝转子，这种转子是将熔化的铝液浇在转子铁芯上，导条、端环一次浇铸出来。如果去掉铁芯，整个绕组形似鼠笼，所以称为笼型转子绕组，其形式如图 1-19 所示。图 1-19a 为直条形式，图 1-19b 为斜条形式。

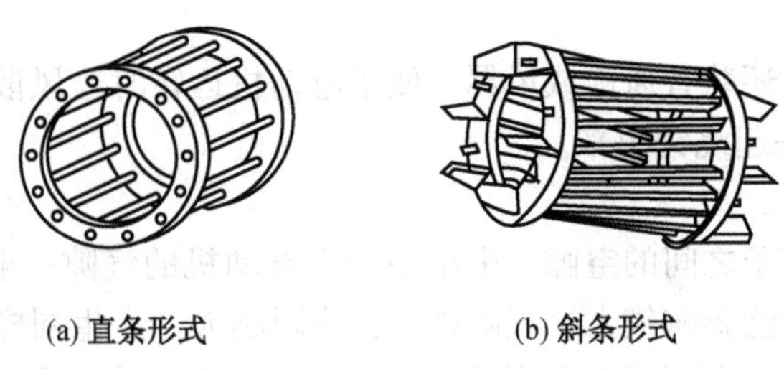

图 1-19　笼型异步电动机的转子绕组形式

绕线型转子绕组与定子绕组类似，由镶嵌在转子铁芯槽中的三相绕组组成。绕组一般采用星形连接，三相绕组的尾端接在一起，首端分别接到转轴上的 3 个铜滑环上，通过电刷将 3 根旋转的线变成固定线，与外部的变阻器连接，构成转子的闭合回路，以便于控制，如图 1-20 所示。有的电动机还装有提刷短路装置，电动机启动后且不需要调速时，可提起电刷，同时使 3 个滑环短路，以减少电刷磨损。

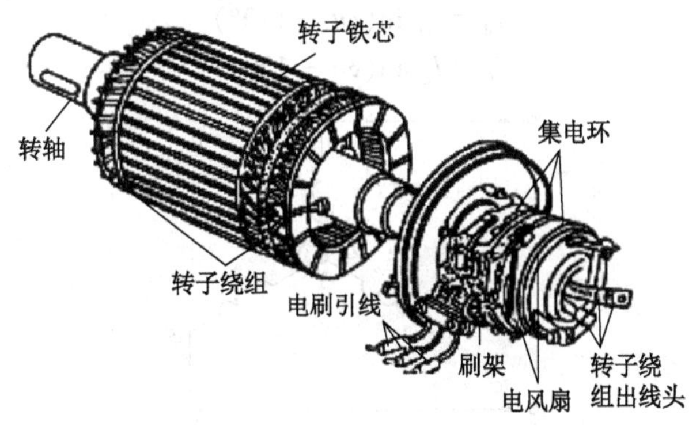

(a) 绕线型转子

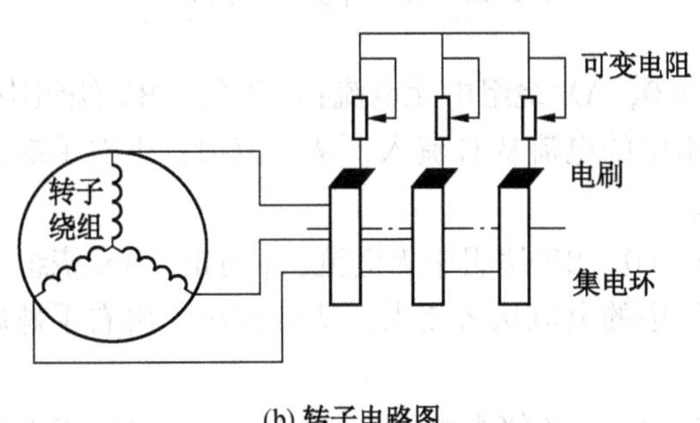

(b) 转子电路图

图 1-20　绕线型异步电动机的转子

两种转子相比，笼型转子结构简单、造价低廉，并且运行可靠，因而应用十分广泛。绕线型转子结构较复杂，造价也高，但是它的启动性能较好，并能利用变阻器阻值的变化，使电动机在一定范围内调速；在启动频繁、需要较大启动转矩的生产机械（如起重机）中常常被采用。

一般电动机转子上还装有风扇或风翼，便于电动机运转时通风散热。铸铝转子一般将风翼和绕组（导条）一起浇铸出来。

3）气隙

气隙是指定子与转子之间的空隙。中小型异步电动机的气隙一般为 0.2~1.5 mm。气隙的大小对电动机的性能影响较大，气隙越大，磁阻越大，产生同样大小的磁通，所需的励磁电流 I_m 也越大，电动机的功率因数也就越小。但气隙过小，会给装配造成困难，同时运行时定、转子容易发生摩擦，使电动机运行不可靠。

2. 三相交流异步电动机的工作原理

图 1-21 表示最简单的三相异步电动机定子绕组 AX、BY、CZ，它们在空间按互差 1200 的规律对称排列，并接成星形与三相电源 A、B、C 相连，则三相定子绕组通过三相对称电流，如式（1-1）、式（1-2）、式（1-3）所示。随着电流在定子绕组中通过，三相定子绕组中就会产生旋转磁场。

$$i_A = I_m \sin\omega t \tag{1-1}$$

$$i_B = I_m \sin(\omega t - 120°) \tag{1-2}$$

$$i_C = I_m \sin(\omega t + 120°) \tag{1-3}$$

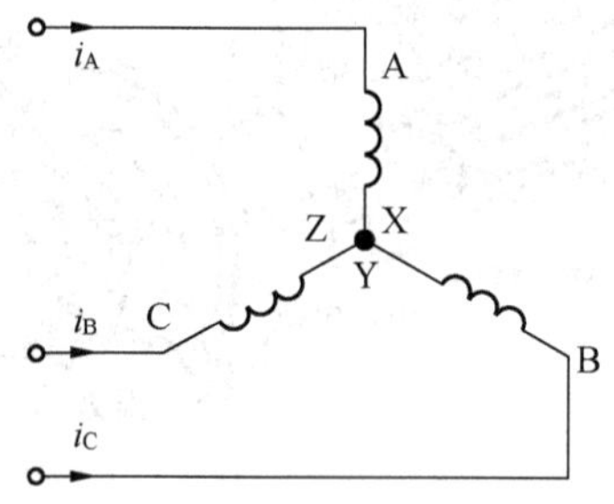

图 1-21　三相异步电动机定子绕组

当 $\omega t = 0°$ 时，$i_A = 0$，AX 绕组中无电流；i_B 为负，BY 绕组中的电流从 Y 流入，从 B1 流出；i_C 为正，CZ 绕组中的电流从 C 流入，从 Z 流出；由右手螺旋定则可得，合成磁场的方向如图 1-22a 所示。

当 $\omega t = 120°$ 时，$i_B = 0$，BY 绕组中无电流；i_A 为正，AX 绕组中的电流从 A 流入，从 X 流出；i_C 为负，CZ 绕组中的电流从 Z 流入，从 C 流出；由右手螺旋定则可得，合成磁场的方向如图 1-22b 所示。

当 $\omega t = 240°$ 时，$i_C = 0$，CZ 绕组中无电流；i_A 为负，AX 绕组中的电流从 X 流入，从 A 流出；i_B 为正，BY 绕组中的电流从 B 流入，从 Y 流出；由右手螺旋定则可得，合成磁场的方向如图 1-22c 所示。

可见，当定子绕组中的电流变化一个周期时，合成磁场也按电流的相序方向在空间旋转一周。随着定子绕组中的三相电流不断地做周期性变化，产生的合成磁场不断地旋转，因此称为旋转磁场。

旋转磁场在定子中产生，而转子安装在定子中间，处于旋转磁场中。当磁场旋转时，

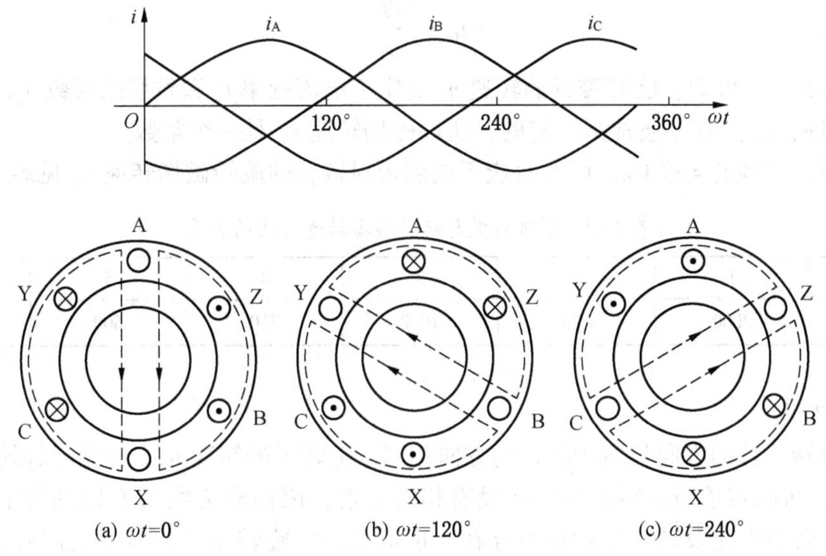

图 1-22 旋转磁场的形成

转子绕组的导体切割磁通产生感应电动势。由于电动势的存在，转子绕组中将产生转子电流，根据安培定律，转子电流与旋转磁场相互作用产生电磁力，该力在转子的轴上形成电磁转矩，转矩的作用方向与旋转磁场的旋转方向相同，转子受此转矩作用，便按旋转磁场的选装方向旋转起来。

旋转磁场的方向是由三相绕组中的电流相序决定的，若要改变旋转磁场的方向，只要改变通入定子绕组的电流相序，即将三根电源线中的任意两根对调即可。这时转子的旋转方向也随之改变。

三相异步电动机的几个重要参数如下。

1）极数（磁极对数 p）

三相异步电动机的极数就是旋转磁场的极数。旋转磁场的极数与三相绕组的安排有关。

当每相绕组只有一个线圈，绕组的始端之间相差 120°空间角时，产生的旋转磁场具有一对极，即 $p = 1$。

当每相绕组为两个线圈串联，绕组的始端之间相差 60°空间角时，产生的旋转磁场具有两对极，即 $p = 2$。

同理，如果要产生三对极，即 $p = 3$ 的旋转磁场，则每相绕组必须有均匀安排在空间的串联的 3 个线圈，绕组的始端之间相差 40°（120°/p）空间角。

极数 p 与绕组的始端之间空间角的关系为

$$\theta = \frac{120°}{p} \tag{1-4}$$

2）转速 n

三相异步电动机旋转磁场的转速 n_0 与电动机磁极对数 p 有关，它们的关系是：

$$n_0 = \frac{60f_1}{p} \tag{1-5}$$

由式（5-1）可知，旋转磁场的转速 n_0 决定于电流频率 f_1 和磁场的极数 p 。对于某一异步电动机而言，f_1 和 p 通常是一定的，所以磁场转速 n_0 是一个常数。

在我国，工频 $f_1 = 50$ Hz，因此对应不同磁极对数 p 的旋转磁场转速 n_0 见表 1-2。

表 1-2　磁极对数与旋转磁场转速之间的关系

p	1	2	3	4	5	6
n_0	3000	1500	1000	750	600	500

3）转差率

电动机转子转动方向与磁场旋转的方向相同，但转子的转速 n 不可能与旋转磁场的转速 n_0 相等，否则转子与旋转磁场之间没有相对运动，因而磁力线就不切割转子导体，转子电动势、转子电流及转矩也就都不存在。也就是说，旋转磁场与转子之间存在转速差，因此将这种电动机称为异步电动机，又因为这种电动机的转动原理是建立在电磁感应基础上的，故又称为感应电动机。

旋转磁场的转速 n_0 常称为同步转速。

转差率是用于表示转子转速 n 与磁场转速 n_0 相差程度的物理量，用 s 表示。即

$$s = \frac{n_0 - n}{n_0} = \frac{\Delta n}{n_0} \tag{1-6}$$

转差率是异步电动机的一个重要物理量。

当旋转磁场以同步转速 n_0 开始旋转时，转子因机械惯性尚未转动时，转子的瞬间转速 $n = 0$，转差率 $s = 1$。转子转动起来之后，$n > 0$，（$n_0 - n$）差值减小，电动机的转差率 $s < 1$。如果转轴上的阻转矩加大，则转子转速 n 降低，即异步程度加大，才能产生足够大的感受电动势和电流，以及足够大的电磁转矩，这时的转差率 s 增大。反之，s 减小。异步电动机运行时，转速与同步转速一般很接近，转差率很小。在额定工作状态下为 0. 015~0. 06。

根据式（1-7），可以得到电动机的转速常用公式：

$$n = (1 - s)n_0 \tag{1-7}$$

【例】　一台三相异步电动机的额定转速 $n = 975$ r/min，电源频率 $f = 50$ Hz，求电动机的极数和额定负载时的转差率 s。

解　由于电动机的额定转速略小于同步转速，而同步转速对应不同的极对数有一系列固定的数值。显然，与 975 r/min 最相近的同步转速 $n_0 = 1000$ r/min，与此相应的磁极对数 $p=3$。因此，额定负载时的转差率为

$$s = \frac{n_0 - n}{n_0} \times 100\% = \frac{1000 - 975}{1000} \times 100\% = 2.5\%$$

3. 三相异步电动机技术数据

每台电动机的机座上都装有一块铭牌，铭牌上会标注该电动机的主要性能和技术数据，见表 1-3。

表 1-3　某三相异步电动机铭牌数据

三相异步电动机		
型号　Y132M-4	功率　7.5 kW	频率　50 Hz
电压　380 V	电流　15.4 A	接法　△
转速　1440 r/min	绝缘等级　E	工作方式　连续
温升　80 ℃	防护等级　IP44	重量　55 kg
年　月　　编号	电机厂	

1）型号

根据不同用途和不同工作环境的需要，电机制造厂将电动机制成各种系列，每个系列的不同电动机用不同的型号表示。如型号 Y315S-6 对应含义见表 1-4。

表 1-4　电动机型号对应含义

Y	315	S	6
三相异步电动机	机座中心高（mm）	机座长度代号 S：短铁芯 M：中铁芯 L：长铁芯	磁极数

2）接法

接法是指电动机三相定子绕组的连接方式。

一般鼠笼式电动机的接线盒中有 6 根引出线，标有 U_1、V_1、W_1、U_2、V_2、W_2，其中：

U_1、V_1、W_1 是每一相绕组的始端；

U_2、V_2、W_2 是每一相绕组的末端。

三相异步电动机的接连方法有两种：Y（星形）连接和△（三角形）连接。通常三相异步电动机功率为 4 kW 及以下的选择 Y 连接；4 kW 以上的选择△连接。

3）电压

铭牌上所标的电压值是指电动机在额定运行时定子绕组上应加的线电压值。一般规定电动机的电压不应高于或低于额定值的 5%。

必须注意，在低于额定电压下运行时，最大转矩 T_{max} 和启动转矩 T_{st} 会显著降低，这对电动机的运行是不利的，所以三相异步电动机不允许长时间降压运行。

4）电流

铭牌上所标的电流值是指电动机在额定运行时定子绕组中的最大线电流允许值。

当电动机空载时，转子转速接近旋转磁场的转速，两者之间的相对转速很小，所以转子电流近似为零，这时定子电流几乎全为建立旋转磁场的励磁电流。当输出功率增大时，转子电流和定子电流都随之相应增大。

5）功率与效率

铭牌上所标的功率是指电动机在规定的环境温度下额定运行时电极轴上输出的机械功

率。输出功率与输入功率不等，其差值等于电动机本身的损耗功率，包括铜损、铁损及机械损耗等。

所谓效率 η 是指输出功率与输入功率的比值。一般鼠笼式电动机额定运行时的效率为72% ~93%。

6）功率因数

因为电动机是感性负载，定子相电流滞后于相电压角度 θ，$\cos\theta$ 就是电动机的功率因数。三相异步电动机的功率因数较低，额定负载时为 0.7~0.9，而在轻载和空载时更低，空载时只有 0.2~0.3。

选择电动机时应注意选择合适容量，防止“大马拉小车”，并力求缩短空载时间。

7）转速

即电动机额定运行时的转子转速，单位为转/分。

不同的磁极数对应不同的转速等级。最常用的是 4 个级的（$n_0 = 1500$ r/min）。

8）绝缘等级

绝缘等级是按电动机绕组所用的绝缘材料使用时容许的极限温度进行分级的。绝缘等级对应温度见表 1-5。

极限温度是指电机绝缘结构中最热点的最高容许温度。

表1-5　绝缘等级对应温度

绝缘等级	环境温度 40 ℃时的容许温升/℃	极限允许温度/℃
A	65	105
E	80	120
B	90	130

4. 三相异步电动机的选择

正确选择电动机的功率、种类、形式是极为重要的。

1）功率的选择

根据负载的情况选择合适的电动机功率，选大了虽然能保证正常运行，但是不经济，电动机的效率和功率因数都不高；选小了不能保证电动机和生产机械的正常运行，不能充分发挥生产机械的效能，并使电动机因过载而过早地损坏。

（1）连续运行电动机功率的选择。对连续运行的电动机，先计算出生产机械的功率，确保所选电动机的额定功率等于或稍大于生产机械的功率即可。

（2）短时运行电动机功率的选择。如果没有合适的专为短时运行设计的电动机，可选用连续运行的电动机。由于发热惯性，短时运行时可以容许过载。工作时间愈短，过载可以愈大。但电动机的过载是受到限制的。通常根据过载系数 λ 选择短时运行电动机的功率。电动机的额定功率可以是生产机械要求功率的 $1/\lambda$。

2）种类的选择

选择电动机的种类应从交流或直流、机械特性、调速与启动性能、维护及价格等方面考虑。

如没有特殊要求，一般应采用交流电动机。

三相鼠笼式异步电动机结构简单、坚固耐用、工作可靠、价格低廉、维护方便，但调速困难、功率因数较低、启动性能较差。因此要求机械特性较硬而无特殊调速要求的一般生产机械的拖动应尽可能采用鼠笼式电动机。

只有在不方便采用鼠笼式异步电动机时才采用绕线式电动机。

3）形式的选择

电动机常制成以下几种结构形式。

（1）开启式。在构造上无特殊防护装置，用于干燥无灰尘的场所。通风效果良好。

（2）防护式。机壳或端盖下面设有通风罩，以防止铁屑等杂物掉入。或将外壳做成挡板状，以防止一定角度内雨水滴入其中。

（3）封闭式。外壳严密封闭，靠自身风扇或外部风扇冷却，并在外壳带有散热片。在灰尘多、潮湿或含有酸性气体的场所，可采用该形式。

（4）防爆式。整个电机严密封闭，用于有爆炸性气体的场所。

4）安装结构形式的选择

（1）机座带底脚，端盖无凸缘（B_3）。

（2）机座不带底脚，端盖有凸缘（B_5）。

（3）机座带底脚，端盖有凸缘（B_{35}）。

5）电压的选择

电动机电压等级要根据电动机类型、功率及使用地点的电源电压选择。Y 系列鼠笼式电动机的额定电压只有 380 V 一个等级。只有大功率异步电动机才采用 3000 V 和 6000 V。

6）转速的选择

电动机的额定转速根据生产机械的要求而选定。但通常转速不低于 500 r/min。因为当功率一定时，电动机的转速愈低，其尺寸愈大，价格愈贵，且效率也愈低。异步电动机通常采用四极的，即同步转速 $n_0 = 1500$ r/min。

【例】 一 Y225M-4 型三相鼠笼式异步电动机的额定数据如下：试求额定电流、额定转差率 S_N、额定转矩 T_N、最大转矩 T_{max}、启动转矩 T_{st}。

功率	转速	电压	效率	功率因数	启动电流 I_{st}/IN	T_{st}/TN	T_{max}/TN
45 kW	1480 r/min	380 V	92.3%	0.88	7.0	1.9	2.2

解 （1）45 kW 电动机通常都采用△接法：

$$I_N = \frac{P_2}{\sqrt{3}U_N\cos\varphi_N\eta} = \frac{45 \times 10^3}{\sqrt{3} \times 380 \times 0.88 \times 0.923} = 84.2(\text{A})$$

（2）已知电动机是四极的，即 $p = 2$，$n_0 = 1500$ r/min，所以

$$S_N = \frac{n_0 - n}{n_0} = \frac{1500 - 1480}{1500} = 0.013$$

（3）

$$T_N = 9550\frac{P_N}{n_N} = 9550 \times \frac{45}{1480} = 290.4(\text{N} \cdot \text{m})$$

$$T_{st} = \frac{T_{st}}{T_N}T_N = 1.9 \times 290.4 = 551.8(\text{N} \cdot \text{m})$$

$$T_{max} = \lambda T_N = 2.2 \times 290.4 = 638.9(N \cdot m)$$

5. 三相异步电动机的拆卸

电动机在使用过程中因检查、维护等原因，需要经常拆卸和装配。只有掌握正确的拆卸和装配技术，才能保证电动机的修理质量。

拆卸电动机之前，必须拆除电动机与外部电气的连线，并做好相位标记。准备好拆卸现场，以及拆卸电动机的常用工具，如图 1-23 所示。

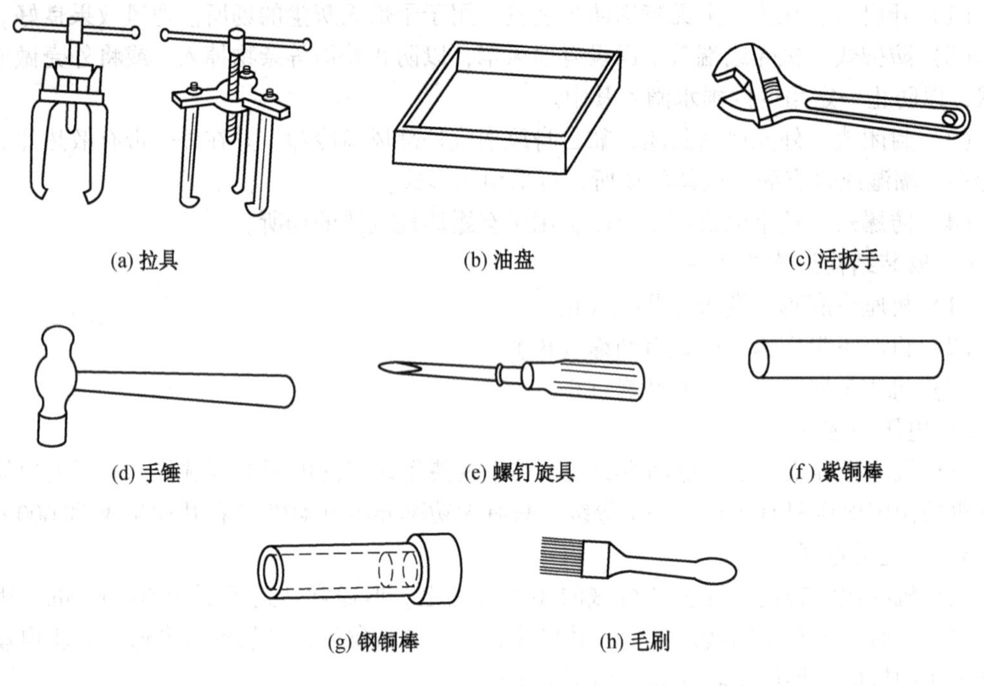

(a) 拉具　(b) 油盘　(c) 活扳手　(d) 手锤　(e) 螺钉旋具　(f) 紫铜棒　(g) 钢铜棒　(h) 毛刷

图 1-23　拆卸电动机的常用工具

1）拆卸步骤

按以下顺序拆开电动机的各部件：带轮或联轴器、前轴承外盖、前端盖、风罩、风扇、后轴承外盖、后端盖、抽出转子、前轴承、前轴承内盖、后轴承、后轴承内盖。

2）主要部件的拆卸方法

（1）皮带轮或联轴器的拆卸。用粉笔标记好带轮的正反面，以免安装时装反。在带轮（或联轴器）的轴伸端做好标记。如图 1-24 所示。松下带轮或联轴器上的压紧螺钉或插销，向螺钉孔内注入煤油。按图 1-24 所示的方法安装好拉具，拉具螺杆的中心线应对准电动机轴的中心线，转动丝杠，掌握力度，将带轮或联轴器慢慢拉出，切忌硬拆，拉具顶端不得损坏转子轴端中心孔。在拆卸过程中，严禁用锤子直接敲击带轮，避免造成带轮或联轴碎裂，使轴变形、端盖受损。然后拆除风罩、风叶卡环、风叶，拆除卡环时要使用专用的卡环钳，并注意弹出伤人，拆除风叶时最好使用拉具，避免风叶变形损坏。

（2）拆卸端盖、抽转子。拆卸前，先在机壳与端盖的接缝处（止口处）做好标记以便复位。均匀拆除轴承盖及端盖螺栓，拿下轴承盖，再将两个螺栓旋于端盖上两个项丝孔中，两螺栓均匀用力向里转（较大端盖要用吊绳将端盖先挂上），将端盖拿下（无顶丝孔

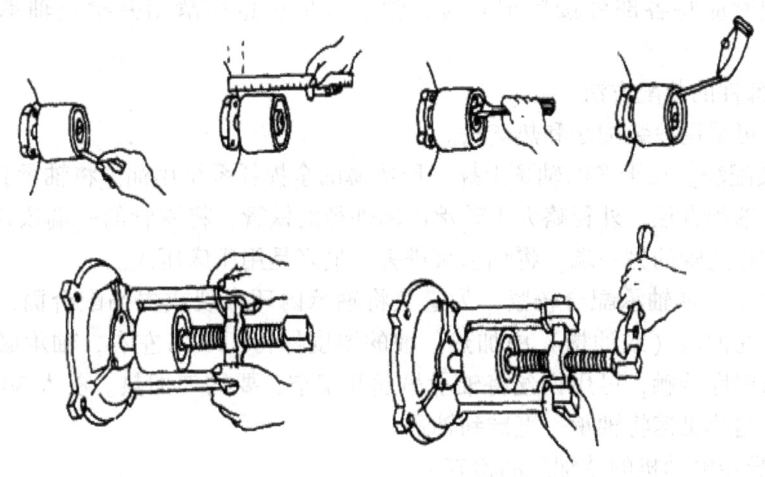

图 1-24　带轮或联轴器的拆卸

时，可用铜棒对称敲打，卸下端盖，但要避免过重敲击，以免损坏端盖)。对于小型电动机，抽出转子是靠人工进行的，为防手滑或用力不均碰伤绕组，应用纸板垫在绕组端部进行。

(3) 轴承的拆卸、清洗。拆卸轴承应先用适宜的专用拉具。按图 1-25 所示的方法夹持轴承，拉力应着力于轴承内圈，不能拉外圈，拉具顶端不得损坏转子轴端中心孔（可加些润滑油脂)，拉具的丝杆顶点要对准转子轴的中心，缓慢匀速地扳动丝杆。在拆卸轴承前，应将轴承用清洗剂洗干净，检查它是否损坏，是否有必要更换。

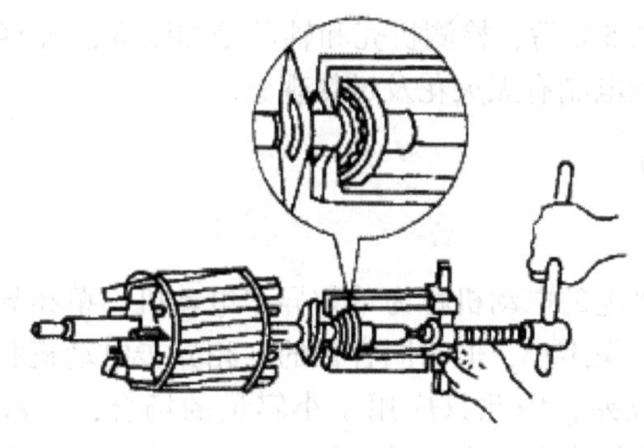

图 1-25　用拉具拆卸电动机轴承

6. 三相异步电动机的装配

1）装配步骤

用压缩空气吹净电动机内部灰尘，检查各零部件的完整性，清洗油污，并直观检查绕组有无变色、焦化、脱落或擦伤；检查线圈是否松动、接头有无脱焊。如有上述现象，该电机就需另做处理。

装配异步电动机的步骤与拆卸相反。装配前要检查定子内污物、锈是否清除，止口有无损坏，装配时应将各部件按标记复位，轴承应加适量润滑脂并检查轴承盖配合是否合适。

2）主要部件的装配方法

轴承装配可采用冷装配法和热套法。

（1）冷装配法。在干净的轴颈上抹一层薄薄的全损耗系统用油。将轴承套上，使用一根内径略大于轴颈直径、外径略大于轴承内圈外径的铁管，将铁管的一端顶在轴承的内圈上，用锤子敲打铁管的另一端，将轴承敲进去。最好是用压床压入。

（2）热套法。如轴承配合较紧，为避免将轴承内环胀裂或损伤配合面，可采用热套法。将轴承放在油锅（或油槽）中加热，油的温度保持 100 ℃左右，轴承必须浸没在油中，又不能与锅底接触，可用铁丝将轴承吊起并架空，要均匀加热。浸入 30～40 min 后，将轴承取出，趁热迅速将轴承一直推到轴颈。

3）三相异步电动机的装配后的检查

（1）一般检查。检查电动机的转子转动是否轻便灵活，如转子转动比较沉重，可用纯铜棒轻敲端盖，同时调整端盖紧固螺栓的松紧程度，使之转动灵活。检查绕线转子电动机的刷握位置是否正确，电刷与集电环接触是否良好，电刷在刷握内是否卡死，弹簧压力是否均匀等。

（2）绝缘电阻检查。检查电动机的绝缘电阻，用兆欧表摇测电动机定子绕组中相与相之间、各相对机壳的绝缘电阻，对于绕线转子异步电动机，还应检查各相转子绕组间及对地的绝缘电阻。额定电压为 380 V 的电动机用 500 V 的兆欧表测量，绝缘电阻应不低于 0.5 MΩ。大修更换绕组后的绝缘电阻一般不低于 5 MΩ。

（3）通电检查。根据电动机的铭牌与电源电压正确接线，并在电动机外壳上安装好接地线，启动电动机。用钳形电流表分别检测三相电流是否平衡，并用转速表测量电动机的转速。电动机空转运行 0.5 h 后，检测机壳和轴承处的温度，观察振动和噪声。对于绕线式电机，空载时还应检查电刷有无火花及过热现象。

二、其他常用电动机

1. 单相交流电动机

采用单相交流电源供电的电动机称为单相异步电动机。单相异步电动机结构简单、成本低廉、噪声小，但与同容量的三相异步电动机相比，它的体积较大，运行性能较差，因此只应用于小容量的场合，一般容量为 750 W 以下。微型的单相异步电动机容量一般为几瓦至 750 W，小型的一般为 550～3700 W。单相异步电动机应用非常广泛：家用电器，如电风扇、电冰箱、洗衣机、空调等，小功率的生产电动工具，如油泵、砂轮机等，以及医疗器械、轻工设备等。

单相异步电动机

单相异步电动机的单相定子绕组中流过单相交变电流时，产生的不是旋转磁场，而是脉振磁场：磁场大小及方向随电流的变化而变化，但磁场的轴线固定不变。在图 1-26 中，可以看到，在正弦交流电的正半周，磁场方向向上（右手螺旋向上）；而在负半周，磁场方向向下（右手螺旋向下）。

一个固定不动的脉振磁场可分解为两个转速相同、转向相反的旋转磁场，产生两个方

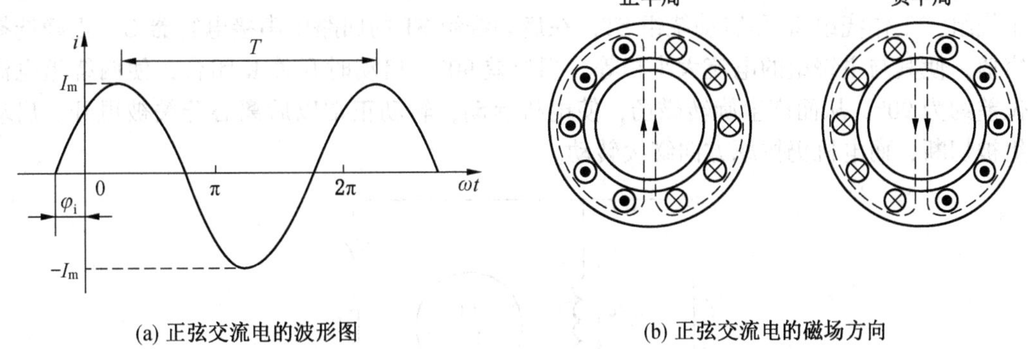

图 1-26　单相交流电流产生的脉振磁场

向相反、大小相等的电磁转矩。这两个电磁转矩相互抵消，所以转子无法转动，是静止不动的。

因为单相异步电动机的磁场相当于两个转速相同、转向相反的旋转磁场叠加而成的，所以它的机械特性相当于与三相异步电动机一样的两种方向相反的机械特性的合成。如图 1-27 所示。

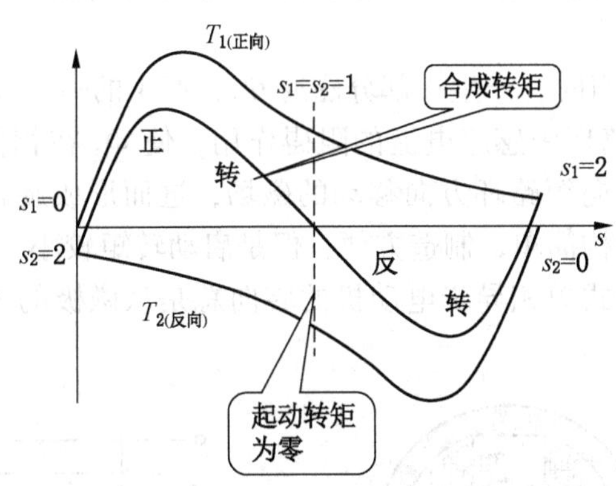

图 1-27　单相异步电动机的机械特性

（1）当转速 $n=0$ 时，无启动转矩，不能启动，即“不推不转”。

（2）当 $n>0$，$T>0$，机械特性在第Ⅰ象限，即“正推正转”。

（3）当 $n<0$，$T<0$，机械特性在第Ⅲ象限，即“反推反转”。

因此，单相异步电动机启动，必须有一个启动转矩。

为获取启动转矩，要求电动机满足两个条件。

（1）定子铁芯上安装两相对称绕组，空间位置相差 90°。通常将这两相绕组称为主绕组和副绕组，或称工作绕组和启动绕组。

（2）两相绕组中分别通入相位差为 90°的两相对称电流。即

$$\begin{cases} i_A = I_m \sin\omega t \\ i_B = I_m \sin(\omega t + 90°) \end{cases}$$

电容分相式单相异步电动机是单相异步电动机中常用的形式，如图 1-28 所示。它有两组绕组，工作绕组 W 和启动绕组 ST，在启动绕组 ST 的回路中串接电容器 C，正确选择电容值，使其与主绕组的电流大小相等，相位差 90°。启动时开关 K 闭合，使两绕组电流相位差约为 90°，从而产生旋转磁场，使电机启动；转动正常以后离心开关被甩开，启动绕组被切断，而电机仍按原方向继续转动。

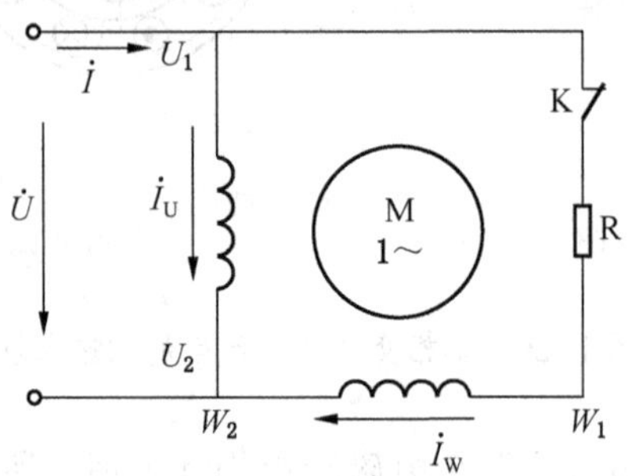

图 1-28 电容分相式单相异步电动机

还有一种常见类型称为罩极式单相异步电动机，它的定子做成凸极铁芯，套有工作绕组。每个磁极对应的一侧开有一个小槽，槽中套装短路铜环，罩住小部分铁芯。如图 1-29 所示。

当电流 i 流过定子绕组时，产生一部分磁通 $\boldsymbol{\Phi}_1$，产生的另一部分磁通同时与短路环作用生成磁通 $\boldsymbol{\Phi}_2$。由于短路环中感应电流的阻碍作用，使 $\boldsymbol{\Phi}_2$ 在相位上滞后 $\boldsymbol{\Phi}_1$，从而在电动机定子极掌上形成一个向短路环方向移动的磁场，进而形成旋转磁场，使转子转起来。罩极式单相异步电动机结构简单、制造方便，但是启动转矩较小，多用于小型电风扇、录音机等设备中。而且罩极式单相异步电动机的转向总是从磁极的未罩部分指向罩极部分，所以转向不能改变。

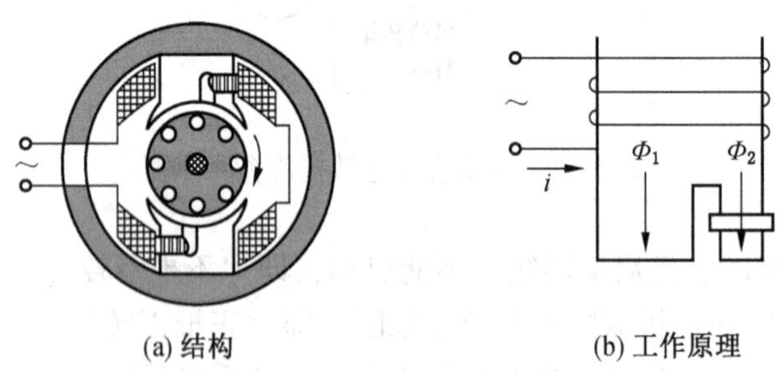

图 1-29 罩极式单相异步电动机的结构和工作原理

2. 直流电动机

直流电动机与交流电动机相比，具有优良的调速性能和启动性能。直流电动机具有宽广的调速范围、平滑的无级调速特性，可实现频繁的无级快速启动、制动和反转；过载能力大，能承受频繁的冲击负载；还能满足自动化生产系统中各种特殊运行的要求。

直流电动机
结构与原理

但直流电机也有其显著缺点：一是制造工艺复杂，消耗有色金属较多，生产成本高；二是运行时由于电刷与换向器之间容易产生火花，因而可靠性较差，维护比较困难。所以在一些对调速性能要求不高的领域已被交流变频调速系统取代。但是在某些要求调速范围大、快速性高、精密度好、控制性能优异的场合，直流电动机的应用目前仍占较大比重。

直流电动机的基本结构包括定子与转子两部分。定子包括主磁极、机座、换向极、电刷装置等。转子包括电枢铁芯、电枢绕组、换向器、轴和风扇等。定子与转子之间由气隙分开。其结构示意图如图 1-30 所示。

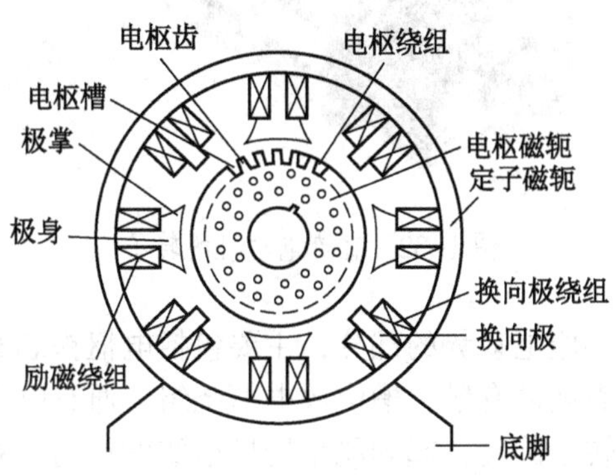

图 1-30　直流电动机的结构示意图

1）定子

定子主要由主磁极、机座和电刷装置组成。主磁极由主磁极铁芯（极心和极掌）和励磁绕组组成，用于产生磁场。极心上放置励磁绕组，极掌的作用是使电动机空气隙中磁感应强度分配最为合理，并用于阻挡励磁绕组。主磁极用硅钢片叠成，固定在机座上。机座也是磁路的一部分，常用铸钢制成。电刷是引入电流的装置，其位置固定不变。它与转动的交换器滑动连接，将外加的直流电流引入电枢绕组，并使其转化为交流电流。

直流电动机的磁场是一个恒定不变的磁场，是由励志绕组中直流电流形成的，磁场方向与励磁电流的关系由安培定则确定。根据励磁绕组与电枢绕组电源的连接关系，直流电动机分为他励、并励、串励、复励几种类型。如图 1-31 所示。

在微型直流电动机中，也有用永久磁铁作磁极的。

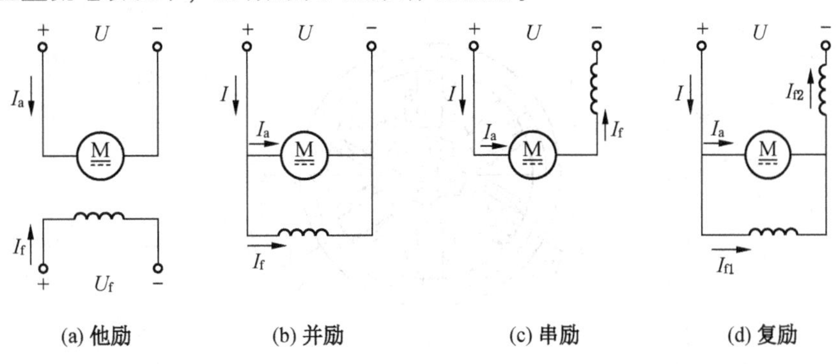

图 1-31　直流电动机的励磁方式

2）转子

转子是电动机的转动部分，主要由电枢和换向器组成。如图 1-32 所示。

图 1-32　直流电动机的转子

电枢是电动机中产生感应电动势的部分，主要包括电枢铁芯和电枢绕组。电枢铁芯成圆柱形，由硅钢片叠成，表面冲有槽，槽中放电枢绕组。通有电流的电枢绕组在磁场中受到电磁力矩的作用，驱动转子旋转，起到能量转换枢纽的作用，故称电枢。

换向器又称整流子，是直流电动机中的一种特殊装置。它由楔形铜片叠成，片间用云母垫片绝缘。换向片嵌放在套筒上，用压圈固定后成为换向器再压装，在转轴上电枢绕组的导线按一定的规则焊接在换向片突出的叉口中。在换向器表面用弹簧压着固定的电刷，使转动的电枢绕组与外电路连接，实现将外部直流电流转化为电枢绕组内的交流电流。

3. 步进电动机

步进电动机是一种将电脉冲信号转化为相应角位移或线位移的电动机。每输入一个脉冲信号，转子就转动一个角度或前进一步，其输出的角位移或线位移与输入的脉冲数成正比，转速与脉冲频率成正比。因此，步进电动机又称脉冲电动机。

步进电动机

步进电机不能直接接到直流或交流电源上工作，必须使用专用的驱动电源，这种驱动电源也称步进电机驱动器。

我国采用的步进电机以反应式步进电机为主。

反应式步进电动机内部结构示意图如图 1-33 所示，也由定子和转子两部分构成。它

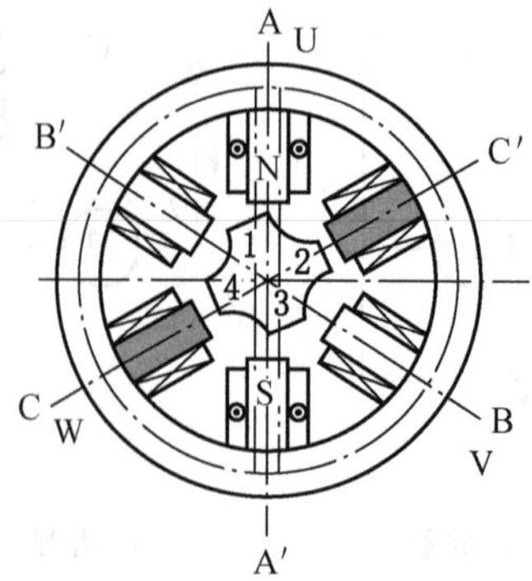

图 1-33　反应式步进电动机内部结构示意图

的定子中有 6 个均匀分布的磁极，每两个相对的磁极上绕有一相控制绕组。转子是一个带齿的铁芯，转子没有绕组。图中的转子可看作是一个四齿的铁芯，实际的转子铁芯外圆周有很多小齿。

步进电动机的工作原理如图 1-34 所示。工作时，当只有 A 相控制绕组通电时，A 相磁极产生电磁吸力，使转子转到两齿与 A 相绕组轴线对齐的位置。如果通电状态不变，转子的位置也不会变，所以转子在此位置上有自锁能力。当 A 相绕组断电、B 相绕组通电时，B 相磁极产生电磁吸力，将距离其最近的转子齿吸引过去。于是，转子沿顺时针方向转 60°，转到两齿与 B 相绕组轴线对齐的位置。当 B 相绕组断电、C 相绕组通电时，转子又将顺时针方向转 60°。每变换一次通电状态，转子转过的角度称为步距角。每转到一个位置，若通电状态不变，转子都能自锁。显然，若通电顺序由 A-B-C 变成 A-C-B，则转子逆时针方向步进转动。

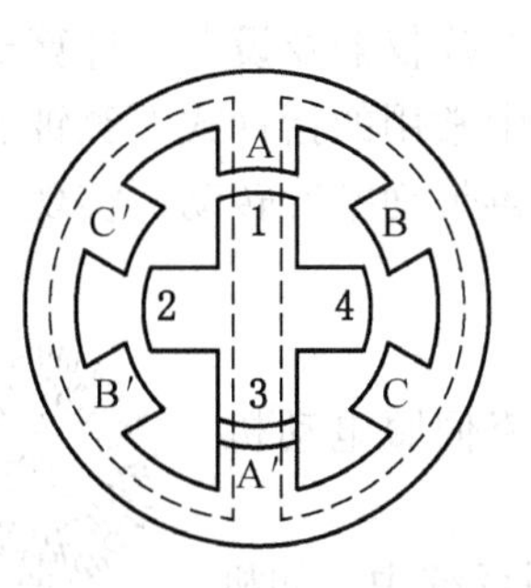

(a) 转子在A相绕组0°位置

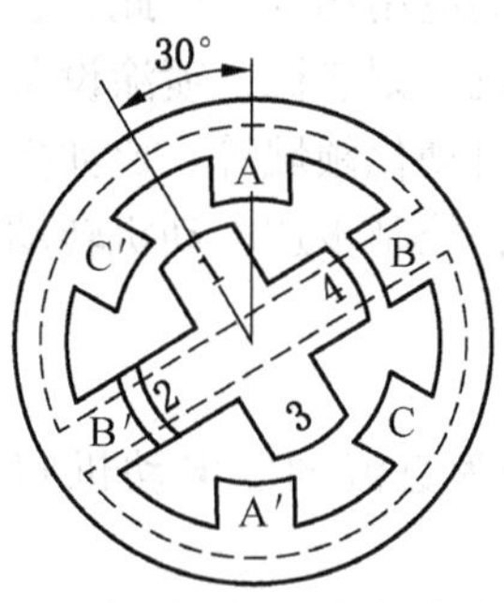

(b) 转子在A相绕组30°位置

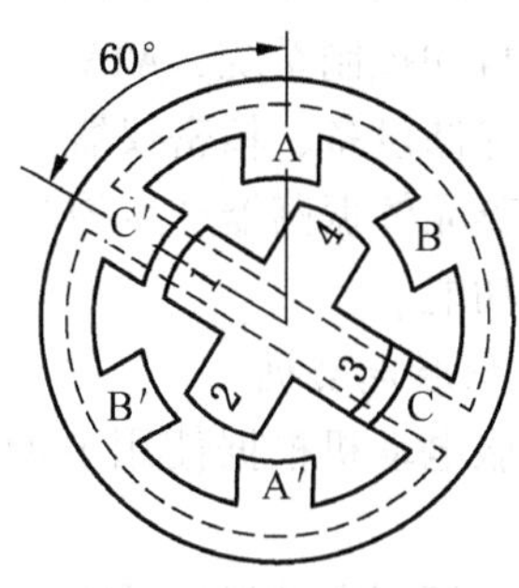

(c) 转子在A相绕组 60°位置

图 1-34　步进电动机的工作原理

通电方式每改变一次，称之为一“拍”。通常步进电动机有以下通电方式。

三相单三拍：A-B-C-A。第一拍给 A 相通电，第二拍给 A 相断电的同时给 B 相通电，第三拍给 B 相断电的同时给 C 相通电，第四拍回到第一拍，一直循环。

三相双三拍：AB-BC-CA-AB。第一拍给 A 相和 B 相同时通电，第二拍改为 B 相和 C 相同时通电，第三拍改为 C 相和 A 相同时通电，第四拍回到第一拍，一直循环。

三相六拍：A-AB-B-BC-C-CA-A。第一拍只给 A 相通电，第二拍给 A 相和 B 相同时通电，第三拍只给 B 相通电，第四拍给 B 相和 C 相同时通电，第五拍只给 C 相通电，第六拍给 C 相和 A 相同时通电，第七拍回到第一拍，一直循环。这样就利用三相电形成了六拍。

转子每一拍转动的角度称为步距角 θ_b：

$$\theta_b = \frac{360°}{Z_r N}$$

式中　N——拍数；

　　Z_r——该步进电动机转子的齿数。

步进电动机的转速公式为

$$n = \frac{60f}{Z_r N}$$

从式中可以看出，要改变转速主要有两种方法：一是改变拍数，比如由 3 拍改为 6 拍，转速减小一半；二是改变频率，改变控制电脉冲频率 f，即可实现无级调速。

1）反转

改变通电相序，即可实现反转。比如三相单三拍式，将通电方式由 A-B-C-A 改为 A-C-B-A，电机就会反转。

2）停车自锁

停止输入控制电脉冲，使最后一个脉冲继续保持，可使电动机保持在一个固定位置。

由步进电动机组成的开环系统简单、廉价、可靠，特别适合要求运行平稳、低噪声、响应快、使用寿命长、高输出扭矩的应用场合。因此，它被广泛应用于数控机床、工业机器人、自动控制系统、ATM、喷绘机、刻字机、喷涂设备、医疗仪器及设备、计算机外设及海量存储设备、精密仪器、办公自动化领域等。比如生活中常用的指针式石英钟表，就是由石英晶体振荡器产生控制脉冲，控制步进电动机转动，再带动指针转动，实现计时并指示的功能。

4. 伺服电动机

伺服电动机根据使用电源可分为直流伺服电动机和交流伺服电动机两种。

直流伺服电动机

交流伺服电动机广泛应用于各种自动化设备和精密控制系统中，如机器人、数控机床、印刷机械、包装机械、纺织机械、医疗器械等。随着电力电子技术和控制技术的发展，交流伺服电动机的性能不断提升，其在工业自动化领域的应用也越来越广泛。

交流伺服电动机

交流伺服电动机是一种两相异步电动机。它的定子铁芯线槽中嵌放着两套空间位置相差 90°的绕组。绕组 f 接恒压交流电源，称为励磁绕组；绕组 c 接控制电压信号，用于控制电机转速，称为控制绕组。控制信号通常由放大器放大后输出给控制绕组。

交流伺服电动机的转子有两种类型：一种是笼型，与普通笼型转子相似；另一种是空心杯形转子。空心杯形转子又分为铁磁性和非磁性两种，目前铁磁性的应用较少，普遍使用的是非磁性的。

交流伺服电动机的工作原理与两相异步电动机的工作原理相同。

在二相对称绕组中通入两对称电流，就会在气隙中产生圆形旋转磁场，转子导体切割磁场所感应的电流与气隙磁场相互作用，就产生电磁转矩。当改变其中一相电流的大小或相位时，气隙磁场会发生变化，电磁转矩随之变化，电机转速必然随之改变，从而实现对转速的控制。

任务实施：电动机的拆装与测试

1. 元器件与工具的准备

任务所需的元器件与工具列表见表 1-6。

表 1-6 元器件与工具列表

序号	名　称	单位	数量
1	电工工具箱 （包含万用表、验电笔、螺丝刀、剥线钳、尖嘴钳、压线钳、橡胶榔头等）	套	1
2	电机拆卸工具箱 （包含拉具、活扳手、呆扳手或套筒扳手、纯铜棒、锤子、油盒、刷子、煤油、钠基润滑脂等）	套	1
3	三相异步电动机	台	1
4	钳形电流表	块	1
5	兆欧表	块	1

2. 实施步骤

步骤一　三相异步电动机的拆装

（1）用拉具将电动机轴上的带轮拉下。

（2）按教学挂图所示步骤进行拆装。

（3）用压缩空气吹扫电动机内部的灰尘，清洗轴承及端盖，更换润滑脂。

（4）按拆装的逆顺序装配电动机。

步骤二　三相异步电动机绝缘电阻的测量

（1）打开电动机接线盒，拆下三相绕组之间的连接片，使三相绕组相互独立。

（2）用万用表分别测量出三相绕组。

（3）分别测量电动机三相对地绝缘电阻和相间绝缘电阻，填入表 1-7。判断是否符合要求。

步骤三　三相异步电动机空载电流的测量

（1）按电动机铭牌上的技术要求接线，检查无误后通电试运行。

（2）合理选择钳形电流表的量程，正确使用钳形电流表测量电动机的启动电流和空载电流，填入表 1-7。判断电动机三相电流是否平衡（任何一相电流与平均值的偏差不大于 10%）。

表 1-7 电机绝缘电阻、启动电流、空载电流记录表

<table>
<tr><td>工具及材料</td><td colspan="6"></td></tr>
<tr><td rowspan="2">绝缘测试/MΩ</td><td>U-V</td><td>U-W</td><td>V-W</td><td>U-地</td><td>V-地</td><td>W-地</td></tr>
<tr><td></td><td></td><td></td><td></td><td></td><td></td></tr>
<tr><td>启动电流/A</td><td colspan="2">U 相：</td><td colspan="2">V 相：</td><td colspan="2">W 相：</td></tr>
<tr><td>空载电流/A</td><td colspan="2">U 相：</td><td colspan="2">V 相：</td><td colspan="2">W 相：</td></tr>
</table>

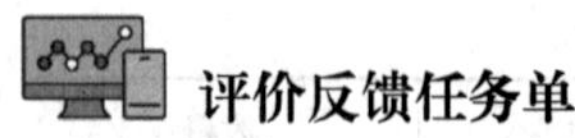

评价反馈任务单

学 生 任 务 分 配 实 施 单

<table>
<tr><td>任务名称</td><td colspan="5">电动机的选择与维修</td></tr>
<tr><td>班级</td><td></td><td>组号</td><td></td><td rowspan="2">指导教师</td><td rowspan="2"></td></tr>
<tr><td>组长</td><td></td><td>学号</td><td></td></tr>
<tr><td rowspan="4">组员</td><td>姓名</td><td></td><td>学号</td><td></td><td></td></tr>
<tr><td>姓名</td><td></td><td>学号</td><td></td><td></td></tr>
<tr><td>姓名</td><td></td><td>学号</td><td></td><td></td></tr>
<tr><td>姓名</td><td></td><td>学号</td><td></td><td></td></tr>
</table>

（就组织讨论、工具准备、数据采集记录、安全监督、成果展示等工作内容进行任务分工）

实施步骤

步骤一：

步骤二：

步骤三：

经验记录单

<table>
<tr><td>任务名称</td><td colspan="4">电动机的拆装与测试</td></tr>
<tr><td>班级</td><td></td><td>姓名</td><td></td><td rowspan="2">指导教师</td><td rowspan="2"></td></tr>
<tr><td>学号</td><td></td><td>组号</td><td></td></tr>
<tr><td colspan="6">总结与经验</td></tr>
<tr><td colspan="6"></td></tr>
<tr><td colspan="6">实验过程中，出现了哪些问题？你是如何解决的？</td></tr>
<tr><td colspan="6">问题 1：
解决方法：

问题 2：
解决方法：

问题 3：
解决方法：</td></tr>
</table>

各小组互评打分表

<table>
<tr><td>姓名</td><td></td><td colspan="2">学号</td><td colspan="2"></td><td colspan="2">班级</td><td colspan="2"></td><td colspan="2">组别</td><td colspan="2"></td></tr>
<tr><td colspan="2">实训任务</td><td colspan="12">电动机的拆装与测试</td></tr>
<tr><td rowspan="2">评价项目</td><td rowspan="2">分值</td><td colspan="4">等级</td><td colspan="8">评价对象（组别）</td></tr>
<tr><td>A</td><td>B</td><td>C</td><td>D</td><td>1</td><td>2</td><td>3</td><td>4</td><td>5</td><td>6</td><td>7</td><td>8</td></tr>
<tr><td>方案合理</td><td>20</td><td>20</td><td>15</td><td>10</td><td>5</td><td></td><td></td><td></td><td></td><td></td><td></td><td></td><td></td></tr>
<tr><td>团队合作</td><td>20</td><td>20</td><td>15</td><td>10</td><td>5</td><td></td><td></td><td></td><td></td><td></td><td></td><td></td><td></td></tr>
<tr><td>工作质量</td><td>20</td><td>20</td><td>15</td><td>10</td><td>5</td><td></td><td></td><td></td><td></td><td></td><td></td><td></td><td></td></tr>
<tr><td>工作规范</td><td>20</td><td>20</td><td>15</td><td>10</td><td>5</td><td></td><td></td><td></td><td></td><td></td><td></td><td></td><td></td></tr>
<tr><td>PPT/演示展示</td><td>20</td><td>20</td><td>15</td><td>10</td><td>5</td><td></td><td></td><td></td><td></td><td></td><td></td><td></td><td></td></tr>
<tr><td>合计</td><td>100</td><td colspan="4">各组得分</td><td></td><td></td><td></td><td></td><td></td><td></td><td></td><td></td></tr>
</table>

总结与反思

（如：在任务实施过程中遇到了什么问题→如何解决的/解决不了的原因→本次任务心得体会）

教师评价打分表

<table>
<tr><td>姓名</td><td></td><td>学号</td><td></td><td>班级</td><td></td><td>组别</td><td></td></tr>
<tr><td colspan="3">实训任务</td><td colspan="5">电动机的拆装与测试</td></tr>
<tr><td colspan="3">评价项目</td><td colspan="3">评价标准</td><td>分值</td><td>得分</td></tr>
<tr><td colspan="3">考勤（10%）</td><td colspan="3">未出现无故迟到、早退和旷课的现象</td><td>10</td><td></td></tr>
<tr><td rowspan="9">工作过程（60%）</td><td rowspan="2">知识目标</td><td>获取信息</td><td colspan="3">掌握工作相关知识</td><td>10</td><td></td></tr>
<tr><td>进行表决</td><td colspan="3">制订工作方案，方案合理可行</td><td>10</td><td></td></tr>
<tr><td rowspan="4">技能目标</td><td rowspan="4">任务实施</td><td colspan="3">能够正确拆卸三相异步电动机</td><td>5</td><td></td></tr>
<tr><td colspan="3">能够正确安装三相异步电动机</td><td>5</td><td></td></tr>
<tr><td colspan="3">能够正确测量三相异步电动机的绝缘电阻</td><td>5</td><td></td></tr>
<tr><td colspan="3">能够正确测量三相异步电动机的空载电流</td><td>5</td><td></td></tr>
<tr><td rowspan="3">素养目标</td><td>工作态度</td><td colspan="3">认真严谨、积极主动、安全生产、文明施工</td><td>5</td><td></td></tr>
<tr><td>团队合作</td><td colspan="3">与小组成员、同学之间合作交流、协作工作</td><td>5</td><td></td></tr>
<tr><td>工作质量</td><td colspan="3">能按照工作方案操作，按计划完成工作任务</td><td>10</td><td></td></tr>
<tr><td colspan="2" rowspan="3">项目成果（30%）</td><td>工作完整</td><td colspan="3">能按时完成工作任务的所有环节</td><td>10</td><td></td></tr>
<tr><td>工作规范</td><td colspan="3">过程中规范操作，避免意外事故发生</td><td>10</td><td></td></tr>
<tr><td>汇报展示</td><td colspan="3">能准确表达、汇报工作成果</td><td>10</td><td></td></tr>
<tr><td colspan="6">合计</td><td>100</td><td></td></tr>
<tr><td colspan="3" rowspan="2">综合评价</td><td>学生评价（50%）</td><td>教师评价（50%）</td><td colspan="3">综合得分</td></tr>
<tr><td></td><td></td><td colspan="3"></td></tr>
<tr><td colspan="3">综合评语</td><td colspan="5">（作业过程中存在的问题及改进建议）</td></tr>
</table>

项目二　电气控制线路的设计与安装调试

项目导入

电气控制线路在工业和民用领域都扮演着重要角色，它涉及电力系统的安全、可靠和有效运行。电气控制线路能够实现设备的启动、停止、保护和各种工作状态的切换，是自动化和智能化控制系统的基础。电气控制线路的重要性体现在以下方面。

（1）安全控制。电气控制线路可以确保人员和设备安全。例如，通过过载保护和短路保护等安全措施，可以在电流异常时自动切断电源，避免设备损坏和火灾。

（2）操作便捷。电气控制线路可以简化复杂的操作过程，通过简单的开关或按钮实现设备的远程控制。

（3）节约能源。合理的电气控制线路设计可以实现能源的最优化利用，比如通过定时控制、温度控制等方式实现节能减排。

（4）提高效率。自动化电气控制线路可以显著提高生产效率，减少人力成本，提高产品质量。

（5）维护方便。良好的电气控制系统设计便于维护和故障排除，缩短停机时间，延长设备使用寿命。

在设计电气控制线路时，应遵循国家相关标准和规定，确保控制系统安全可靠。同时应考虑系统的可扩展性和经济性。

学习目标

（1）熟悉常用的电气控制线路结构和工作原理。

（2）能根据电气图正确安装和连接电气控制线路。

（3）熟悉常用的启动、调速和制动方法。

（4）能使用基本仪器仪表对电气控制线路进行基本物理量的测量。

（5）能对简单的故障进行检测、排查和维修。

任务一　电机直接启动控制线路

任务描述

直接启动即启动时将电动机直接接入电网，并施加额定电压，一般来说，电动机的容量小于直接供电变压器容量的20%～30%时，都可以直接启动。直接启动是小型电动机最常用的启动方法，而电机的降压启动、调速、控制线路都是在直接启动线路的基础上设计的。因此，熟悉和理解电机直接启动控制线路非常有必要。

三相异步电动机、单相异步电动机、直流电动机等常用电机的控制线路虽然电源不同，控制线路也不一样，但控制的原理和思想是相同的，所以在直接启动控制线路中，以生产中使用最广泛三相异步电动机为例进行学习。

任务分析

完成本任务，需要学生熟悉控制线路中点动与长动控制、正反转控制和行程控制线路的结构和工作原理，能根据电路图正确安装电气控制线路。掌握电气控制线路的基本测试方法，熟练使用各种常用工具和仪器仪表。在实施环节，以正反转控制线路为例进行实操练习。

一、点动控制

所谓点动，即按下按钮时电动机工作，松开按钮时电动机停止工作。

点动控制主要用于小型起吊设备的电动机控制，如电葫芦的操作；还用于机床刀架、横梁、立柱的快速移动，机床的调整对刀等。

点动控制线路如图 2-1 所示。合上开关 S，三相电源被引入控制电路，但电动机还不能启动。按下按钮 SB，接触器 KM 线圈通电，衔铁吸合，常开主触点接通，电动机定子接入三相电源启动运转。松开按钮 SB，接触器 KM 线圈断电，衔铁松开，常开主触点断开，电动机因断电而停转。

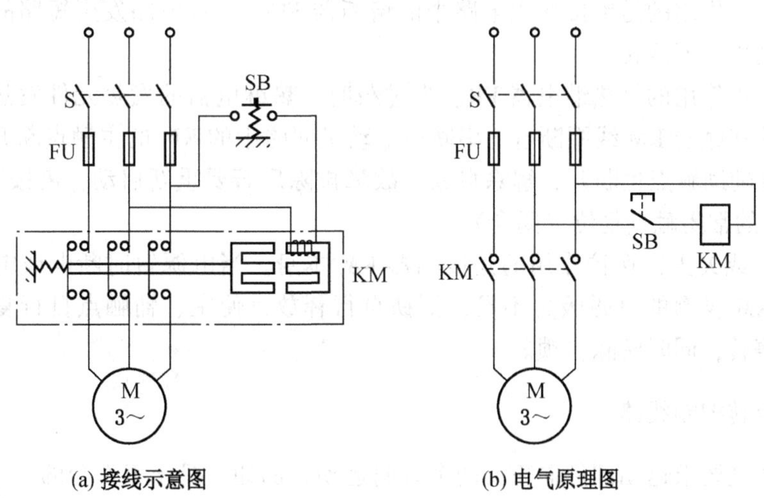

(a) 接线示意图　　(b) 电气原理图

图 2-1　点动控制线路

二、长动控制

长动又称连动，适用于电动机长时间运行的场合。

长动控制线路如图 2-2 所示。按下启动按钮 SB_1，接触器 KM 线圈通电，与 SB_1 并联的 KM 的辅助常开触点闭合，以保证松开按钮 SB_1 后 KM 线圈持续通电；串联在电动机回路中的 KM 的主触点持续闭合，电动机连续运转，从而实现长动控制。图 2-2 所示控制电路还可实现短路保护、过载保护和零压保护。

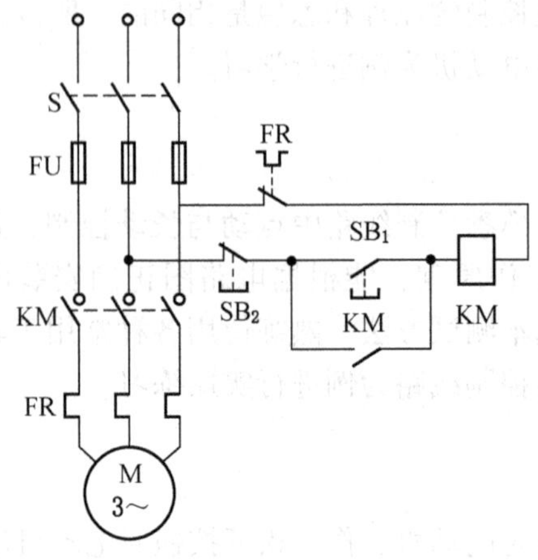

图 2-2　长动控制线路

按下停止按钮 SB_2，接触器 KM 线圈断电，与 SB_1 并联的 KM 的辅助常开触点断开，以保证松开按钮 SB_2 后 KM 线圈持续失电；串联在电动机回路中的 KM 的主触点持续断开，电动机停转。与 SB_1 并联的 KM 的辅助常开触点的这种作用称为自锁。

起短路保护作用的是串接在主电路中的熔断器 FU。一旦电路发生短路故障，熔体立即熔断，电动机立即停转。

起过载保护作用的是热继电器 FR。当过载时，热继电器的发热元件发热，将其常闭触点断开，使接触器 KM 线圈断电，串联在电动机回路中的 KM 的主触点断开，电动机停转。同时 KM 辅助触点也断开，解除自锁。故障排除后若要重新启动，需按下 FR 的复位按钮，使 FR 的常闭触点复位（闭合）。

起零压（或欠压）保护作用的是接触器 KM 本身。当电源暂时断电或电压严重下降时，接触器 KM 线圈的电磁吸力不足，衔铁自行释放，使主、辅触点自行复位，切断电源，电动机停转，同时解除自锁。

三、正反转控制线路

生产中往往要求运动部件向正反两个方向运动。例如，机床工作台的前进与后退，主轴的正转与反转，起重机的提升与下降，等等。为了实现正反转，我们在学习三相异步电动机的工作原理时已经知道，只要将接到电源的任意两根连线对调即可。为此，只需两个交流接触器就能实现。当正转接触器工作时，电动机正转；当反转接触器工作时，由于调换了两根电源线，所以电动机反转。

星三角电动机
正反转控制线路

1）简单的正反转控制

简单的正反转控制电路如图 2-3 所示。

（1）正向启动过程。按下启动按钮 SB_1，接触器 KM_1 线圈通电，与 SB_1 并联的 KM_1 的辅助常开触点闭合，以保证 KM_1 线圈持续通电；串联在电动机回路中的 KM_1 的主触点持续闭合，电动机连续正向运转。

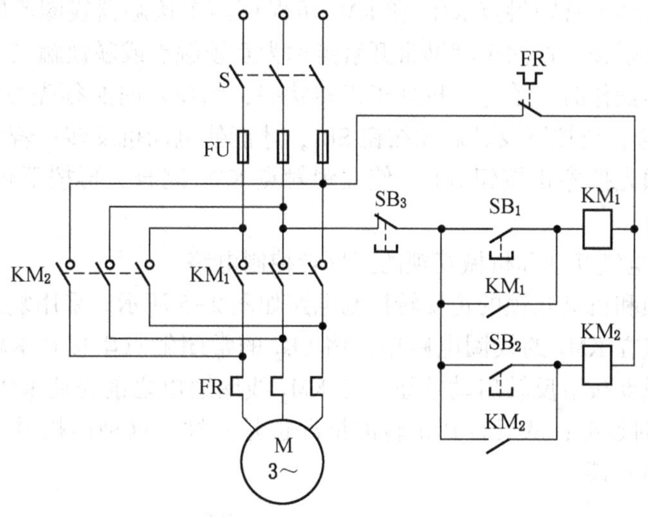

图 2-3　简单的正反转控制电路

（2）停止过程。按下停止按钮 SB_3，接触器 KM_1 线圈断电，与 SB_1 并联的 KM_1 的辅助触点断开，以保证 KM_1 线圈持续失电；串联在电动机回路中的 KM_1 的主触点持续断开，切断电动机定子电源，电动机停转。

（3）反向启动过程。按下启动按钮 SB_2，接触器 KM_2 线圈通电，与 SB_2 并联的 KM_2 的辅助常开触点闭合，以保证线圈持续通电，串联在电动机回路中的 KM_2 的主触点持续闭合，电动机连续反向运转。

缺点：KM_1 和 KM_2 线圈不能同时通电，因此不能同时按下 SB_1 和 SB_2，也不能在电动机正转时按下反转启动按钮，或在电动机反转时按下正转启动按钮。如果操作错误，则导致主回路电源短路。

2）带电气互锁的正反转控制电路

带电气互锁的正反转控制电路如图 2-4 所示。将接触器 KM_1 的辅助常闭触点串入 KM_2 的线圈回路，从而保证 KM_1 线圈通电时 KM_2 线圈回路总是断开的；将接触器 KM_2 的辅助常闭触点串入 KM_1 的线圈回路，从而保证 KM_2 线圈通电时 KM_1 线圈回路总是断开

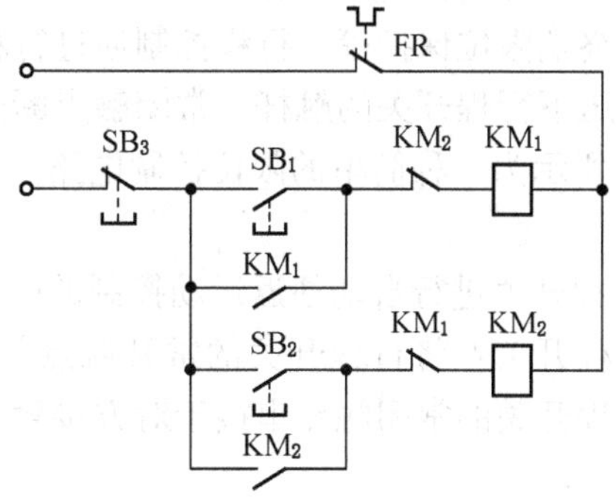

图 2-4　带电气互锁的正反转控制电路

的。这样接触器的辅助常闭触点 KM_1 和 KM_2 可保证两个接触器线圈不同时通电，这种控制方式称为互锁或联锁，这两个辅助常开触点称为互锁触点或联锁触点。

缺点：在具体操作时，若电动机处于正转状态，则反转时必须先按停止按钮 SB_3，使互锁触点 KM_1 闭合，再按下反转启动按钮 SB_2，才能使电动机反转；若电动机处于反转状态要正转，则必须先按停止按钮 SB_3，使互锁触点 KM_2 闭合，再按下正转启动按钮 SB_1，才能使电动机正转。

3）同时具有电气互锁和机械互锁的正反转控制电路

具有电气互锁和机械互锁的正反转控制电路如图 2-5 所示。采用复式按钮，将 SB_1 按钮的常闭触点串接在 KM_2 的线圈电路中，将 SB_2 的常闭触点串接在 KM_1 的线圈电路中，这样无论何时，只要按下反转启动按钮，在 KM_2 线圈通电之前先使 KM_1 断电，从而保证 KM_1 和 KM_2 不同时通电；从反转到正转的情况也是一样。这种由机械按钮实现的互锁也称机械互锁或按钮互锁。

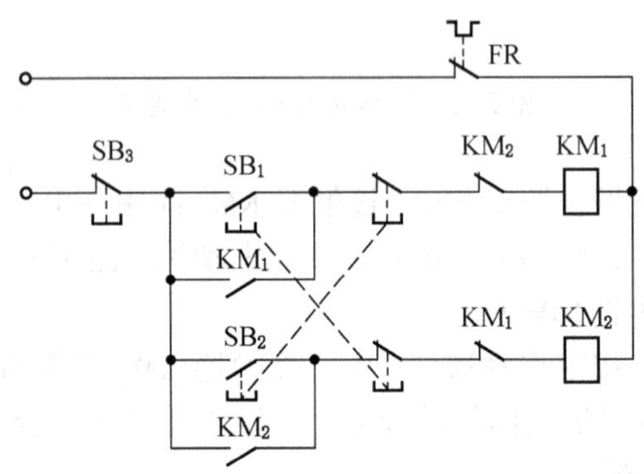

图 2-5　具有电气互锁和机械互锁的正反转控制电路

四、行程控制线路

1. 限位控制

电气设备的行程控制是按运动部件移动的距离发出指令的一种控制方式，在生产中得到广泛应用。例如，控制运动部件（如机床工作台）的左、右、上、下运动，包括行程控制、自动换向、往复循环、终端限位保护等。行程控制通过行程开关实现。当生产机械的运动部件到达预定的位置时压下行程开关的触杆，常闭触点断开，接触器线圈断电，使电动机断电停止运行。图 2-6 所示为一种简单的限位控制电路。

2. 行程往返控制

图 2-7 所示为一款由行程开关进行自动往返运动控制的电路，它在双重互锁正反转控制电路基础上增加了两个行程开关：将行程开关的常开触点并联在接触器自锁触点两端，形成又一条自锁电路；将行程开关的常闭触点串接于对方接触器线圈电路中，因此增加了一个互锁触点。

按下正向启动按钮 SB_1，电动机正向启动运行，带动工作台向前运动。当运行到 SQ_2 位置时，挡块压下 SQ_2，接触器 KM_1 断电释放，KM_2 通电吸合，电动机反向启动运行，使

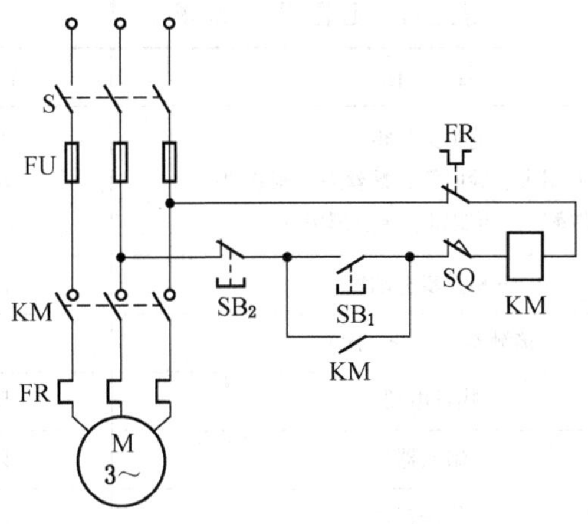

图 2-6　一种简单的限位控制电路

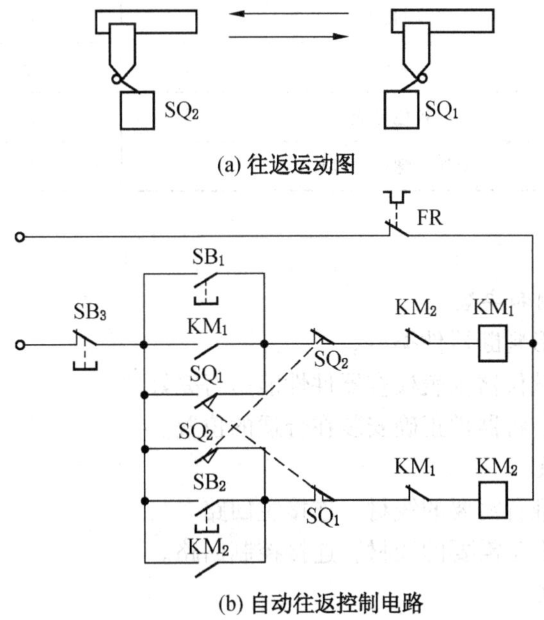

图 2-7　行程往返控制

工作台后退。当工作台退到 SQ_1 位置时，挡块压下 SQ_1，KM_2 断电释放，KM_1 通电吸合，电动机正向启动运行，工作台又向前进，如此循环，直到需要停止时按下 SB_3，KM_1 和 KM_2 线圈同时断电释放，电动机脱离电源停止转动。

任务实施：正反转控制线路的安装与测试

1. 元器件与工具的准备

任务所需的元器件与工具列表见表 2-1。

表2-1 元器件与工具列表

序号	名　称	单位	数量
1	电工工具箱 （包含万用表、验电笔、螺丝刀、剥线钳、尖嘴钳、压线钳、橡胶榔头等）	套	1
2	三相异步电动机	台	1
3	接触器（一开一闭）	只	1
4	热继电器	只	1
5	熔断器	只	1
6	三位按钮盒	只	1
7	三位接线端子	只	2
8	380 V三相电源	套	1
9	网孔板	台	1
10	导轨	条	3
11	各色导线	条	若干
12	螺丝、螺母、垫片	个	若干

2. 实施步骤

步骤一　器件检测和安装

（1）根据器件外形判断器件类型。

（2）使用基本测试仪器仪表检查器件性能是否完好。

（3）根据电路图，将器件正确安装在合适的位置。

步骤二　线路安装

（1）根据电路图准备需要的线材，连接主回路。

（2）根据电路图准备需要的线材，连接控制回路。

步骤三　功能测试

（1）短路测试。利用万用表，检查主回路和控制回路是否存在短路问题。

（2）功能测试。利用万用表，检查电路能否满足电路工作时的通断要求。

（3）上电测试。接通三相交流电源，测试电路是否正常运行。

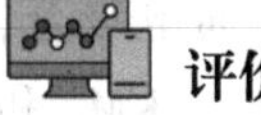

评价反馈任务单

学生任务分配实施单

<table>
<tr><td>任务名称</td><td colspan="5">电机直接启动控制线路</td></tr>
<tr><td>班级</td><td></td><td>组号</td><td></td><td rowspan="2">指导教师</td><td rowspan="2"></td></tr>
<tr><td>组长</td><td></td><td>学号</td><td></td></tr>
</table>

(续)

组员	姓名		学号		
	姓名		学号		
	姓名		学号		
	姓名		学号		

(就组织讨论、工具准备、数据记录、安全监督、成果展示等工作内容进行任务分工)

实施步骤

步骤一:

步骤二:

步骤三:

经验记录单

任务名称	电机直接启动控制线路				
班级		姓名		指导教师	
学号		组号			

总结与经验

实验过程中，出现了哪些问题？你是如何解决的？

问题 1：
解决方法：

问题 2：
解决方法：

问题 3：
解决方法：

各小组互评打分表

姓名		学号				班级				组别		
实训任务		电机直接启动控制线路										
评价项目	分值	等级				评价对象（组别）						
		A	B	C	D	1	2	3	4	5	6	7	8
方案合理	20	20	15	10	5								
团队合作	20	20	15	10	5								
工作质量	20	20	15	10	5								
工作规范	20	20	15	10	5								
PPT/演示展示	20	20	15	10	5								
合计	100	各组得分											
总结与反思													
（如：在任务实施过程中遇到了什么问题→如何解决的/解决不了的原因→本次任务心得体会）													

教师评价打分表

<table>
<tr><td>姓名</td><td colspan="2"></td><td>学号</td><td>班级</td><td></td><td>组别</td><td></td></tr>
<tr><td colspan="3">实训任务</td><td colspan="5">电机直接启动控制线路</td></tr>
<tr><td colspan="3">评价项目</td><td colspan="3">评价标准</td><td>分值</td><td>得分</td></tr>
<tr><td colspan="3">考勤（10%）</td><td colspan="3">未出现无故迟到、早退和旷课的现象</td><td>10</td><td></td></tr>
<tr><td rowspan="9">工作过程（60%）</td><td rowspan="2">知识目标</td><td>获取信息</td><td colspan="3">掌握工作相关知识</td><td>10</td><td></td></tr>
<tr><td>进行表决</td><td colspan="3">制订工作方案，方案合理可行</td><td>10</td><td></td></tr>
<tr><td rowspan="4">技能目标</td><td rowspan="4">任务实施</td><td colspan="3">能够正确检测和安装相关设备</td><td>5</td><td></td></tr>
<tr><td colspan="3">能够正确完成线路的连接</td><td>5</td><td></td></tr>
<tr><td colspan="3">能够正确完成上电前的检测</td><td>5</td><td></td></tr>
<tr><td colspan="3">电路上电后运行正确</td><td>5</td><td></td></tr>
<tr><td rowspan="3">素养目标</td><td>工作态度</td><td colspan="3">认真严谨、积极主动、安全生产、文明施工</td><td>5</td><td></td></tr>
<tr><td>团队合作</td><td colspan="3">与小组成员、同学之间合作交流、协作工作</td><td>5</td><td></td></tr>
<tr><td>工作质量</td><td colspan="3">能按照工作方案操作，按计划完成工作任务</td><td>10</td><td></td></tr>
<tr><td colspan="2" rowspan="3">项目成果（30%）</td><td>工作完整</td><td colspan="3">能按时完成工作任务的所有环节</td><td>10</td><td></td></tr>
<tr><td>工作规范</td><td colspan="3">过程中规范操作，避免意外事故发生</td><td>10</td><td></td></tr>
<tr><td>汇报展示</td><td colspan="3">能准确表达、汇报工作成果</td><td>10</td><td></td></tr>
<tr><td colspan="6">合计</td><td>100</td><td></td></tr>
<tr><td colspan="3" rowspan="2">综合评价</td><td colspan="2">学生评价（50%）</td><td>教师评价（50%）</td><td colspan="2">综合得分</td></tr>
<tr><td colspan="2"></td><td></td><td colspan="2"></td></tr>
<tr><td colspan="3">综合评语</td><td colspan="5">（作业过程中存在的问题及改进建议）</td></tr>
</table>

任务二　电动机的启动、调速和制动

任务描述

电动机的启动、调速和制动是电机控制中的三个基本方面，它们对于确保电机安全、高效和精确运行至关重要。

1. 启动的必要性

（1）减少启动冲击。电动机启动时，如果直接将全电压加在其上，会导致电流突然增大，可能对电机和电网造成冲击。通过适当的启动方法，如星角启动、自耦降压启动或软启动器，可以减小启动电流，延长电机和电网的使用寿命。

（2）保护设备。缓慢的加速可以减小机械冲击，避免因突然加速导致设备损坏，特别是在负载较大的情况下。

（3）提高电网稳定性。大功率电机的启动可能引起电网电压下降，影响其他设备的正常运行。采用适当的启动方法可以减小这种影响。

2. 调速的必要性

（1）适应不同工况。许多应用场合要求电机根据工作需求调整速度，如风扇、泵和压缩机等。调速可以满足这些需求，提高系统的灵活性。

（2）节能：通过调速可以使电机在最优速度下运行，减少能源浪费，特别是在负载变化较大的应用中。

（3）提高控制精度。在一些高精度的应用中，如伺服控制系统，需要精确控制电机的速度和位置，调速是实现精确控制的关键。

3. 制动的必要性

（1）快速停止。在需要紧急停机或快速停机的场合，如电梯、升降机等，快速而准确的制动是必要的，以确保安全。

（2）能量回收。在某些应用中，制动时可以将电动机的旋转动能转化为电能反馈回电网，实现能量的回收利用，提高系统的整体效率。

（3）防止失控。在断电或其他故障情况下，制动可以防止设备因惯性继续运行，避免安全事故发生。

综上所述，电动机的启动、调速和制动是确保电机系统正常运行、提高效率和保障安全的必要手段。随着电力电子技术和控制技术的发展，这些功能已经可以通过多种设备和控制策略实现，如变频调速器、伺服驱动器、再生制动单元等。

任务分析

完成本任务需要学生熟悉电动机启动、调速和制动的常用方法和工作原理，能根据电路图正确安装电气控制线路，熟悉电气控制线路的基本测试方法，熟练使用各种常用工具和仪器仪表。在实施环节，以 Y-△降压启动控制线路为例进行实操练习。

一、三相异步电动机的启动

1. 启动特性分析

1）启动电流 I_{st}

三相异步电动机的启动

在刚启动时，由于旋转磁场对静止转子的相对转速很大，磁力线切割转子导体的速度很快，这时转子绕组中感应出的电动势和产生的转子电流均很大，同时，定子电流必然很大。一般中小型鼠笼式电动机定子的启动电流可达额定电流的 5~7 倍。

注意：实际操作时应尽可能不让电动机频繁启动。如进行切削加工时，一般只是用摩擦离合器或电磁离合器将主轴与电机轴脱开，而不使电动机停下来。

2）启动转矩 T_{st}

电动机启动时，转子电流 I_2 虽然很大，但转子的功率因数 $\cos\varphi_2$ 很低，由公式 $T = C_M \Phi I_2 \cos\varphi_2$ 可知，电动机的启动转矩 T 较小，通常 $T_{st}/T_N = 1.1 \sim 2.0$。

启动转矩小可造成以下问题：延长启动时间；不能在满载下启动。因此应设法解决。但启动转矩如果过大，会使传动机构因受冲击而损坏，所以一般机床的主电动机都是空载启动（启动后再切削），对启动转矩没有什么要求。

综上所述，异步电机的主要缺点是启电流大而启转矩小。因此，必须采用适当的启动方法，以减小启动电流并保证足够的启转矩。

2. 鼠笼式异步电动机的启动方法

1）直接启动

直接启动又称全压启动，是指利用闸刀开关或接触器将电动机的定子绕组直接加到额定电压下启动。

这种方法只用于小容量的电动机或电动机容量远小于供电变压器容量的场合。

2）降压启动

降压启动是指启动时降低加在定子绕组上的电压，以减小启动电流，待转速上升到接近额定转速时，再恢复全压运行。

此方法适用于大中型鼠笼式异步电动机的轻载或空载启动。

（1）星形-三角形（Y-△）换接启动。

启动时，将三相定子绕组接成星形，待转速上升到接近额定转速时，再换成三角形。这样启动时就把定子每相绕组上的电压降至正常工作电压的 $1/\sqrt{3}$。

此方法用于正常工作时定子绕组为三角形连接的电动机，设备简单，可以频繁启动，应用较广泛。

电动机采用降压启动减小启动电流，但同时会使电动机的启动转矩减小，故只适用于对启动要求不高、空载或轻载的场合。

Y-△降压启动控制电路如图 2-8 所示。按下启动按钮 SB_1，时间继电器 KT 和接触器 KM_2 同时通电吸合，KM_2 的常开主触点闭合，将定子绕组连接成星形，其常开辅助触点闭合，接通接触器 KM_1。KM_1 的常开主触点闭合，将定子接入电源，电动机在星形连接下启动。KM_1 的一对常开辅助触点闭合，进行自锁。经一定延时，KT 的常闭触点断开，KM_2

断电复位，接触器 KM_3 通电吸合。KM_3 的常开主触点将定子绕组接成三角形，使电动机在额定电压下正常运行。与按钮 SB_1 串联的 KM_3 的常闭辅点的作用是：当电动机正常运行时，该常闭触点断开，切断 KT、KM_2 的通路，即使误按 SB_1，KT 和 KM_2 也不会通电，以免影响电路正常运行。若要停车，则按下停止按钮 SB_3，接触器 KM_1、KM_2 同时断电释放，电动机脱离电源停止转动。

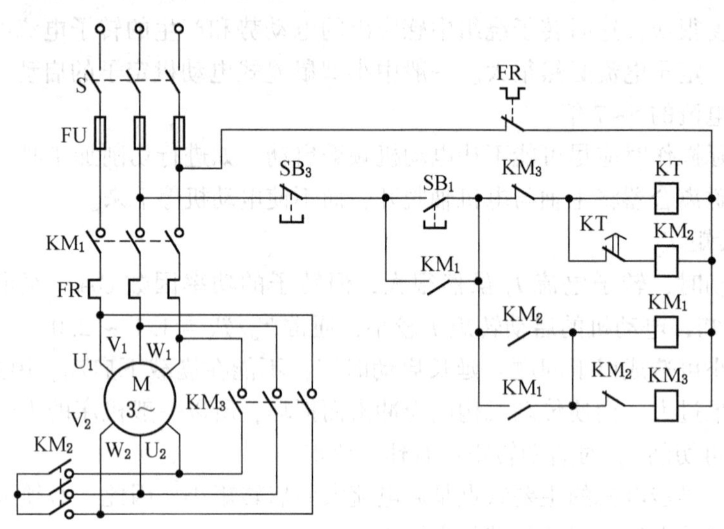

图 2-8 Y-△降压启动控制电路

这种换接启动也可采用星三角启动器实现。星三角启动器体积小、成本低、寿命长、动作可靠。

（2）自耦降压启动。

自耦降压启动是利用三相自耦变压器将电动机在启动过程中的端电压降低。如图 8-9 所示，启动时，先将开关 Q_2 扳到“启动”位置，当转速接近额定值时，再将 Q_2 扳向“工作”位置，切除自耦变压器。

采用自耦降压启动，同时能使启动电流和启动转矩减小。

正常运行的采用星形连接或容量较大的鼠笼式异步电动机，常用自耦降压启动。

二、三相异步电动机的调速

1. 三相异步电动机的调速方法

调速就是在同一负载下能得到不同的转速，以满足生产过程的要求。

调速的方法为

由
$$s = \frac{n_0 - n}{n_0}$$

得
$$n = (1 - s)n_0 = (1 - s)\frac{60f}{p}$$

可见，可通过 3 种途径进行调速：改变电源频率 f、改变磁极对数 p、改变转差率 s。

前两者是鼠笼式电动机的调速方法，后者是绕线式电动机的调速方法。

1）变频调速

此方法可获得平滑、范围较大的调速效果，且具有硬的机械特性，但须有专门的变频装置，设备复杂，成本较高。近年来因变频器越来越普及，其应用已经十分广泛。

2）变极调速

变换异步电动机绕组极数，从而改变同步转速进行调速的方式。变极调速通过采用变极多速异步电动机实现调速。这种多速电动机大多为笼型转子电动机，其结构与基本系列异步电动机相似，现国内生产的有双速、三速、四速 3 类。

此方法转差率小、转差损耗少、效率高；控制器件少、价格低、投资少；使用维护简单、方便。但极对数 p 只能按整数变化，是有级调速，不能达到匀滑调速的目的，通常用于对调速要求不是很高的场合，如金属切割机床或其他生产机械。

3）转子电路串电阻调速

在绕线式异步电动机的转子电路中，串入一个三相调速变阻器进行调速。

此方法能平滑地调节绕线式电动机的转速，且设备简单、投资少，但变阻器会增加损耗，故常用于短时调速或调速范围不太大的场合。

2. 双速电动机及其控制线路

双速电动机是一种特殊的电动机，它能够在两种不同的速度下运行，以满足不同的工作需求。使用双速电动机实现简单的调速控制，这种方法简单易实现、成本低廉、易维护，因此在工业生产中应用非常广泛。

双速电动机根据绕组的连接方式主要分为两种类型。

（1）Y（低速）/YY（高速），适用于起重机、传输带等的恒转矩负载，其连接方法如图 2-9 所示。

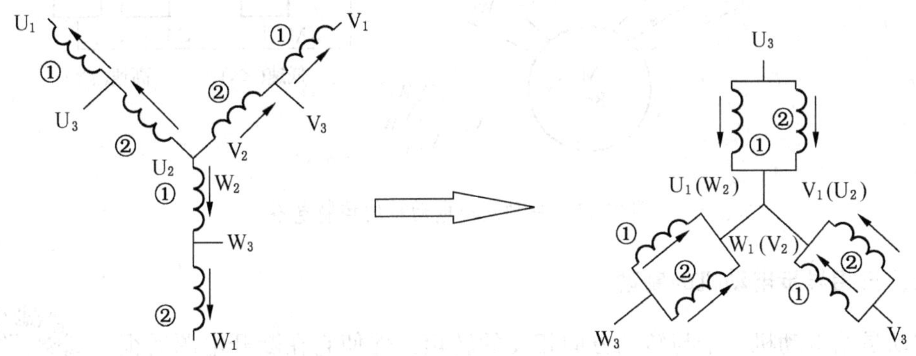

图 2-9　Y（低速）/YY（高速）连接方法

（2）△（低速）/YY（高速），适用于金属切削机床的恒功率负载，其连接方法如图 2-10 所示。

在选择双速电动机时，需要考虑应用的具体需求，包括所需的转速范围、负载特性、启动要求和效率等。正确选择和安装双速电动机可以确保设备在整个生命周期内安全、可靠、高效地运行。图 2-11 所示为一种双速电动机的控制电路。

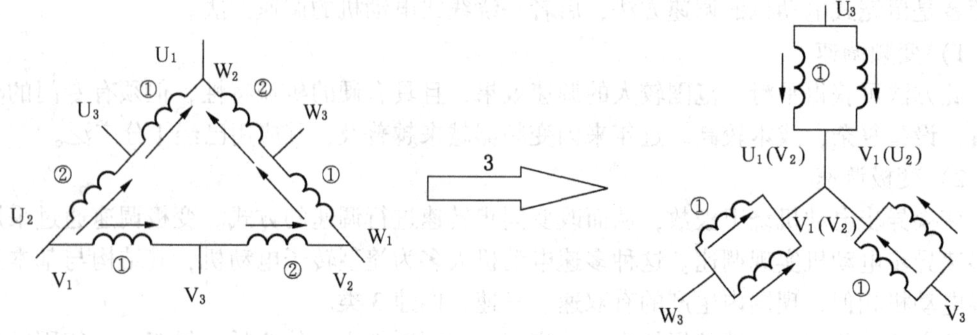

图 2-10　△（低速）/YY（高速）连接方法

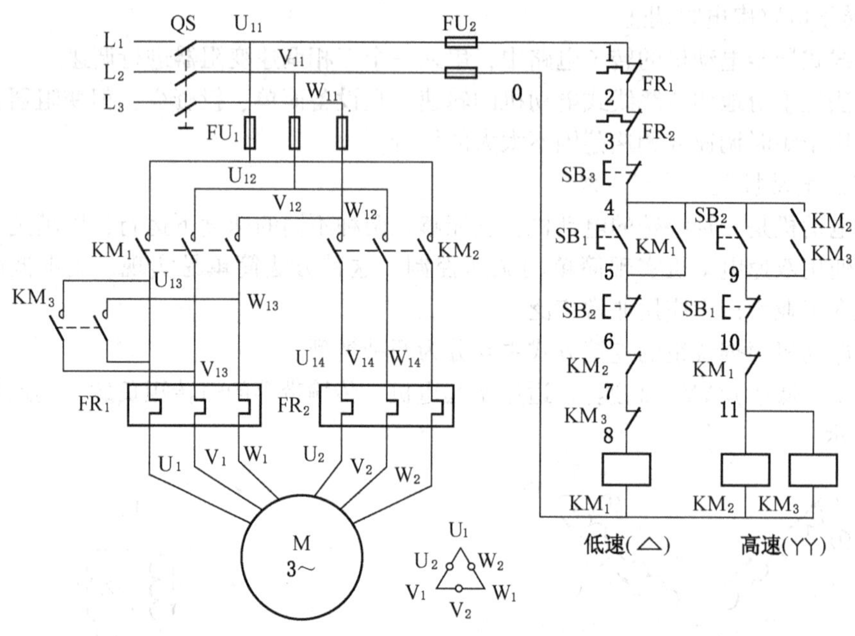

图 2-11　一种双速电动机的控制电路

三、三相异步电动机的制动

制动是给电动机一个与转动方向相反的转矩，促使它在断开电源后很快减速或停转。

三相异步电动机的制动

对电动机进行制动，就是要求它的转矩与转子的转动方向相反，这时的转矩称为制动转矩。

常见的电气制动方法有反接制动、能耗制动、回馈制动等。

1. 反接制动

电源反接制动是在电动机切断正常运转电源时改变电动机定子绕组的电源相序，使之有反转趋势而产生较大制动力矩的方法。反接制动控制电路如图 2-12 所示。

当电动机的转速接近零时，应立即切断反接转制动电源，否则电动机会反转。实际控

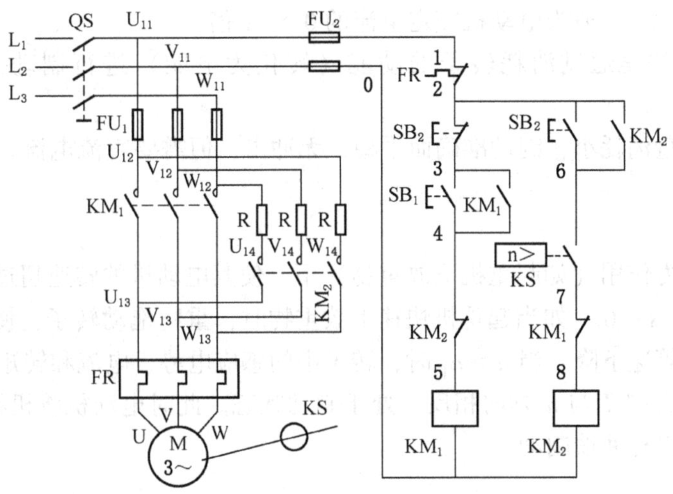

图 2-12　反接制动控制电路

制中采用速度继电器自动切除制动电源。

为限制电流，对功率较大的电动机进行制动时必须在定子电路（鼠笼式）或转子电路（绕线式）中接入电阻。

这种方法比较简单、制动力强、效果较好，但制动过程中的冲击强烈，易损坏传动器件，且能量消耗较大，频繁反接制动会使电机过热。有些中型车床和铣床的主轴制动采用这种方法。

2. 能耗制动

电动机脱离三相电源的同时，给定子绕组接入一直流电源，使直流电流通入定子绕组。于是电动机中便产生一个方向恒定的磁场，使转子受一个与转子转动方向相反的力 F 的作用，于是产生制动转矩，实现制动。能耗制动控制电路如图 2-13 所示。

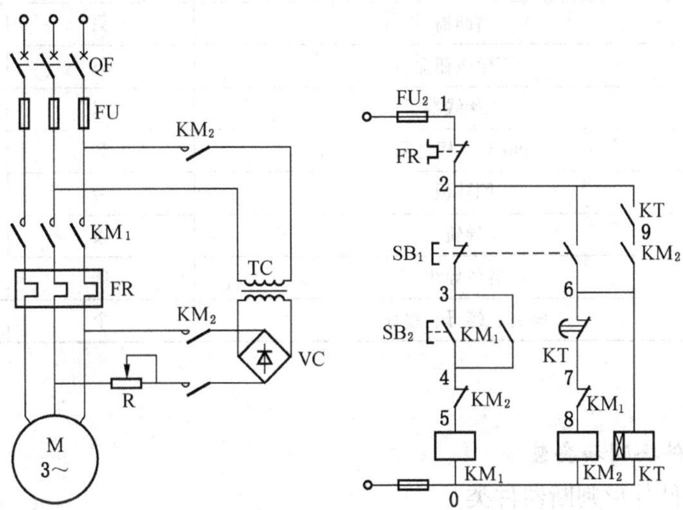

图 2-13　能耗制动控制电路

直流电流的大小一般为电动机额定电流的 0.5~1 倍。

由于这种方法是通过消耗转子的动能（转化为电能）进行制动，所以称为能耗制动。

这种制动能量消耗小，制动准确而平稳，无冲击，但需要直流电流。有些机床中采用这种制动方法。

3. 回馈制动

电动机在外力作用（如起重机下放重物）下，使其电动机的转速超过旋转磁场的同步转速，即 $n>n_1$，$s<0$。如当起重机快速下放重物时，重物拖动转子，使其转速 $n>n_0$，重物受到制动而等速下降。当 $n>n_1$ 时，转子中的感应电势、电流和转矩的方向都发生了变化，电磁转矩方向 T 与 n 方向相反，处于制动状态。此时电动机将机械能转化为电能，馈送给电网，所以称回馈制动。

任务实施：Y-△降压启动控制线路的安装与测试

1. 元器件与工具的准备

任务所需的元器件和工具列表见表 2-2。

表 2-2 元器件与工具列表

序号	名 称	单位	数量
1	电工工具箱 （包含万用表、验电笔、螺丝刀、剥线钳、尖嘴钳、压线钳、橡胶榔头等）	套	1
2	三相异步电动机	台	1
3	接触器（一开一闭）	只	3
4	时间继电器	只	1
5	热继电器	只	1
6	熔断器	只	1
7	三位按钮盒	只	1
8	三位接线端子	只	3
9	380 V 三相电源	套	1
10	网孔板	台	1
11	导轨	条	3
12	各色导线	条	若干
13	螺钉、螺母、垫片	个	若干

2. 实施步骤

步骤一 器件检测和安装。

（1）根据器件外形判断器件类。

（2）使用基本测试仪器仪表检查器件性能是否完好。

（3）根据电路图，将器件正确安装在合适的位置。

步骤二　线路安装

(1) 根据电路图准备需要的线材，连接主回路。

(2) 根据电路图准备需要的线材，连接控制回路。

步骤三　功能测试

(1) 短路测试。利用万用表，检查主回路和控制回路是否存在短路问题。

(2) 功能测试。利用万用表，检查电路能否满足电路工作时的通断要求。

(3) 上电测试。接通三相交流电源，测试电路是否正常运行。

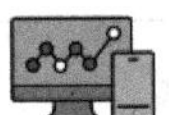

评价反馈任务单

学 生 任 务 分 配 实 施 单

<table>
<tr><td>任务名称</td><td colspan="5">电动机的选择与维修电动机的启动、调速和制动</td></tr>
<tr><td>班级</td><td></td><td>组号</td><td></td><td rowspan="2">指导教师</td><td rowspan="2"></td></tr>
<tr><td>组长</td><td></td><td>学号</td><td></td></tr>
<tr><td rowspan="4">组员</td><td>姓名</td><td></td><td>学号</td><td></td><td></td></tr>
<tr><td>姓名</td><td></td><td>学号</td><td></td><td></td></tr>
<tr><td>姓名</td><td></td><td>学号</td><td></td><td></td></tr>
<tr><td>姓名</td><td></td><td>学号</td><td></td><td></td></tr>
</table>

（就组织讨论、工具准备、数据记录、安全监督、成果展示等工作内容进行任务分工）

实施步骤

步骤一：

步骤二：

步骤三：

经验记录单

<table>
<tr><td>任务名称</td><td colspan="5">电动机的选择与维修电动机的启动、调速和制动</td></tr>
<tr><td>班级</td><td></td><td>姓名</td><td></td><td rowspan="2">指导教师</td><td rowspan="2"></td></tr>
<tr><td>学号</td><td></td><td>组号</td><td></td></tr>
<tr><td colspan="6">总结与经验</td></tr>
<tr><td colspan="6"></td></tr>
<tr><td colspan="6">实验过程中，出现了哪些问题？你是如何解决的？</td></tr>
<tr><td colspan="6">问题 1：
解决方法：

问题 2：
解决方法：

问题 3：
解决方法：</td></tr>
</table>

各小组互评打分表

<table>
<tr><td>姓名</td><td></td><td>学号</td><td colspan="2"></td><td>班级</td><td colspan="2"></td><td colspan="2">组别</td><td colspan="3"></td></tr>
<tr><td colspan="2">实训任务</td><td colspan="11">电动机的选择与维修电动机的启动、调速和制动</td></tr>
<tr><td rowspan="2">评价项目</td><td rowspan="2">分值</td><td colspan="4">等级</td><td colspan="8">评价对象（组别）</td></tr>
<tr><td>A</td><td>B</td><td>C</td><td>D</td><td>1</td><td>2</td><td>3</td><td>4</td><td>5</td><td>6</td><td>7</td><td>8</td></tr>
<tr><td>方案合理</td><td>20</td><td>20</td><td>15</td><td>10</td><td>5</td><td></td><td></td><td></td><td></td><td></td><td></td><td></td><td></td></tr>
<tr><td>团队合作</td><td>20</td><td>20</td><td>15</td><td>10</td><td>5</td><td></td><td></td><td></td><td></td><td></td><td></td><td></td><td></td></tr>
<tr><td>工作质量</td><td>20</td><td>20</td><td>15</td><td>10</td><td>5</td><td></td><td></td><td></td><td></td><td></td><td></td><td></td><td></td></tr>
<tr><td>工作规范</td><td>20</td><td>20</td><td>15</td><td>10</td><td>5</td><td></td><td></td><td></td><td></td><td></td><td></td><td></td><td></td></tr>
<tr><td>PPT/演示展示</td><td>20</td><td>20</td><td>15</td><td>10</td><td>5</td><td></td><td></td><td></td><td></td><td></td><td></td><td></td><td></td></tr>
<tr><td>合计</td><td>100</td><td colspan="4">各组得分</td><td></td><td></td><td></td><td></td><td></td><td></td><td></td><td></td></tr>
</table>

总结与反思

（如：在任务实施过程中遇到了什么问题→如何解决的/解决不了的原因→本次任务心得体会）

教师评价打分表

<table>
<tr><td>姓名</td><td colspan="2"></td><td>学号</td><td></td><td>班级</td><td></td><td>组别</td><td></td></tr>
<tr><td colspan="3">实训任务</td><td colspan="6">电动机的选择与维修电动机的启动、调速和制动</td></tr>
<tr><td colspan="3">评价项目</td><td colspan="4">评价标准</td><td>分值</td><td>得分</td></tr>
<tr><td colspan="3">考勤（10%）</td><td colspan="4">未出现无故迟到、早退和旷课的现象</td><td>10</td><td></td></tr>
<tr><td rowspan="9">工作过程（60%）</td><td rowspan="2">知识目标</td><td>获取信息</td><td colspan="4">掌握工作相关知识</td><td>10</td><td></td></tr>
<tr><td>进行表决</td><td colspan="4">制订工作方案，方案合理可行</td><td>10</td><td></td></tr>
<tr><td rowspan="4">技能目标</td><td rowspan="4">任务实施</td><td colspan="4">能够正确检测和安装相关设备</td><td>5</td><td></td></tr>
<tr><td colspan="4">能够正确完成线路的连接</td><td>5</td><td></td></tr>
<tr><td colspan="4">能够正确完成上电前的检测</td><td>5</td><td></td></tr>
<tr><td colspan="4">电路上电后运行正确</td><td>5</td><td></td></tr>
<tr><td rowspan="3">素养目标</td><td>工作态度</td><td colspan="4">认真严谨、积极主动、安全生产、文明施工</td><td>5</td><td></td></tr>
<tr><td>团队合作</td><td colspan="4">与小组成员、同学之间合作交流、协作工作</td><td>5</td><td></td></tr>
<tr><td>工作质量</td><td colspan="4">能按照工作方案操作，按计划完成工作任务</td><td>10</td><td></td></tr>
<tr><td colspan="2" rowspan="3">项目成果（30%）</td><td>工作完整</td><td colspan="4">能按时完成工作任务的所有环节</td><td>10</td><td></td></tr>
<tr><td>工作规范</td><td colspan="4">过程中规范操作，避免意外事故发生</td><td>10</td><td></td></tr>
<tr><td>汇报展示</td><td colspan="4">能准确表达、汇报工作成果</td><td>10</td><td></td></tr>
<tr><td colspan="7">合计</td><td>100</td><td></td></tr>
<tr><td colspan="3" rowspan="2">综合评价</td><td colspan="2">学生评价（50%）</td><td colspan="2">教师评价（50%）</td><td colspan="2">综合得分</td></tr>
<tr><td colspan="2"></td><td colspan="2"></td><td colspan="2"></td></tr>
<tr><td colspan="3">综合评语</td><td colspan="6">（作业过程中存在的问题及改进建议）</td></tr>
</table>

项目三　西门子 S7-1200 PLC 的认知与应用

项目导入

在现代工业自动化控制领域，可编程逻辑控制器（Programmable Logic Controller，PLC）扮演着至关重要的角色。可编程序控制器是一种专门应用于工业控制领域的计算机，是在继电器、接触器控制技术的基础上，综合自动控制技术、计算机技术和通信技术形成的一种新型自动控制设备。由于其使用简单、灵活可靠等优点，已成为工业自动化领域中应用广泛的控制装置，尤其是小型西门子 S7-1200 PLC，备受电气工程技术人员的青睐。

本项目主要学习西门子 S7-1200 PLC 的基础知识、S7-1200 PLC 安装接线、编程语言及 TIA 博途软件的操作及应用等。

学习目标

（1）了解 PLC 的产生及定义，知道 PLC 的主要应用领域。

（2）熟悉 S7-1200 系列 PLC 基本单元，能正确进行输入/输出器件的接线。

（3）掌握博途软件的基本操作方法，能够使用编程软件输入程序，并进行程序的上传和下载。

（4）掌握获取资料和帮助的方法。

任务一　PLC 的初步认知

任务描述

PLC 被公认为是现代工业自动化的三大支柱（PLC、机器人、计算机辅助设计 CAD/计算机辅助制造 CAM）之一，已成为工业自动化领域广泛应用的一种工业控制装置。本任务针对图 3-1 所示的西门子 1200 PLC，实现对 PLC 发展、结构、功能、应用等内容的初步认知。

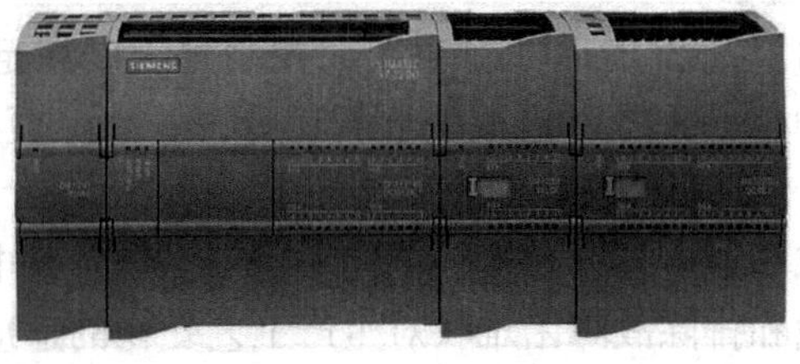

图 3-1　西门子 1200 PLC

任务分析

本任务为PLC的初步认知，从PLC的概念、分类和结构入手，熟悉各种接口（电源接口、通信接口、输入输出接口等）的位置和功能；熟悉PLC的模块类型，了解不同模块的特点和适用场景。比如，数字量输入模块用于接收开关量信号，而模拟量输入模块适用于接收连续变化的信号；掌握PLC的硬件配置和扩展，学习如何根据实际需求选择合适的CPU型号和模块组合。

PLC的定义、分类及应用

一、PLC概述

1. PLC的定义

PLC（Programmable Logic Controller）的中文名称为可编程逻辑控制器（简称可编程控制器），是一种专门为工业环境下应用而设计的控制器，集计算机技术、控制技术、通信技术于一体，具备逻辑控制、过程控制、运动控制、数据处理和联网通信等功能，因此PLC被公认为是现代工业自动化的三大支柱之一。PLC之所以得以快速发展和壮大，在于它更适应工业环境和市场的需求，具有可靠性高、抗干扰性强、性价比高等特点，已成为自动化工程的核心设备，其使用量高居首位。

国际电工委员会（IEC）于1987年颁布了《可编程控制器标准草案（第三稿）》。该草案中对PLC的定义为："可编程控制器是一种数字运算操作的电子系统，专为在工业环境下应用而设计。它采用可编程序的存储器，用于内部存储程序，执行逻辑运算、顺序控制、定时、计数和算术运算等面向用户的指令，并通过数字式和模拟式的输入和输出，控制各种类型的机械或生产过程。可编程控制器及其有关外围设备，都应按易于与工业系统联成一个整体、易于扩充其功能的原则设计。"

上述定义表明，PLC是一种能直接应用于工业环境的数字电子装置，是以微处理器为基础，结合计算机技术、自动控制技术和通信技术，用面向控制过程、面向用户的"自然语言"编程的一种简单易懂、操作方便、可靠性高的新一代通用工业控制装置。

2. PLC的历史发展

1836年，继电器问世，人们用导线将继电器与开关器件巧妙连接，构成用途各异的逻辑控制或顺序控制。在PLC问世之前，工业控制领域中继电器控制占主导地位。

PLC的历史发展

1968年，美国通用汽车公司（GM）为适应汽车型号的不断更新提出了10项指标，如图3-2所示。

美国通用汽车公司希望研发出一种新型工业控制器，以满足生产工艺不断变化的需要，实现小批量、多品种生产，尽可能减少重新设计，并减少更换电器控制系统及接线，以降低成本、缩短周期。

PLC的设计思想吸取了继电器和计算机两者的优点：虽然继电器控制系统体积大、可靠性低、接线复杂、查找和排除故障困难，对生产工艺变化的适应性差，但简单易懂、价格低；虽然计算机编程困难，但它功能强大、灵活（可编程）、通用性好。PLC采用面向控制过程、面向问题的"语言"进行编程，使不熟悉计算机的人也能很快掌握使用。

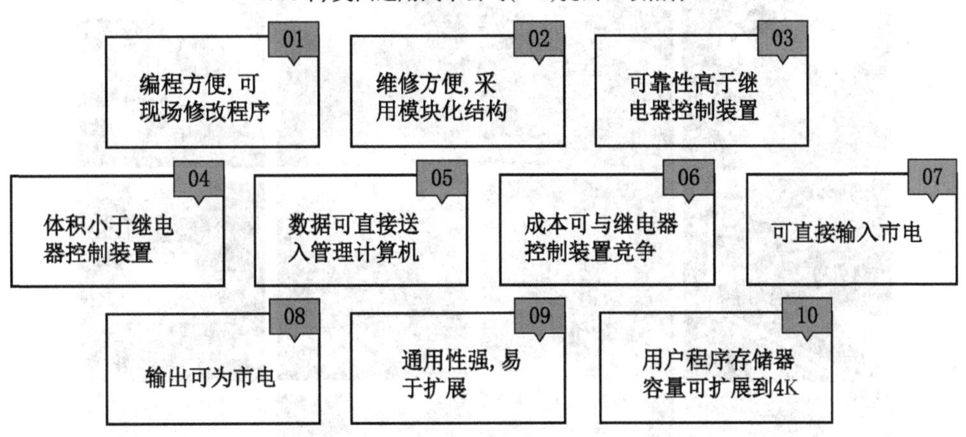

图 3-2 通用汽车公司 10 项指标

1969 年，美国数字设备公司（DEC）根据美国通用汽车公司的要求研制成功了世界第一台 PLC（PDP-14），并在通用汽车公司自动装配线上试用成功。

这种新型的 PLC 工控装置具有体积小、可变性好、可靠性高、使用寿命长、简单易懂、操作维护方便等一系列优点，很快就在美国的许多行业得到推广应用，也受到世界上许多国家的高度重视。1971 年，日本从美国引进这项技术，很快研制出日本国内第一台 PLC。1973 年，西欧国家也相继研制出本国的 PLC。我国从 1974 年开始研制，1977 年研制成功，并开始应用于工控领域。在这一时期，PLC 虽然采用了计算机的设计思想，但实际上只能完成顺序控制，仅有逻辑运算等简单功能，所以人们将它称为可编程逻辑控制器。

20 世纪 70 年代末至 80 年代初期，PLC 的处理速度大大提高，增加了许多功能。在软件方面，增加了算术运算、数据处理、网络通信、自诊断等功能。在硬件方面，除了保持原有的开关模块以外，还增加了模拟量模块、远程 I/O 模块、各种特殊功能模块，扩大了存储器的容量，而且提供一定数量的数据寄存器。为此，美国电气制造协会将可编程序逻辑控制器正式命名为可编程控制器（Programmable Controller，PC）。但由于 PC 容易和个人计算机 PC（Personal Computer）混淆，故人们仍习惯地将 PLC 作为可编程控制器的简称。

20 世纪 80 年代以后，随着大规模、超大规模集成电路等微电子技术的迅速发展，16 位和 32 位微处理器应用于 PLC 中，使 PLC 技术迅速发展。此时的 PLC 不仅控制功能增强，可靠性也提高，功耗、体积减小，成本降低，编程和故障检测更灵活方便，而且具有通信联网、数据处理等功能。这标志着可编程控制器已步入成熟阶段。

近年来，PLC 技术发展十分迅速，集“三电”（电控、电仪、电传）于一体，具有性价比高、可靠性高的特点，在钢铁、冶金、机械、能源、化工、医药、汽车、电力等行业自动化领域得到广泛应用，如图 3-3 所示。

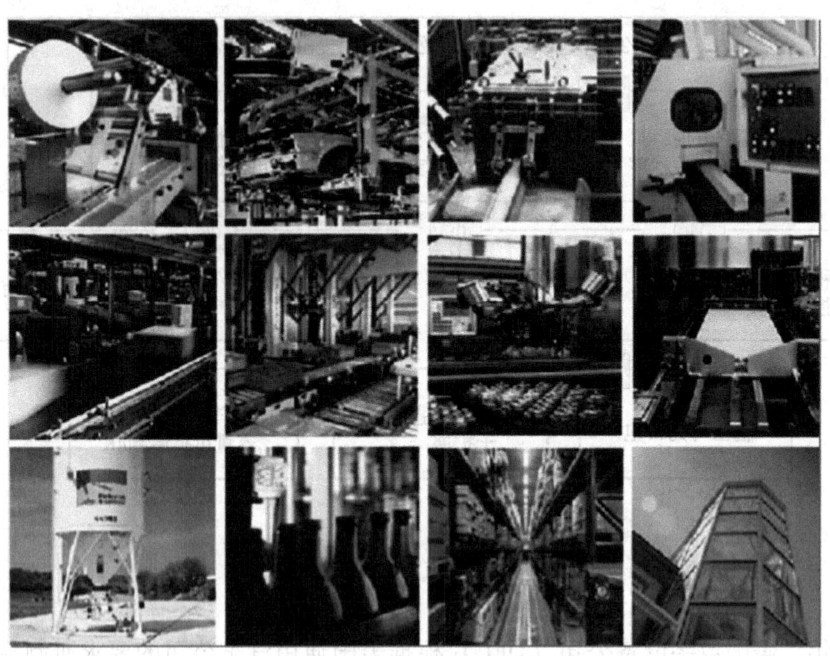

图 3-3　PLC 的应用

3. PLC 的功能

PLC 作为一种专为工业环境应用而设计的计算机，具有以下功能。

（1）开关逻辑和顺序控制。这是 PLC 应用最广泛、最基本的场合。它的主要功能是实现开关逻辑运算和顺序逻辑控制，从而实现各种控制要求。

（2）模拟控制（A/D 和 D/A 控制）。在工业生产过程中，许多连续变化的需要进行控制的物理量，如温度、压力、流量、液位等，都属于模拟量。过去 PLC 长于逻辑运算控制，对模拟量的控制主要靠仪表或分布式控制系统。目前大部分 PLC 产品都具备这类模拟量的处理功能，而且编程和使用方便。

（3）定时/计数控制。PLC 具有很强的定时、计数功能，它可以为用户提供数十甚至上百个定时器与计数器。对于定时器，定时间隔可由用户设定；对于计数器，如果需要对频率较高的信号进行计数，则可以选择高速计数器。

（4）步进控制。PLC 为用户提供了一定数量的移位寄存器，用移位寄存器可方便地实现步进控制功能。

（5）运动控制。机械加工行业，PLC 与计算机数控（CNC）集成在一起，用于实现机床的运动控制。

（6）数据处理。大部分 PLC 都具有不同程度的数据处理能力，不仅能进行算术运算、数据传送，还能进行数据比较、数据转换、数据显示打印等操作。有些 PLC 还可以进行浮点运算和函数运算。

（7）通信联网。PLC 具有通信联网功能，能够在 PLC 与 PLC 之间、PLC 与上位计算机及其他智能设备之间交换信息，形成一个统一的整体，实现分散集中控制。

4. PLC 的特点

PLC 作为一种工业控制装置，在结构、性能、功能及编程手段等方面具有一系列特点，如图 3-4 所示。

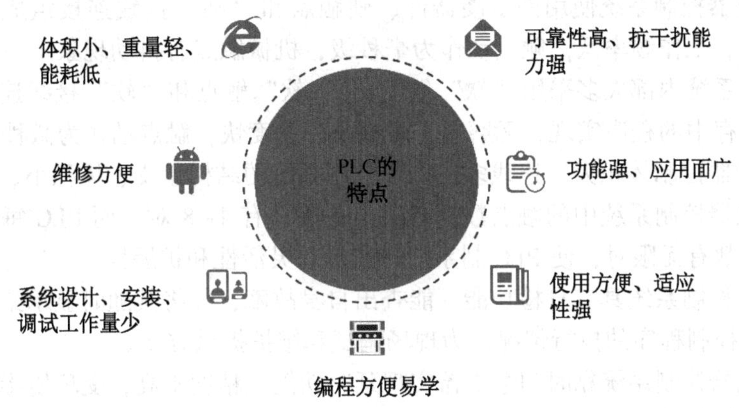

图 3-4　PLC 的特点

（1）性能特点：可靠性高，抗干扰能力强。PLC 是专为工业控制设计的，在设计与制造过程中均采用屏蔽、滤波、光电隔离等有效措施，并采用模块式结构，出现故障后可以迅速更换。

（2）功能特点：功能完善，应用面广。PLC 具有逻辑运算、定时、计数等很多功能，还能进行 D/A、A/D 转换，数据处理，通信联网。并且其运行速度快、精度高。PLC 品种多，档次也多，许多 PLC 制成模块式，可灵活组合。

（3）编程特点：系统设计安装调试工作量少。编程简单是 PLC 优于微机的一大特点。目前大多数 PLC 都采用与实际电路接线图非常相近的梯形图编程，这种编程语言形象直观、易于掌握。

（4）使用特点：使用方便，易于维护，适用性强。PLC 体积小、质量轻、便于安装；输入端子可直接与各种开关量和传感器连接，输出端子通常可直接与各种继电器连接；维护方便，有完善的自诊断功能和运行故障指示装置，可以迅速、方便地检查、判断出故障，缩短检修时间。

由上述内容可知，相比传统的继电器控制系统 PLC 控制系统具有许多优点，在许多方面可以取代继电器控制。

5. PLC 控制系统与继电器控制系统的区别

PLC 控制系统是由继电器控制系统和计算机控制系统发展而来的。在一个电气控制电路整体方案中，根据任务与功能可明显划分为主电路和辅助电路。用 PLC 替代继电器控制系统一般是指替代辅助电路部分，而主电路部分基本保持不变。PLC 的出现不是要“消灭”继电器，而是用于替代辅助电路中起控制、保护、信号作用的那些继电器，达到节能降耗、提升工作效率的目的。

PLC 与传统的继电器控制系统相比，不同点表现在以下方面。

（1）继电接触器控制系统是采用硬件和接线实现的，如控制要求改变，则硬件构成及接线都需相应地进行调整。PLC 控制系统采用程序存储器控制，当生产工艺、控制要求发生简单调整时，无须重新连线，只需修改程序或对硬件接线进行变动。

（2）继电器控制系统使用许多硬器件、硬触点和“硬”接线连接组成逻辑电路，易磨损、寿命短，工作频率低，触点动作为毫秒级，机械触点有抖动现象。

PLC 控制系统内部大多采用“软”继电器、“软”触点和“软”接线连接，其控制逻辑由存储在内存中的程序实现，无磨损、寿命长、速度快，触点动作为微秒级。

（3）继电器控制体积大、连线多；PLC 控制系统的结构紧凑、体积小、连线少。

（4）继电器控制系统中的触点数量有限，一般只有 4～8 对；而 PLC 每个软继电器供编程用的触点数有无限对，使 PLC 制系统有很好的灵活性和扩展性。

（5）PLC 控制系统具有自检功能，能查出自身故障，并将其随时显示给操作人员；同时能动态监视控制程序的执行情况，为现场调试和维护提供方便。

（6）继电器控制系统靠时间继电器实现延时功能，精度不高，受环境影响大，调整定时困难。PLC 控制系统用半导体集成电路作定时器，精度高，调整定时方便，不受环境影响。

图 3-5 和图 3-6 所示为继电器控制电路图与相应的 PLC 控制电路的比较示例。星三角降压启动继电接触器控制方式的控制逻辑包含在控制电路中，通过连线体现。

星三角降压启动 PLC 控制方式的主电路不变，控制电路由 PLC 接线图和用户程序两部分实现；控制逻辑通过软件，即编写相应程序实现。

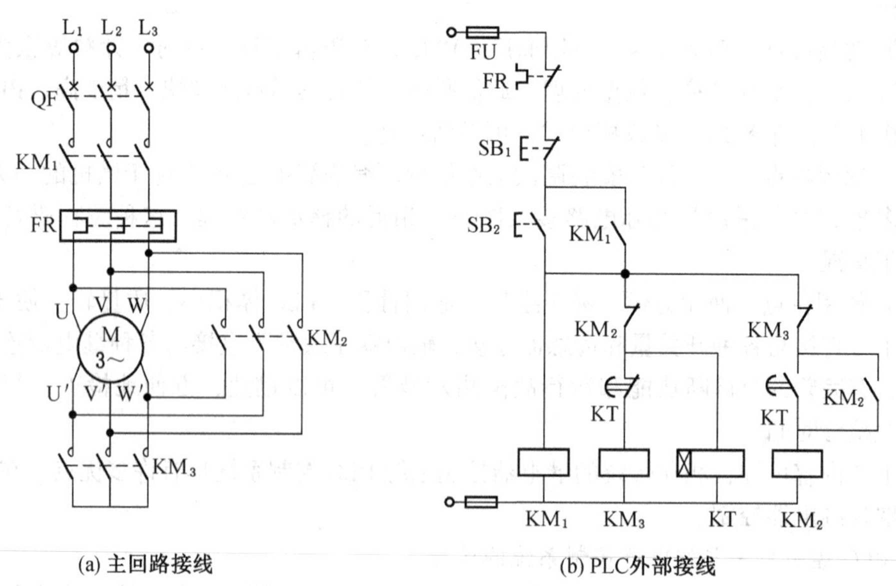

图 3-5　星三角降压启动继电接触器控制方式

图 3-5 右侧为继电器控制逻辑电路图，图 3-6 右侧 PLC 内部梯形图为相应的 PLC 控制逻辑程序。可以看出图 3-6 中梯形图与图 3-5 中继电器控制逻辑电路图很相似，都是用图形符号连接而成的，且这些符号是对应的，每个触点和线圈都对应一个软元件

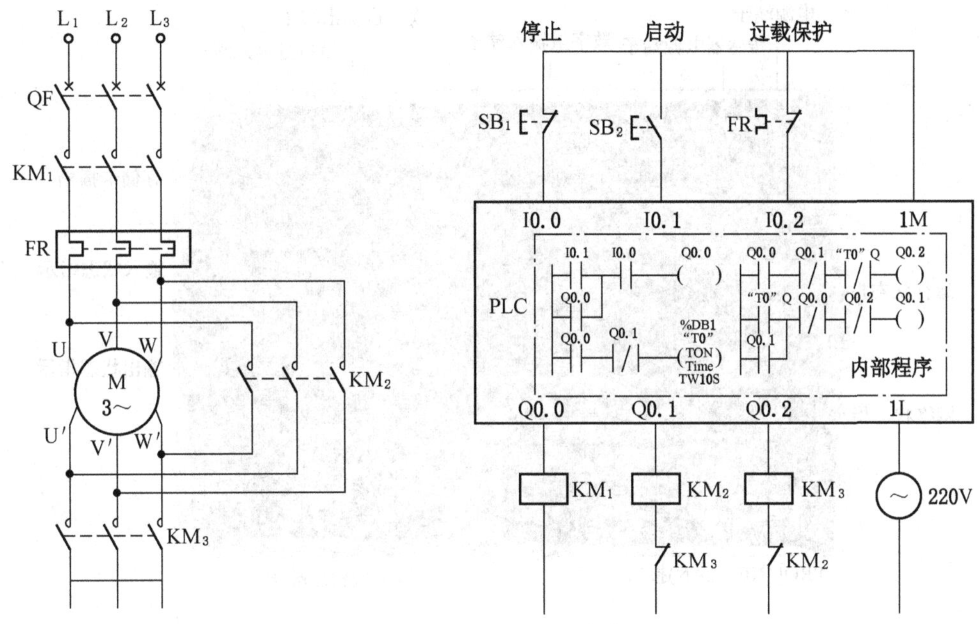

图 3-6　星三角降压启动 PLC 控制方式

(表 3-1)。梯形图具有形象、直观、易懂的特点，很容易被熟悉继电器控制的电气人员掌握。

表 3-1　图 3-5 中继电器控制逻辑电路符号与图 3-6 中梯形图符号对照表

符号名称	继电器电路符号		梯形图符号
常开触点			—| |—
常闭触点			—|/|—
线圈部分			—( )— 或 —○—

二、PLC 的分类

PLC 产品种类繁多，其规格和性能各不相同。对 PLC 的分类，通常根据其结构形式的不同、功能的差异和 I/O 点数的多少等进行大致分类。

1. 按结构形式分类

1）整体式 PLC

整体式 PLC 将电源、CPU、I/O 接口等部件集中在一个机箱内，具有结构紧凑、体积小、价格低的特点。整体式 PLC 由不同 I/O 点数的基本单元（又称主机）和扩展单元组成。小型 PLC 一般采用整体式结构，如图 3-7 所示。

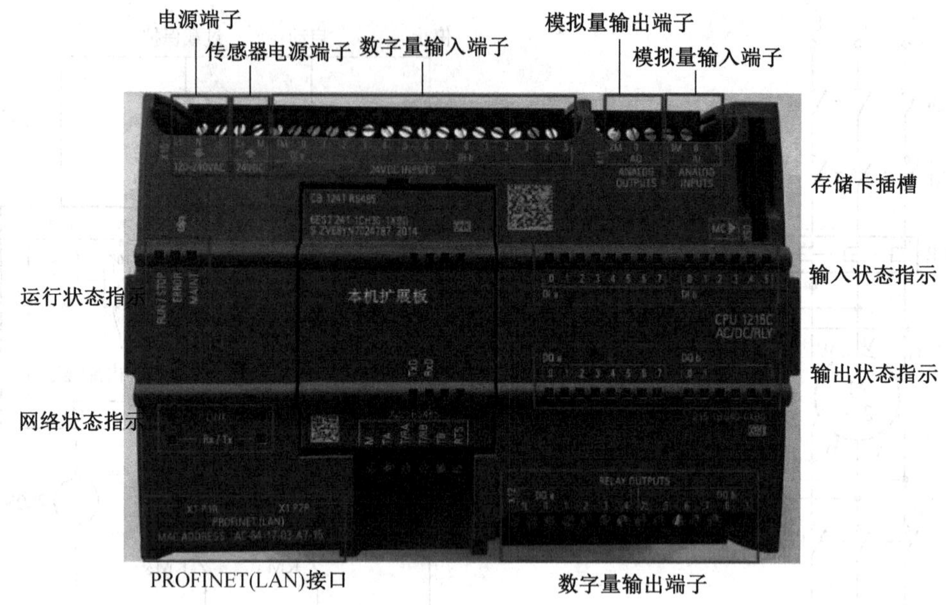

图 3-7　整体式 PLC 结构

基本单元内有 CPU、I/O 接口、与 I/O 扩展单元相连的扩展口，以及与编程器或 EPROM 写入器相连的接口等。扩展单元内只有 I/O 和电源等，没有 CPU。基本单元和扩展单元之间一般用扁平电缆连接。整体式 PLC 一般还可配备特殊功能单元，如模拟量单元、位置控制单元等，使其功能得以扩展。3 个指示 CPU 运行状态的 LED 灯，分别为 RUN/STOP（运行/停止，绿灯/黄灯）、ERROR（错误，红灯）和 MAINT（维护，黄灯）。

2）模块式 PLC

模块式 PLC 将 PLC 各组成部分分别制成若干个单独的模块，如 CPU 模块、I/O 模块、电源模块（有的含在 CPU 模块中）及各种功能模块。模块式 PLC 由框架或基板和各种模块组成。模块装在框架或基板的插座上。这种模块式 PLC 的特点是配置灵活，可根据需要选配不同模块组成一个系统，而且装配方便，便于扩展和维修。大、中型 PLC 一般采用模块式结构（图 3-8）。

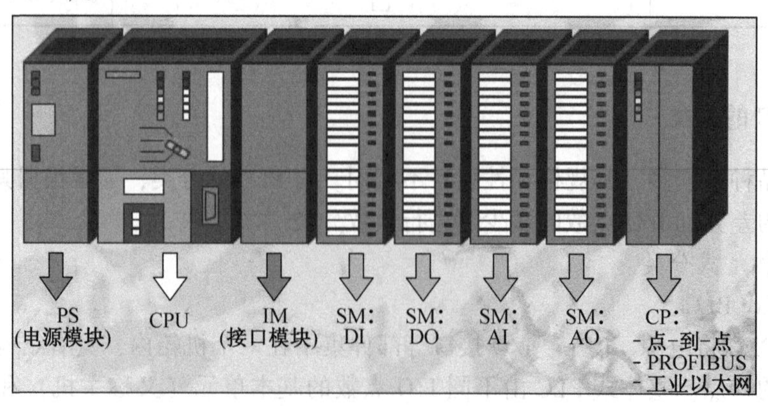

图 3-8　模块式 PLC 结构

2. 按功能分类

根据 PLC 具有的功能，可将 PLC 分为低档、中档、高档三类。

（1）低档 PLC。具有逻辑运算、定时、计数、移位及自诊断、监控等基本功能，还可有少量模拟量输入/输出、算术运算、数据传送和比较、通信等功能。主要用于逻辑控制、顺序控制或少量模拟量控制的单机控制系统。

（2）中档 PLC。除具有低档 PLC 的功能外，还具有较强的模拟量输入/输出、算术运算、数据传送和比较、数制转换、远程 I/O、子程序、通信联网等功能。有些还可增设中断控制、PID 控制等功能，适用于复杂控制系统。

（3）高档 PLC。除具有中档机的功能外，还增加了带符号算术运算、矩阵运算、位逻辑运算、平方根运算及其他特殊功能函数的运算、制表及表格传送功能等。高档 PLC 机具有更强的通信联网功能，可用于大规模过程控制或构成分布式网络控制系统，实现工厂自动化。

3. 按 I/O 点数分类

根据 PLC 的 I/O 点数，可将 PLC 分为小型、中型和大型三类。

（1）小型 PLC。I/O 点数＜256 点、单 CPU、8 位或 16 位处理器、用户存储器容量 4 KB 以下。例如：GE-I 型美国通用电气（GE）公司，TI100 美国德州仪器公司，F、F1、F2 日本三菱电气公司，C20 C40 日本立石公司（欧姆龙），S7－200 德国西门子公司，EX20 EX40 日本东芝公司，SR－20/21 中外合资无锡华光电子工业有限公司。

（2）中型 PLC。I/O 点数 256～2048 点、双 CPU、用户存储器容量 2 KB～8 KB。例如：S7－300 德国西门子公司，SR－400 中外合资无锡华光电子工业有限公司，SU－5、SU－6 德国西门子公司，C－500 日本立石公司，GE－ⅢGE 公司。

（3）大型 PLC，I/O 点数＞2048 点；多 CPU，16 位、32 位处理器，用户存储器容量 8 KB～16 KB。例如：S7－400 德国西门子公司，GE－ⅣGE 公司，C－2000 立石公司，K3 三菱公司等。

4. 按生产厂家分类

自 PLC 问世以来已经历 40 多年的发展，从实际使用情况来看，占据市场主流地位的主要为欧美国家、日本的 PLC 产品，我国自主品牌的 PLC，如信捷、汇川、和利时等品牌，其市场占有率较低，特别是中、大型 PLC。本书选用西门子公司的 S7－1200 PLC 作为学习载体。

比较有影响力的 PLC 厂家如下。

（1）日本立石（OMRON）公司的 C 系列可编程序控制器。

（2）日本三菱（MITSUBISHI）公司的 F、F1、F2、FX2 系列可编程序控制器。

（3）日本松下（PANASONIC）电工公司的 FP1 系列可编程序控制器。

（4）美国通用电气（GE）公司的 GE 系列可编程序控制器。

（5）美国艾论—布拉德利（A－－B）公司的 PLC－5 系列可编程序控制器。

（6）德国西门子（SIEMENS）公司的 S5、S7 系列可编程序控制器。本书将以德国西门子 S7－1200 产品为例进行介绍。

西门子 PLC 系列应用广泛，在各种工业自动化控制领域都有应用。西门子公司生产的 PLC 有 S7－400、S7－1500、S7－300、S7－1200、S7－200、S7－200 Smart 及逻辑模块 LOGO

等。其中 S7-1200 系列、S7-200 系列及 Smart 系列 PLC 同属小型自动化系统应用领域。

任务实施：PLC 的基本结构与工作原理

1. PLC 的组成结构

可编程控制器的种类繁多，但其组成结构（图 3-9）基本相同。PLC 主要由中央处理器模块、存储器模块、输入输出模块和电源等部分组成。

PLC 的组成结构

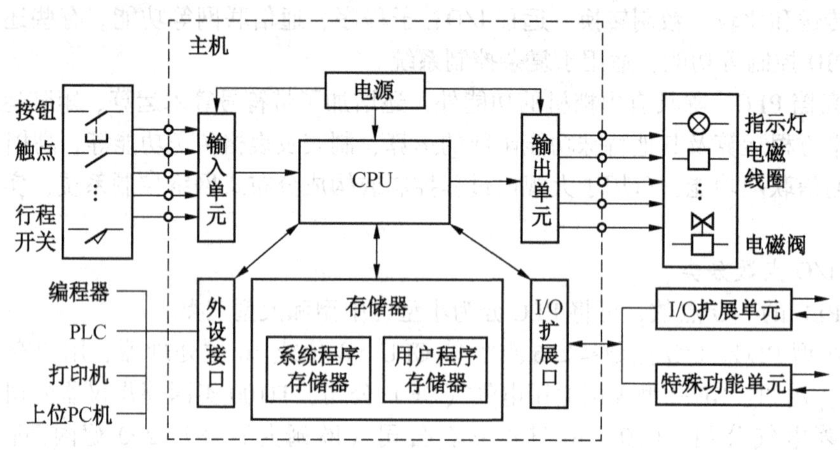

图 3-9 可编程控制器的组成结构

1）中央处理器（CPU）

CPU 是 PLC 的核心部件，主要用于运行用户程序、监控输入/输出接口状态、进行逻辑判断和数据处理。CPU 以扫描的方式读取输入装置的状态或数据，从内存逐条读取用户程序，通过解释后按指令的规定产生控制信号，然后分时、分渠道执行数据的存取、传送、比较和变换等处理过程，完成用户程序设计的逻辑或算术运算任务，并根据运算结果控制输出设备响应外部设备的请求并进行各种内部诊断。

2）存储器

可编程控制器的存储器主要包括系统程序存储器和用户存储器两部分。

（1）系统程序存储器。它用于存放系统工作程序（监控程序）、模块化应用功能子程序，以及对应定义（I/O、内部继电器、计时器、计数器、移位寄存器等存储系统）参数等功能。系统程序直接关系 PLC 的性能，不能由用户直接存取。

（2）用户存储器。它用于存放用户程序，即存放通过编程器输入的用户程序。PLC 的用户存储器通常以字（16 位/字）为单位表示存储容量。通常 PLC 产品资料中所指的存储器形式或存储方式及容量，是对用户程序存储器而言的。

3）电源

PLC 的电源是指为 CPU、存储器和 I/O 接口等内部电子电路工作配备的直流开关电源。PLC 通常有 220 V AC 电源型和 24 V DC 电源型两种。电源的交流输入端一般都有脉冲吸收电路，交流输入电压范围一般比较宽，抗干扰能力比较强。电源的直流输电压多为直流 5 V 和直流 24 V。直流 5 V 电源供 PLC 内部使用，直流 24 V 电源除供内部使用外还可供输入/输出单元和各种传感器使用。

4）输入接口单元

输入（Input）和输出（Output）接口电路，是 PLC 与现场 I/O 设备或其他外部设备之间的连接部件。PLC 通过输入接口将外部设备（如开关、按钮、传感器）的状态或信息读入 CPU，通过用户程序的运算与操作，将结果通过输出接口传递给执行机构（如电磁阀、继电器、接触器等）。

PLC 的输入接口分为开关量输入接口和模拟量输入接口。开关量输入用于接收按钮、选择开关、数字拨码开关、限位开关、接近开关、光电开关、压力继电器等提供的开关量输入信号；模拟量输入用于接收电位器、测速发电机和各种变送器提供的连续变化的模拟量电流、电压信号。

西门子 S7-1200 开关量输入接口根据使用的电源可分为直流输入和交流输入。这两种输入方式的选择取决于现场信号的类型和需求。直流输入通常用于连接直流信号源，如某些传感器和开关设备，而交流输入用于连接交流信号源。选择正确的输入方式对于确保 PLC 正确读取信号至关重要。开关量输入接口电路原理图如图 3-10 所示。

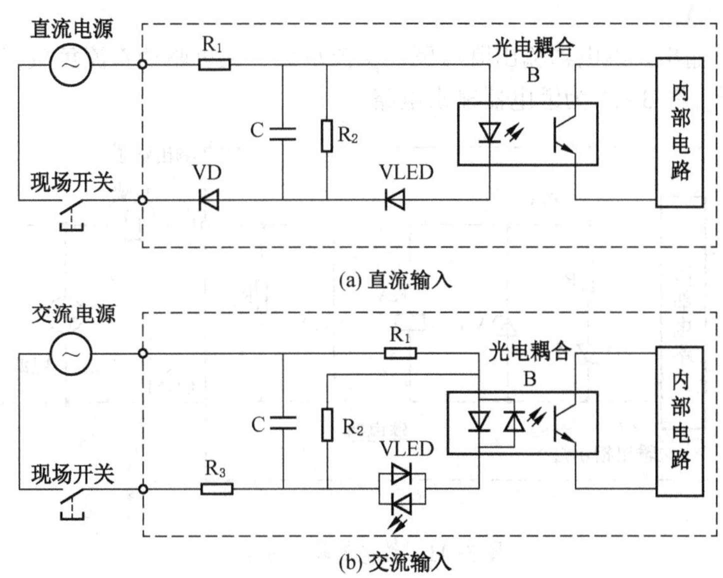

图 3-10　开关量输入接口电路原理图

图 3-10a 所示为直流输入接口电路原理图。输入接口的电源由 PLC 外部直流电源提供，当闭合输入开关后，有电流流过光电耦合器和指示灯，光电耦合器导通，将输入开关状态送给内部电路。由于光电耦合器内部通过光电传递，故可以将外部电路与内部电路有效隔离。输入指示灯点亮用于指示输入端子有输入。R_2、C 为滤波电路，用于滤除输入端子窜入的干扰信号，R_1 为限流电阻。

图 3-10b 所示为交流输入接口电路原理图，输入接口的电源由外部的交流电源提供。为适应交流电源的正负变化，接口电路由发光管正负极并联的光电耦合器和指示灯组成。

由于生产过程中使用的各种开关、按钮、传感器等输入器件直接接至 PLC 输入接口电路，为防止触点抖动或干扰脉冲引起错误的输入信号，输入接口电路必须有很强的抗干扰能力。输入接口电路提高抗干扰能力的方法主要有以下两种。

（1）利用光电耦合器提高抗干扰能力。光电耦合器工作原理是：发光二极管有驱动电流流过时，导通发光，光敏三极管接收到光线，由截止变为导通，将输入信号送入 PLC 内部。光电耦合器中发光二极管是电流驱动器件，有足够的能量才能被驱动。而干扰信号虽然有些电压值很高，但能量较小，不能使发光二极管导通，所以不能进入 PLC 内部，从而实现电隔离。

（2）利用滤波电路提高抗干扰能力。最常用的滤波电路是电阻电容滤波，如图中的 R_1 和 C。

5）输出接口电路

输出接口电路的作用是将 PLC 内部的信号转换为现场执行机构所需的开关量信号，驱动负载。开关量输出用于控制接触器、电磁阀、电磁铁、指示灯、数字显示装置和报警装置等输出设备；模拟量输出用于控制调节阀、变频器等执行装置。为适应不同负载的需要，各类 PLC 的输出都有 3 种类型的接口电路，即继电器输出（M）、晶体管输出（T）和晶闸管输出（S）。

（1）继电器输出。继电器输出既可驱动交流负载，又可驱动直流负载，但其响应时间长、动作频率低。图 3-11 为继电器输出电路。

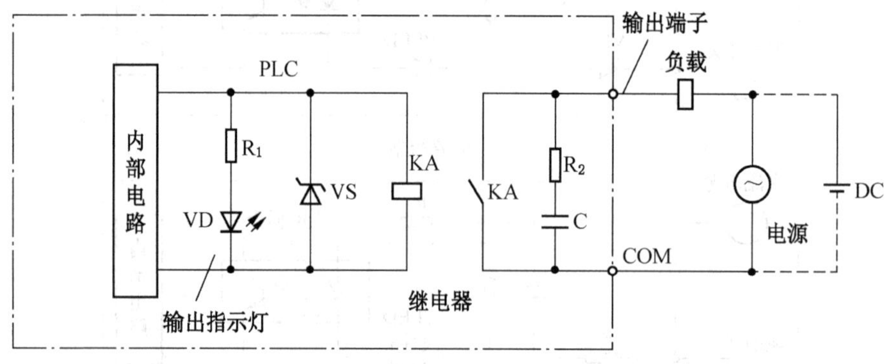

图 3-11　继电器输出电路

当内部电路的状态为 1 时，使继电器 K 的线圈通电，产生电磁吸力，触点闭合，则负载得电，同时点亮 LED，表示该路输出点有输出。当内部电路的状态为 0 时，使继电器 K 的线圈无电流，触点断开，则负载断电，同时熄灭 LED，表示该路输出点无输出。

继电器输出电路的优点如下：不同公共点之间可带不同的交、直流负载，电压也可不同，带负载能力可达 2 A；不适用于高频动作的负载，这是由继电器的寿命决定的。其寿命随带负载电流的增加而减少，一般在几十万次至一百万次之间，有的公司产品可达 1000 万次以上，响应时间为 10 ms。因其电路设计简单，抗干扰和带负载能力强，当系统输出频率为每分钟 6 次以下时，应首选继电器输出。

（2）晶体管输出。优点是可靠性强、反应速度快、动作频率高、寿命长。缺点是过载能力差。适用于直流供电、输出量变化快的场合。晶体管输出电路如图 3-12 所示。

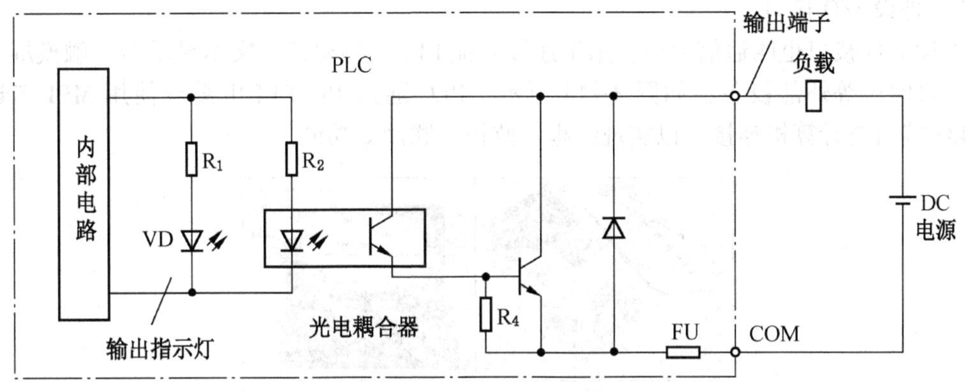

图 3-12　晶体管输出电路

当内部电路的状态为 1 时，光电耦合器 T_1 导通，使大功率晶体管 VT 饱和导通，则负载得电，同时点亮 LED，表示该路输出点有输出。当内部电路的状态为 0 时，光电耦合器 T_1 断开，大功率晶体管 VT 截止，则负载失电，LED 熄灭，表示该路输出点无输出。VD 为保护二极管，可防止负载电压极性接反或高电压、交流电压损坏晶体管。FU 的作用是防止负载短路时损坏 PLC。当负载为电感性负载、VT 关断时会产生较高的反电势，所以必须为负载并联续流二极管，为其提供放电回路，避免 VT 承受过电压。

(3) 双向可控硅输出。双向可控硅输出适合驱动交流负载。由于双向可控硅和大功率晶体管同属于半导体材料元件，所以响应速度快、动作频率高、寿命长，适用于交流供电、输出量变化快的场合。图 3-13 为双向可控硅输出电路，当内部电路的状态为 1 时，发光二极管导通发光，相当于对双向晶闸管施加触发信号。

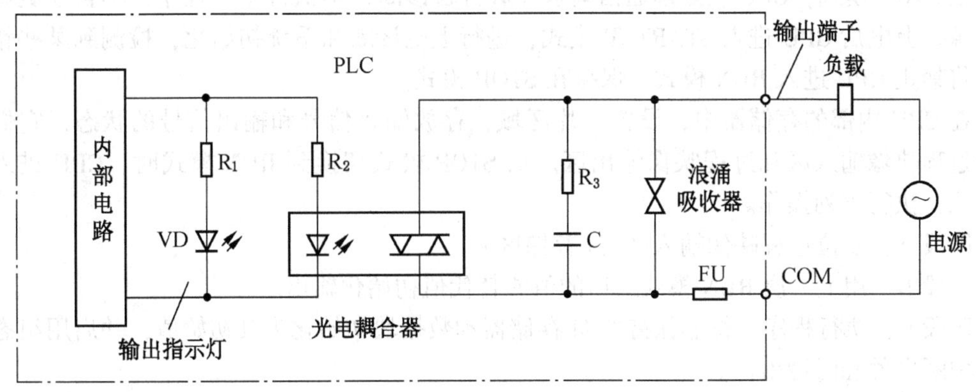

图 3-13　双向可控硅输出电路

6) 输入/输出扩展接口

输入/输出扩展接口是 PLC 主机用于扩展输入/输出点数和类型的部件。这种扩展接口实际上是总线形式，可以配置开关量的 I/O 单元，也可配置模拟量和高速计数等特殊 I/O 单元及通信适配器等。

7）外设 I/O 接口

外设 I/O 接口也叫通信接口，用于连接其他 PLC、编程器、文本显示器、触摸屏、变频器或打印机等外部设备，如图 3-14 所示。PLC 通过 PC/PPI 电缆或使用 MPI 卡通过 RS-485 接口与计算机连接，以实现编程、监控、联网等功能。

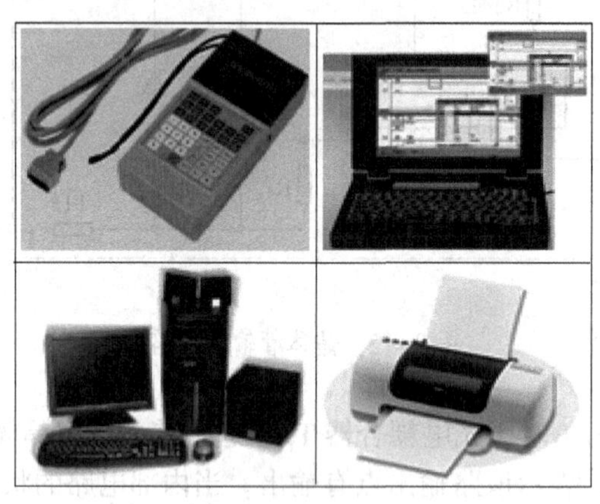

图 3-14 PLC 的外部设备

2. PLC 的工作原理

PLC 的工作原理

1）CPU 的操作模式

CPU 有 3 种操作模式：RUN（运行）、STOP（停机）与 STARTUP（启动）。CPU 面板上的状态 LED（发光二极管）用于指示当前操作模式，可使用编程软件改变 CPU 的操作模式。

在 STOP 模式，CPU 仅处理通信请求并进行自诊断，不执行用户程序，不自动更新过程映像。上电后 CPU 进入 STARTUP 模式，进行上电诊断和系统初始化，检测到某些错误时，将禁止 CPU 进入 RUN 模式，保持在 STOP 模式。

在 CPU 内部的存储器中，设置一片区域，存放输入信号和输出信号的状态，它们被称为过程映像输入区和过程映像输出区。从 STOP 模式切换到 RUN 模式时，CPU 进入启动模式，执行下列操作。

阶段 A：复位过程映像输入区（I 存储区）。

阶段 B：用上一次 RUN 模式最后的值或替代值初始化输出。

阶段 C：执行程序，将非保持性 M 存储器和数据块初始化为其初始值，并启用组态的循环中断事件和时钟事件。

阶段 D：将外设输入状态复制到过程映像输入区。

阶段 E：（整个启动阶段）将中断事件保存到队列，以便在 RUN 模式进行处理。

阶段 F：将过程映像输出区（Q 区）的值写到外设输出。

2）PLC 周期性顺序扫描工作方式

PLC 循环扫描的工作方式包括周期扫描方式、定时中断方式、输入中断方式、通信中断方式等，最主要的工作方式是周期顺序扫描方式。PLC 采用“顺序扫描，不断循环”的方式进行工作，在每次扫描过程中，对输入信号采样并对输出状态刷新。

PLC 的工作过程与 CPU 的操作方式（STOP/RUN）有关。当 PLC 运行时，通过执行反映控制要求的用户程序完成控制任务。对于每个程序，如果无跳转指令，则从第一条指令开始逐条执行用户程序，直至遇到结束符后返回第一条指令，如此周而复始，不断循环，这种串行工作方式称为 PLC 周期性顺序扫描工作方式。整个过程扫描执行一遍所需的时间称为扫描周期。

由于 CPU 的运算处理速度很快，因而从宏观上看，PLC 外部出现的结果似乎是同时(并行）完成的。扫描周期与 CPU 的运行速度、PLC 硬件配置及用户程序长短有关，典型值为 1~100 ms。

PLC 与继电器的扫描工作方式比较如下。

（1）继电器-接触器控制装置采用硬逻辑的并行工作方式，如果某个继电器的线圈通电或断电，那么该继电器的所有常开和常闭触点不论处于控制电路的哪个位置，都会立即同时动作。

（2）PLC 采用周期性顺序扫描工作方式（串行工作方式），如果某个软继电器的线圈被接通或断开，则其所有的触点不会立即动作，必须等扫描到该触点时才会动作。这种“串行”工作方式可以避免继电器控制系统中的触点竞争和时序失配问题，从根本上提高系统的抗干扰能力，增强系统的可靠性。

3）PLC 用户程序执行的过程

PLC 用户程序执行的过程（图 3-15）可分为三个阶段，即输入采样阶段、程序执行阶段和输出执行阶段。

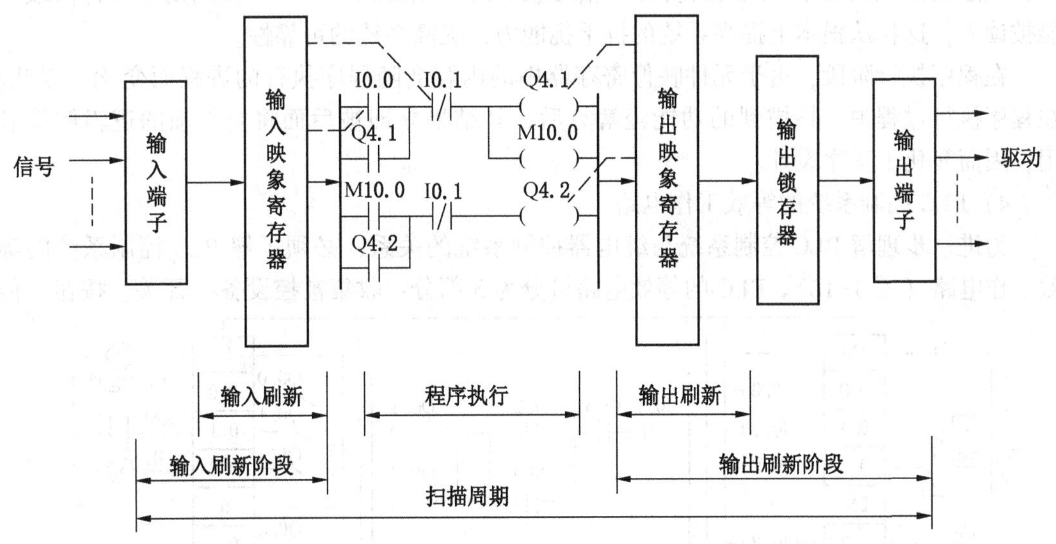

图 3-15　PLC 用户程序执行的过程

（1）输入采样阶段。这是第一个集中批处理过程，CPU 按顺序逐个采集全部输入端子上的信号，无论是否接线，都全部写入输入映像寄存器。随即关闭输入端口，进入程序执行阶段，用到的输入信号状态（ON 或 OFF）均去刚保存的输入映像寄存器中读取，不管此时外部输入信号的状态是否变化，如果发生变化，也要等到下一个扫描周期的输入采样阶段才去扫描读取。由于 PLC 的扫描速度很快，可以认为采集到的这些输入信息是连续的。

(2) 程序执行阶段。在用户程序执行阶段，CPU 对用户程序按顺序进行扫描。如果程序用梯形图表示，则总是按先上后下、从左至右的顺序扫描。当遇到程序跳转指令时，则根据跳转条件是否满足决定程序是否跳转。每扫描一条指令，其涉及输入信息的状态均从输入映像寄存器中读取，而不是直接使用现场的立即输入信号（立即指令除外）。对于其他信息，则从元件映像寄存器中读取。用户程序每一步运算的中间结果都立即写入元件映像寄存器，对输出继电器的扫描结果，也不是立即驱动外部负载，而是将其结果写入输出映像寄存器（立即指令除外）。在此阶段，允许对数字量 I/O 不设置数字滤波的模拟量 I/O 进行处理，在扫描周期的各部分，均可对中断事件进行响应。

在这个阶段，除了输入映像寄存器外，各元件映像寄存器中的内容是随着程序的执行而不断变化的。

(3) 输出执行阶段。这是第二个集中批处理过程，当 CPU 对全部用户程序扫描结束后，将元件映像寄存器中各输出继电器的状态同时送至输出锁存器，再由输出锁存器通过一定的方式（继电器或晶体管）经输出端子驱动外部负载。在一个扫描周期内，只在输出执行阶段才将输出状态从输出映像寄存器中集中输出，对输出接口进行刷新。用户程序执行过程中如果对输出结果多次赋值，则只有最后一次有效。在输出执行阶段结束后，CPU 进入下一个扫描周期，重新执行输入集中采样，周而复始地重复此过程。

集中采样与集中输出的工作方式是 PLC 的又一特点。在采样期间，将所有输入信号（无论该信号当时是否要用）一起读入，此后在整个程序处理过程中 PLC 系统与外界隔离，直至输出控制信号。此时外界输入信号状态的变化要到下一个工作周期的采样阶段才能被读入，这将从根本上提高系统的抗干扰能力，提高系统的可靠性。

在程序执行阶段，由于元件映像寄存器中的内容会随程序执行的进程而变化，因此，在程序执行过程中，扫描到的功能经解算后，其结果立即被后面将要扫描的逻辑解算利用，因而简化了程序设计。

4）PLC 控制系统的等效工作电路

为进一步理解 PLC 控制系统与继电器控制系统的关系，必须了解 PLC 控制系统的等效工作电路（图 3-16）。PLC 的等效电路可分为 3 部分：收集被控设备（开关、按钮、传

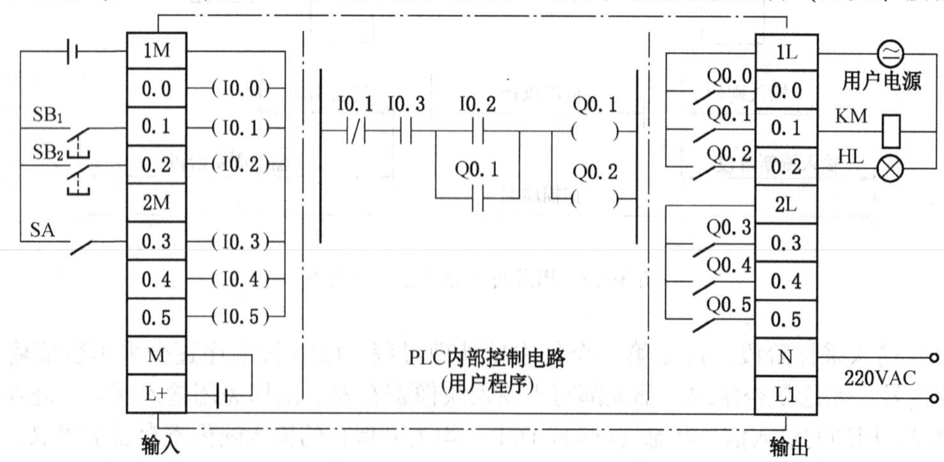

图 3-16　PLC 控制系统的等效工作电路

感器等）的信息或操作命令的输入部分，运算、处理来自输入部分信息的内部控制电路，驱动外部负载的输出部分。

输入电路由外部输入电路、PLC 输入接线端子和输入继电器组成。每个输入端子和与其相同编号的输入继电器有着唯一确定的对应关系。内部控制电路是由用户程序形成的用软继电器代替硬继电器的控制逻辑。输出部分由 PLC 内部输出继电器的常开接点、输出接线端子和外部驱动电路组成，用于驱动外部负载。

思维拓展：PLC 的价值

PLC 的价值

PLC 集成了计算机技术、自动控制技术和通信技术，采用面向用户的“自然语言”编程进行控制，是适应工业环境且简单易懂、操作简便、可靠性高的工业控制设备。PLC 是一种以微处理器为核心的通用自动控制装置，基于继电器顺序控制发展而成。

技术人员说：PLC 是先进的控制技术。销售人员说：PLC 是钱和市场，他们可以在不懂 PLC 技术的前提下直接把 PLC 卖出去。自控公司老板说：PLC 是一种赚钱的工控产品。

其实 PLC 就是时间。PLC 的出现使汽车生产线从原来 6~9 个月的生产周期缩减到 6~9 周，而钢铁、石化等生产也是如此，因为自控系统的建立大大缩短了生产周期并提高了生产量，那这些节省出来的时间对于企业意味着什么呢？那就是利润。无线 PLC 则更提高了时间效率。

PLC 产品本身是不创造任何价值的，它需要工程师之手精雕细琢之后用于生产，才能显示其强大的价值能力。正是 PLC 这种特征使其以稳定、廉价和愈发宽泛的功能延展性，成熟、广泛地应用于各行业领域。

任务评价反馈单

学 生 任 务 分 配 实 施 单

<table>
<tr><td>任务名称</td><td colspan="5">西门子 1200 PLC 的初步认知（发展、结构、原理）</td></tr>
<tr><td>班级</td><td></td><td>组号</td><td></td><td rowspan="2">指导教师</td><td rowspan="2"></td></tr>
<tr><td>组长</td><td></td><td>学号</td><td></td></tr>
<tr><td rowspan="4">组员</td><td>姓名</td><td></td><td>学号</td><td></td><td></td></tr>
<tr><td>姓名</td><td></td><td>学号</td><td></td><td></td></tr>
<tr><td>姓名</td><td></td><td>学号</td><td></td><td></td></tr>
<tr><td>姓名</td><td></td><td>学号</td><td></td><td></td></tr>
</table>

（就组织讨论、工具准备、数据记录、安全监督、成果展示等内容进行任务分工）

（续）

实施步骤
步骤一：简述 PLC 的定义与工作原理。   步骤二：认知西门子 1200 PLC 的结构。

经验记录单

任务名称	西门子 1200 PLC 的初步认知				
班级		姓名		指导教师	
学号		组号			
总结与经验					
PLC 具有什么特点？可以应用于哪些场合？试举例介绍 PLC 的实际应用。 结合所学所知，并网络检索，列举市面上存在哪些控制装置，与 PLC 控制器相比具有哪些异同？经验积累，点滴之间。 					
实验过程中，出现了哪些问题？你是如何解决的？					
问题 1： 解决方法： 问题 2： 解决方法： 					

各小组互评打分表

姓名		学号				班级				组别		
实训任务		西门子 1200 PLC 的初步认知										
评价项目	分值	等级				评价对象（组别）						
		A	B	C	D	1	2	3	4	5	6	7	8
方案合理	20	20	15	10	5								
团队合作	20	20	15	10	5								
工作质量	20	20	15	10	5								
工作规范	20	20	15	10	5								
PPT/演示展示	20	20	15	10	5								
合计	100	各组得分											

总结与反思

（如：在本次任务实施过程中遇到了什么问题→如何解决的/解决不了的原因→本次任务心得体会）

教师评价打分表

<table>
<tr><td>姓名</td><td colspan="2"></td><td>学号</td><td></td><td>班级</td><td></td><td>组别</td><td></td></tr>
<tr><td colspan="3">实训任务</td><td colspan="6">西门子 1200 PLC 的初步认知</td></tr>
<tr><td colspan="3">评价项目</td><td colspan="4">评价标准</td><td>分值</td><td>得分</td></tr>
<tr><td colspan="3">考勤（10%）</td><td colspan="4">未出现无故迟到、早退和旷课的现象</td><td>10</td><td></td></tr>
<tr><td rowspan="9">工作过程（60%）</td><td rowspan="2">知识目标</td><td>获取信息</td><td colspan="4">掌握工作相关知识</td><td>10</td><td></td></tr>
<tr><td>进行表决</td><td colspan="4">制订工作方案，方案合理可行</td><td>10</td><td></td></tr>
<tr><td rowspan="4">技能目标</td><td rowspan="4">任务实施</td><td colspan="4">能够正确介绍 PLC 相关结构与功能</td><td>5</td><td></td></tr>
<tr><td colspan="4">能够正确介绍 PLC 的发展与工作原理</td><td>5</td><td></td></tr>
<tr><td colspan="4">能够正确完成上电前的检测</td><td>5</td><td></td></tr>
<tr><td colspan="4">电路上电后运行正确</td><td>5</td><td></td></tr>
<tr><td rowspan="3">素养目标</td><td>工作态度</td><td colspan="4">认真严谨、积极主动、安全生产、文明施工</td><td>5</td><td></td></tr>
<tr><td>团队合作</td><td colspan="4">与小组成员、同学之间合作交流、协作工作</td><td>5</td><td></td></tr>
<tr><td>工作质量</td><td colspan="4">能按照工作方案操作，按计划完成工作任务</td><td>10</td><td></td></tr>
<tr><td colspan="2" rowspan="3">项目成果（30%）</td><td>工作完整</td><td colspan="4">能按时完成工作任务的所有环节</td><td>10</td><td></td></tr>
<tr><td>工作规范</td><td colspan="4">过程中规范操作，避免意外事故发生</td><td>10</td><td></td></tr>
<tr><td>汇报展示</td><td colspan="4">能准确表达、汇报工作成果</td><td>10</td><td></td></tr>
<tr><td colspan="7">合计</td><td>100</td><td></td></tr>
<tr><td colspan="3" rowspan="2">综合评价</td><td colspan="2">学生评价（50%）</td><td colspan="2">教师评价（50%）</td><td colspan="2">综合得分</td></tr>
<tr><td colspan="2"></td><td colspan="2"></td><td colspan="2"></td></tr>
<tr><td colspan="3">综合评语</td><td colspan="6">（作业过程中存在的问题及改进建议）</td></tr>
</table>

任务二　西门子 1200 PLC 的硬件安装与接线

任务描述

本任务将完成西门子 S7-1200 PLC 硬件（图 3-17）的安装、接线与扩展。由于西门子 S7-1200 PLC 硬件具有安装方便、结构紧凑、简单灵活、高效等特点，西门子 S7-1200 PLC 已成为众多应用场合的理想选择。PLC 控制系统的设计包括硬件与软件两方面的内容。在控制系统的总体规划（方案设计）完成，并且选定对应的 PLC 型号与规格后，从工程设计的角度，接下来就将进入控制系统的技术设计阶段，进行系统的硬件与软件设计。

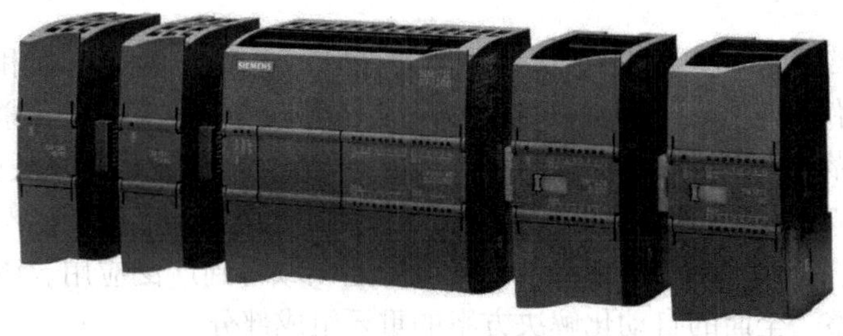

图 3-17　西门子 S7-1200 PLC 硬件

任务分析

硬件是 PLC 控制系统设计的基础。因 PLC 具有灵活、通用的特点，PLC 控制系统的硬件设计只要进行 PLC 与输入/输出信号间的简单连接即可。硬件设计一旦完成，就不可以像软件设计那样可以随时随地进行修改，因此，PLC 硬件设计是决定控制系统设计成败的关键，必须引起设计者的高度重视。

一、PLC 控制系统项目设计流程

在满足工艺条件要求的前提下，项目的电气控制系统方案设计应满足软、硬件需求。PLC 电气控制系统项目设计流程如图 3-18 所示。

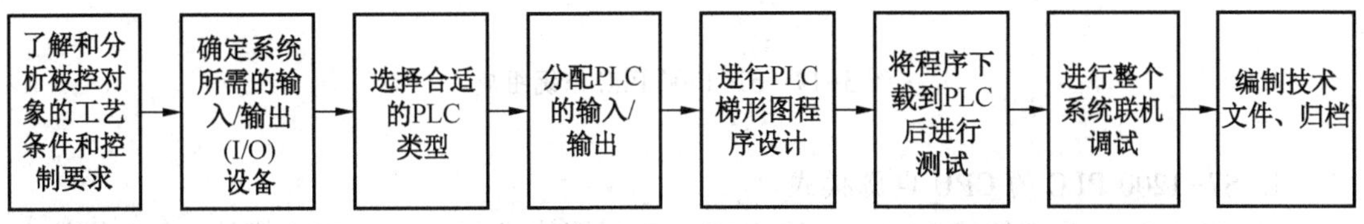

图 3-18　PLC 电气控制系统项目设计流程

硬件选型要求：首先要满足控制需求。根据功能要求确定输入输出点数及类型，根据

控制复杂程度和响应时间选择合适的 CPU 型号和容量。同时要考虑性能要求，确保功能满足需求。其次追求性价比最优：一方面考虑 PLC 本体、模块及后期维护成本，平衡功能与价格；另一方面确保系统具有扩展性，预留余量，选择兼容性好的模块，以便未来升级和扩展。

软件要求：编写 PLC 程序时，可采用对系统任务分块的方法，目的是将一个复杂的工程分解成多个简单的小任务，从而将一个复杂的大问题转化为多个简单的小问题，便于编制程序。为使编程思路更清晰、合理，编写程序前应先绘制程序结构流程图，完成 PLC 编程后进行软件调试。

在设计任务完成后，要编制工程项目的技术文件。技术文件包括总体说明、电气原理图、电器布置图、硬件组态参数、符号表、软件程序清单及使用说明书。

二、西门子 S7-1200 PLC 硬件认知

S7-1200 PLC 自 2009 年上市以来，经历了 V1.0、V2.0、V3.0 和 V4.0 4 次主要硬件版本更新，目前功能已经非常完善。由于其模块化和紧凑型设计，高可靠性、强抗干扰能力、强扩展性、高灵活度、易于实现过程控制等优点，S7-1200 PLC 以其极高的性价比在国内外汽车、电子、电池、物流、包装、暖通、智能楼宇和水处理等行业领域得到广泛应用。该控制器已成为完整、全面的自动化解决方案的重要组成部分。

S7-1200 PLC 的 CPU 面板详细介绍

S7-1200 可编程序控制器主要由 CPU 模块、通信模块（CM）、信号模块（SM）和信号板（SB）及各种附件组成。通过 S7-1200 可编程序控制器集成的 PROFINET 接口可直接与编程器 PG、精简系列面板或其他第三方设备相连，还可使用 RS485 或 RS232 通信模块进行点对点通信。S7-1200 PLC 系统组成如图 3-19 所示。

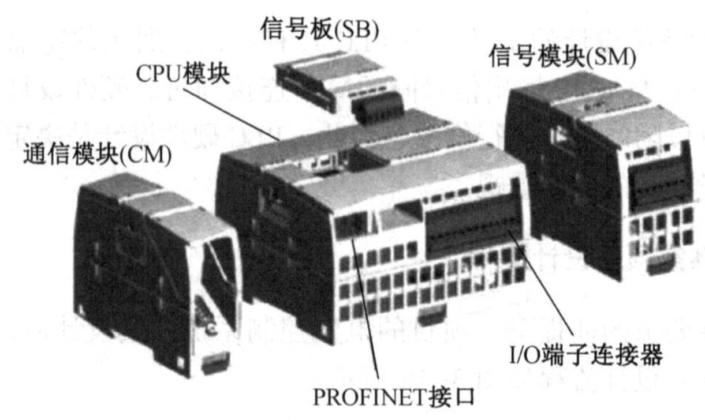

图 3-19　S7-1200 PLC 系统组成

1. S7-1200 PLC 的 CPU 电源模式

S7-1200 PLC 为整体式 PLC。整体式 PLC 又叫箱体式 PLC，将 CPU 模块、I/O 模块和电源装在一个箱状机壳内，具有结构紧凑、体积小、价格低等特点。小型 PLC 通常采用整体式结构。整体式 PLC 具有多种不同 I/O 点数的基本单元和扩展单元供用户选用，基本单元内有 CPU 模块、I/O 模块和电源，扩展单元内只有 I/O 模块和电源。S7-1200 PLC

CPU1215C 型号的 CPU 面板如图 3-20 所示。

S7-1200 PLC 的 CPU 基本单元型号的格式为 CPU 121□C ◇◇/△△/▽▽。其中，□为 1200 中的具体系列；◇◇为 PLC 的工作电源类型；△△为 PLC 输入端的工作电源类型；▽▽为 PLC 输出端的继电器或晶体管类型。

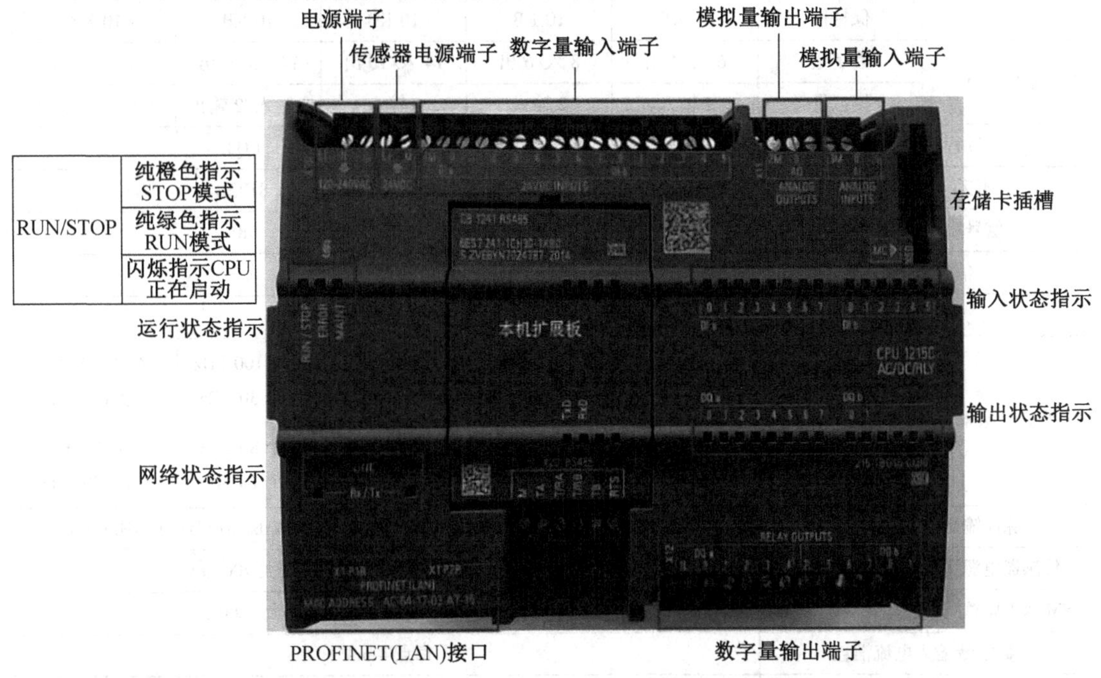

图 3-20　S7-1200 PLC CPU1215C 型号的 CPU 面板

CPU 有 3 种电源模式，DC/DC/RLY、DC/DC/RLY、AC/DC/RLY，见表 3-2。各类型间用斜线分割为 3 部分，分别表示 CPU 电源电压、输入端口的电压及输出端口器件的类型。

表 3-2　S7-1200 CPU 电源模式

类　别	电源电压	DI 输入电压	DO 输出电压	DO 输出电流
DC/DC/DC	DC 24 V	DC 24 V	DC 24 V	0.5 A，MOSFET
DC/DC/RLY	DC 24 V	DC 24 V	DC 5~30 V，AC 5~250 V	2 A，DC30W/AC200W
AC/DC/RLY	AC 85~264 V	DC 24 V	DC 5~30 V，AC 5~250 V	2 A，DC30W/AC200W

电源电压的 DC 表示直流 24 V 供电，AC 表示交流 120~240 V 供电。

输入端口电压的 DC 表示输入使用直流电压，一般为直流 24 V。

输出端口类型中，DC 为晶体管输出，RlY 为继电器输出。

2. S7-1200 PLC 的 CPU 技术参数

S7- 1200 PLC 的 CPU 型号，分别为 CPU 1211C、CPU 1212C、CPU 1214C、CPU 1215C 和 CPU1217C，S7-1200 CPU 的技术参数见表 3-3。

S7-1200 PLC 的选型

表 3-3　S7-1200 CPU 的技术参数

型号		CPU 1211C	CPU 1212C	CPU 1214C	CPU 1215C	CPU 1217C
用户存储器	工作	50 KB	75 KB	100 KB	125 KB	150 KB
	装载	1 MB	1 MB	4 MB	4 MB	4 MB
	保持性	10 KB	10 KB	10 KB	10 KB	10 KB
集成 I/O	数字量	6 入/4 出	8 入/6 出	14 入/10 出	14 入/10 出	14 入/10 出
	模拟量	2 输入	2 输入	2 输入	2 输入/2 输出	2 输入/2 输出
过程映像大小		1024B 输入（I）和 1024B 输出（Q）				
位存储器（M）		4096B		8192B		
信号模块扩展个数		0	2	8		
信号板个数		1				
通信模块		3（左侧扩展）				
高速计数器	单相	3 个 100 kHz	3 个 100 kHz 1 个 30 kHz	3 个 100 kHz 3 个 30 kHz	3 个 100 kHz 3 个 30 kHz	4 个 1 MHz 2 个 100 kHz
	正交	3 个 80 kHz	3 个 80 kHz 1 个 20 kHz	3 个 80 kHz 3 个 20 kHz	3 个 80 kHz 3 个 20 kHz	3 个 1 MHz 3 个 100 kHz
脉冲输出（最多 4 点）		100 kHz	100 kHz/30 kHz	100 kHz/30 kHz	100 kHz/30 kHz	1 MHz/100 kHz
传感器电源可用电流（24VDC）		最大 300 mA		最大 400 mA		
SM 和 CM 总线可用电流（5VDC）		最大 750 mA	最大 1000 mA	最大 1600 mA		
数字量输入电流消耗		每点 4 mA				
PROFINET		1 个以太网接口			2 个以太网接口	
执行速度	布尔运算	0.08 μs/指令				
	移动字	0.12 μs/指令				
	实数运算	2.3 μs/指令				

CPU 模块均内置两路板载模拟量输入通道和两路脉冲发生器，其中，CPU 1215C 和 CPU 1217C 具有两路板载模拟量输出通道。不同型号的 CPU 模块分别内置 6~14 个板载输入点和 4~10 个板载输出点，以及最多 6 个高速计数器，并可附加各种信号模块和信号板以扩展 CPU 模块的 I/O 控制能力。还可使用附加模块通过 PROFIBUS、GPRS、RS-485 或 RS-232 等进行通信。CPU 模块通过 PROFINET 端口实现与编程计算机、人机界面、其他 PLC 及带以太网接口的设备进行通信。

小贴士：西门子 PLC 的资料可以在西门子（中国）有限公司的“制造业的未来”网站（http://www.ad.siemens.com.cn/）下载。该网站主页的“工业支持中心”菜单包括“视频学习中心”“技术论坛”“找答案”“下载中心”等，单击“下载中心”，使用搜索功能，可以下载中英文手册、产品样品、软件，同时可通过“技术论坛”查看常见问题解答等。

3. S7-1200 系列 PLC 的扩展

S7-1200 系列 PLC 的扩展模块包括 3 类，信号模块、信号板和通信模块。信号模块扩展在 CPU 的右侧，信号板扩展在 CPU 的正上方，通信模块扩展在 CPU 的左侧，如图 3-21 所示。

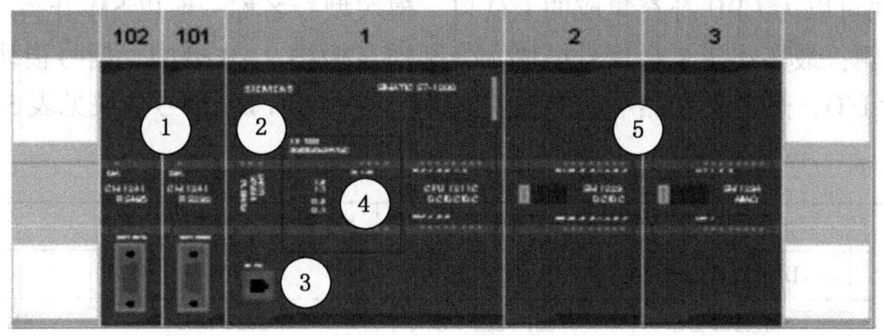

①—通信模块；②—CPU：插槽 1；③—CPU 的以太网端口；④—信号板

图 3-21　S7-1200 系列 PLC 的扩展模块

1）通信模块

通信相关的模块包括通信模块（CM）和通信处理器（CP），用于增加 CPU 的通信接口。S7-1200 CPU 的通信模块或通信处理器扩展在 CPU 的左侧（或连接到另一 CM 或 CP 的左侧），而且最多支持 3 个 CM 或 CP 的扩展，分别插在插槽 101、102 和 103 中，用于增加 CPU 的通信端口（RS232 或 RS485）。

通信模块包括 CM1241 通信模块、CM1243-5 PROFIBUS-DP 主站模块、CM1242-5 PROFIBUS-DP 从站模块。通信处理器包括 CP1242-7 GPRS 模块、CP1243-1 以太网通信处理器。

以 CM1241 通信模块举例，用于扩展 RS232 口或 RS485 口进行串行通信，这个模块可以支持 ASCII 协议、MODBUS 协议、USS 协议。当然除了这个模块可以扩展 RS232 或 RS485 通信接口外，还可以使用信号板（SB）。

2）信号板

CPU 支持扩展信号板，信号板采用嵌入式安装方式，安装在 CPU 正上方，不占用空间，信号板实物图如图 3-22 所示。

图 3-22　信号板实物图

当需要扩展少量 I/O 点时，就可选择扩展数字量 I/O 的信号板。除了数字量 I/O 的信号板，还有模拟量信号板，这些信号板一般以 SB 开头。此外，还有通信板（CB），可以为 CPU 增加其他通信端口。电池板 BB 可提供长期的实时时钟备份。

3）信号模块

信号模块可以为 CPU 补充集成的 I/O 口，模块型号名称一般以 SM 开头。信号模块连接在 CPU 右侧，最多连接 8 个信号模块，分别插在插槽 2~9 槽中。信号模块包括数字量 I/O、模拟量 I/O、热电阻和热电偶等模块。西门子 1200 PLC 信号模块见表 3-4。

表 3-4　西门子 1200 PLC 信号模块

信号模块	SM1221 DC	SM 1221 DC		
数字量输入	DI 8×24V DC	DI 6×24V DC		
信号模块	SM 1222 DC	SM 1222 DC	SM 1222 RLY	SM 1222 RLY
数字量输出	DO 8×24V DC 0.5A	DO 16×24V DC 0.5A	DO 8×RLY 30V DC/250V AC 2A	DO 16×RLY 30V DC/250V AC 2A
信号模块	SM 1223 DC/DC	SM 1223 DC/DC	SM 1223 DC/RLY	SM 1223 DC/RLY
数字量输入/输出	DI 8×24V DC/DO 8×24V DC 0.5A	DI 16×24V DC/DO 16×24V DC 0.5A	DI 8×24V DC/DO 8×RLY 30V DC/250V AC 2A	DI 16×24V DC/DO 16×RLY 30V DC/250V AC 2A
信号模块	SM 1231 AI	SM 1231 AI		
模拟量输入	AI 4×13 Bit ±10V DC/0-20mA	AI 8×13 Bit ±10V DC/0-20mA		
信号模块	SM 1232 AQ	SM 1232 AQ		
模拟量输出	AQ 2×14 Bit ±10V DC/0-20mA	AQ 4×14 Bit ±10V DC/0-20mA		
信号模块	SM 1234 AI/AQ			
模拟量输入/输出	AI 4×13 Bit ±10V DC/0-20Ma AQ 2×14 Bit ±10V DC/0-20mA			

注意：CPU1211C 不支持扩展信号模块，CPU1212C 最多支持扩展 2 个信号模块，其他型号 CPU 最多可扩展 8 个信号模块。

数字量 IO 信号模块包括 SM 1221 数字量输入模块、SM 1222 数字量输出模块、SM 1223 数字量直流输入/输出模块、SM 1223 数字量交流输入/输出模块。

模拟量 IO 信号模块包括 SM1231 模拟量输入模块、SM1232 模拟量输出模块、SM1231 热电偶和热电阻模拟量输入模块、SM1234 模拟量输入和输出混合模块。SM1231、SM1232 和 SM1234 用于接收或输出标准的电压信号和电流信号，SM1231 用于接热电阻或热电偶进行温度采集。

任务实施：S7-1200 系列 PLC 的安装与接线

1. S7-1200 系列 PLC 的安装特点

西门子 S7-1200 PLC 具有安装简便、安装灵活、结构紧凑的特性，使其成为众多应用场合的理想选择。

1）安装简便

西门子 S7-1200 PLC 的硬件都具有内置安装夹，能够方便地安装在一个标准的 35 mm DIN 导轨上。硬件可进行竖直安装或水平安装。

2）安装灵活

西门子 S7-1200 PLC 的硬件都配备了可拆卸的端子板，只需要进行一次接线即可，从而在项目的集成及调试阶段提高工作效率，简化硬件组件的更换过程。

3）结构紧凑

西门子 S7-1200 PLC 的硬件设计采用紧凑型方式，节省了控制柜中安装占用的空间，提高系统的灵活性。例如，CPU 1211C 和 CPU 1212C 的宽度只有 90 mm，CPU 1214C 的宽度为 110 mm，CPU 1215C 的宽度也只有 130 mm，通信模块和信号模块的体积也非常小。

2. S7-1200 系列 PLC 的安装

西门子 S7-1200 PLC 的硬件模块间连接使用模块自带连接器，模块安装如图 3-23 所示。

S7-1200 PLC
模块的安装

图 3-23　模块安装

S7-1200 系列 PLC 被设计成通过自然对流冷却。为保证适当冷却，设备上方和下方必须留出至少 25 mm 的空隙。此外，模块前端与机柜内壁间至少应留出 25 mm 的深度。可采用水平安装和纵向安装，但纵向安装时允许的最大环境温度应降低 10 ℃，安装示意图如图 3-24 所示。

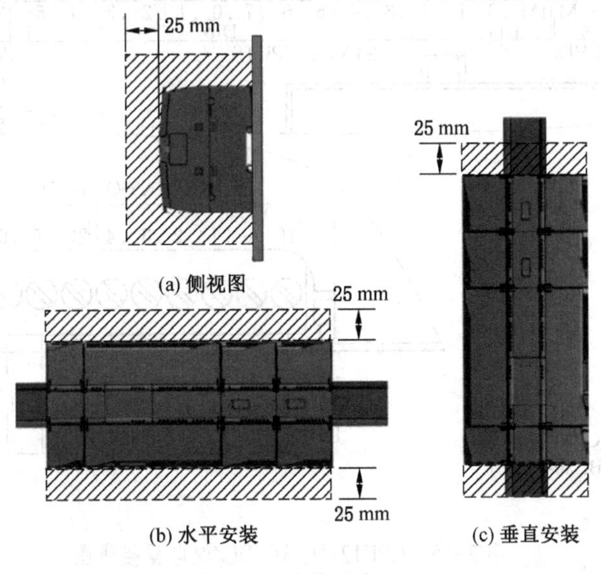

图 3-24　安装示意图

安装模块时，先将 CPU 模块安装到 DIN 导轨上，再安装信号模块。如果有通信模块，应首先将通信模块连接到 CPU 模块，再将整个组件作为一个单元安装到 DIN 导轨或面板上，再安装信号模块。安装或拆卸任何模块（含引线）之前，都应确保电源关闭。

除上述原则外，还应遵循以下接线原则。

（1）将产生高压和高电噪声的设备与 S7-1200 等低压逻辑型设备隔离。

（2）应在 S7-1200 PLC 回路上安装一个可同时切断 CPU 电源、所有输入电路和输出电路的电源开关。电源应具有过电流保护（如熔断器或断路器），以限制故障电流。

（3）避免将低压信号线和通信电缆铺设在具有交流线和高能量快速开关信号线的线槽中，并始终使中性线或公共线与相线或信号线成对布设。

（4）应尽可能使连接线最短，并确保连接线承载所需的电流。

（5）所有 S7-1200 PLC 模块都有供用户接线的可拆卸连接器，防止连接器松动，确保连接器固定牢靠且导线被牢固地安装到连接器中。

（6）应当为感性负载安装浪涌抑制电路，以限制瞬态电压上升。

3. S7-1200 系列 PLC 的接线

1）S7-1200 PLC 的 CPU 的接线

以 CPU1214 为例，S7-1200 PLC 的 CPU 接线图如图 3-25 至图 3-27 所示。

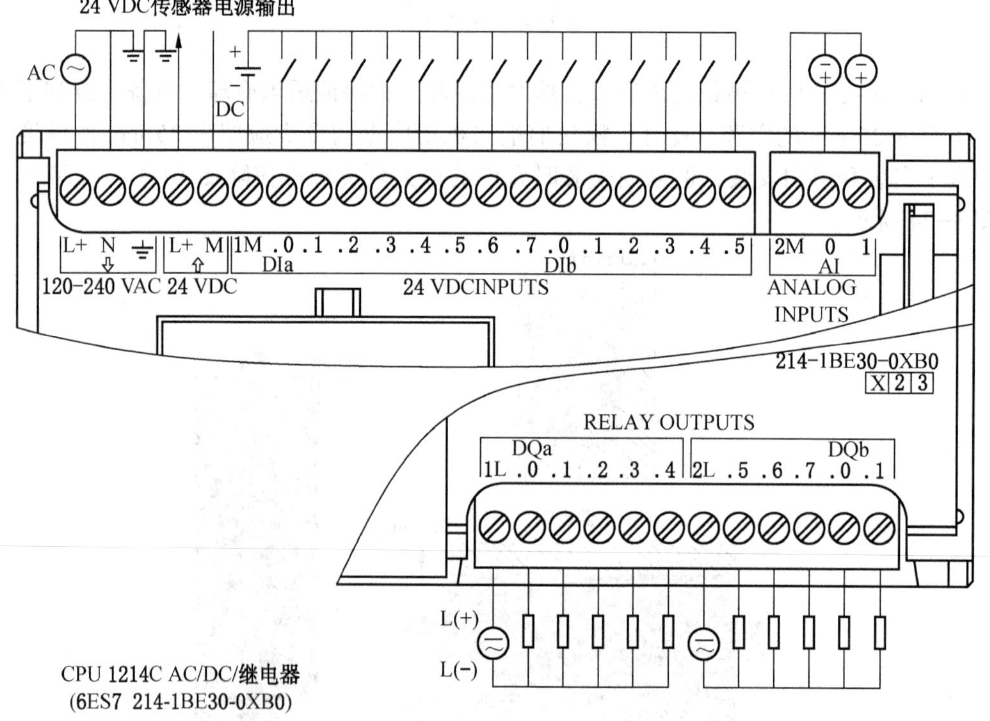

图 3-25　CPU1214C AC/DC/继电器接线图

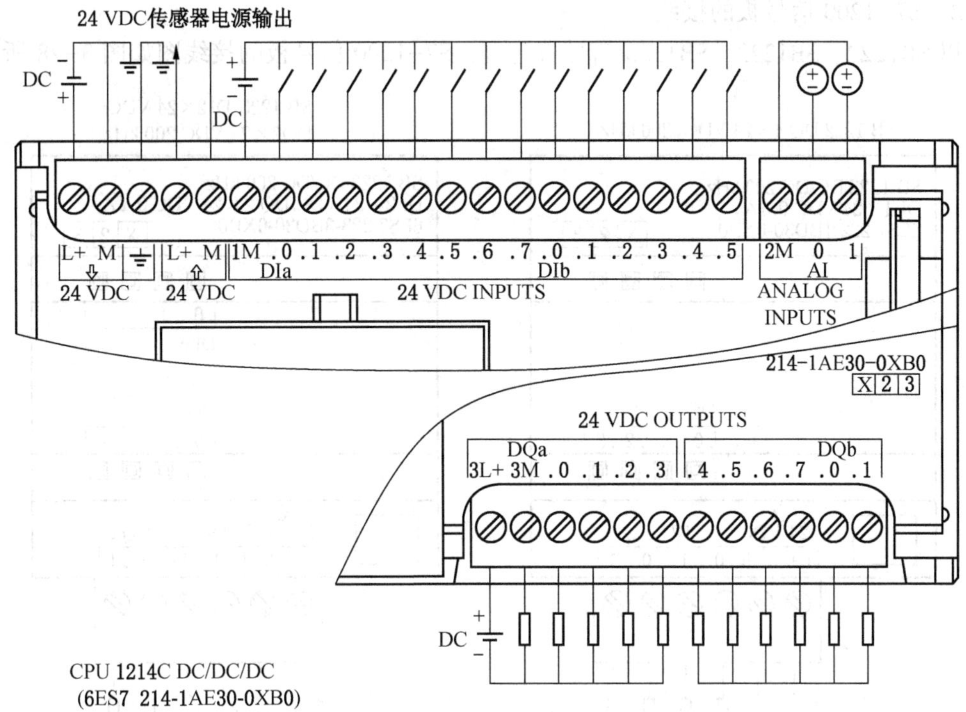

图 3-26　CPU1214C DC/DC/DC 接线图

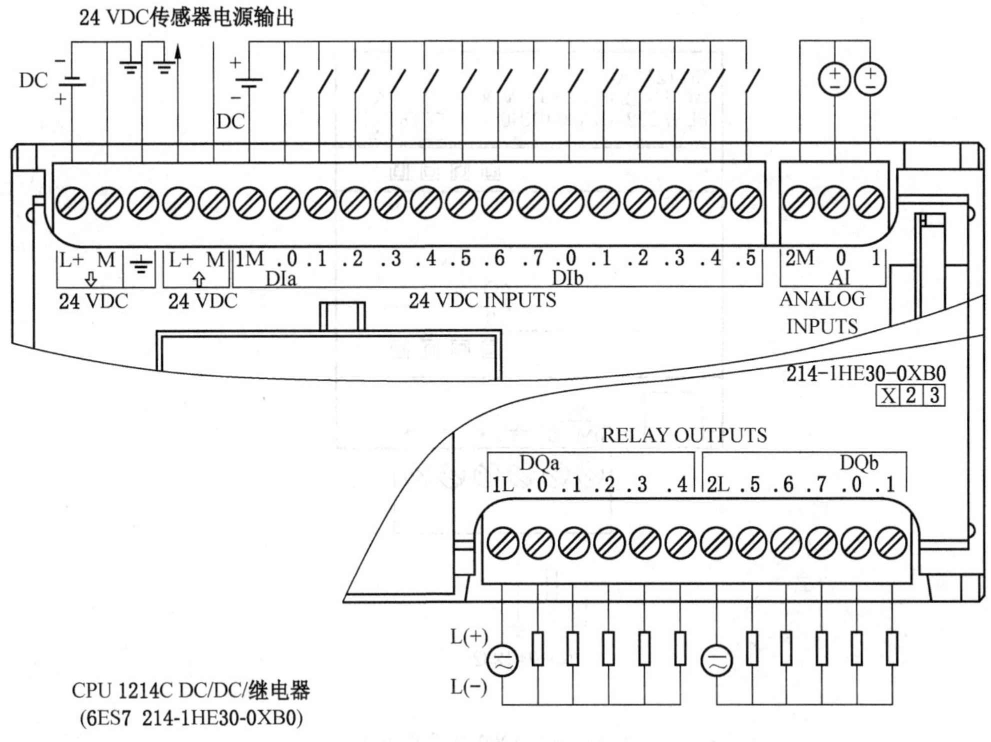

图 3-27　CPU1214C DC/DC/继电器接线图

2）S7-1200 信号板的接线

以 SB1222、SB1223、SB1323 信号板为例，S7-1200 信号板的接线图如图 3-28 所示。

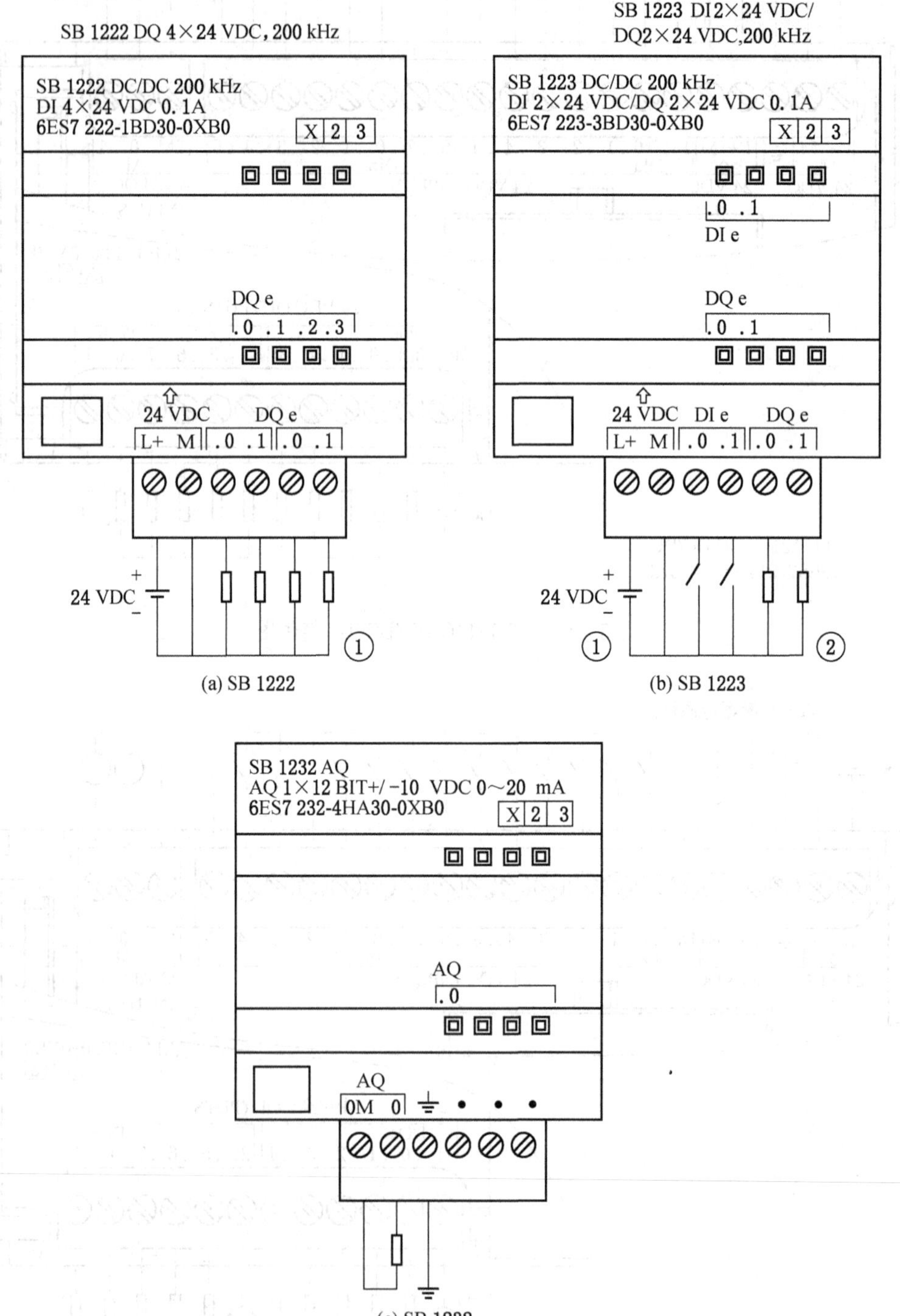

图 3-28　S7-1200 信号板的接线

小贴士：(1) 输出共用一个公共端时，同组输出必须使用同一电压类型和等级，即电压相同、电流类型（同为直流或交流）、频率相同。不同组之间可以用不同类型或电压。

(2) 当连接在输出端子上的负载短路时，可能会烧坏输出元器件或印制电路，应在输出电路中加入起保护作用的熔断器。用电感性负载时，根据具体情况，必要时加入保护触点的回路。

思维拓展：S7-200/300 与 1200 PLC 的区别

西门子 S7-200、300、1200 3 种型号 PLC 的区别

西门子 S7-200、300、1200 3 种型号在功能上的差别可从存储空间大小、扩展性等方面来看。

1. 从存储空间大小看

S7-200 存储空间是 5 MB；S7-300 存储空间大于 5 MB 小于 10 MB；S7-1200 存储空间是 24 MB。

2. 从扩展性看

S7-200 最多可扩展 7 个模块。

S7-300 最多可扩展 8 个模块（RACKO）。

S7-1200 最多可扩展 8 个模块（CM）。

扩展资料：

S7-200 是一种小型的可编程序控制器，适用于各行各业，各种场合中的检测、监测及控制的自动化。

S7-300 是德国西门子公司生产的 PLC 系列产品之一。其模块化结构、易于实现分布式的配置，且性价比高、电磁兼容性强、抗震动冲击性能好，广泛应用于工业控制领域。

SIMATIC S7-1200 是一款紧凑型、模块化的 PLC，可完成简单逻辑控制、高级逻辑控制、HMI 和网络通信等任务，是小型自动化系统的完美解决方案。

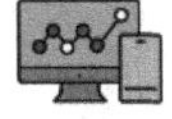

任务评价反馈单

学生任务分配实施单

任务名称	西门子 S7-1200 PLC 的硬件安装与接线				
班级		组号		指导教师	
组长		学号			
组员	姓名		学号		
	姓名		学号		
	姓名		学号		
	姓名		学号		

（续）

（就组织讨论、工具准备、数据记录、安全监督、展示等工作内容进行任务分工）
实施步骤
（1）手指口述 S7-1200 PLC 的 CPU 面板，介绍 PLC 面板的各关键部位及作用。简述 PLC 控制系统项目设计流程。 （2）简述 PLC 的安装步骤，并实操完成 S7-1200 系列 PLC 的安装与接线，并上电运行，观察 PLC 是否能正常工作。

经验记录单

<table>
<tr><td>任务名称</td><td colspan="5">西门子 S7-1200 PLC 的硬件安装与接线</td></tr>
<tr><td>班级</td><td></td><td>姓名</td><td></td><td rowspan="2">指导教师</td><td rowspan="2"></td></tr>
<tr><td>学号</td><td></td><td>组号</td><td></td></tr>
<tr><td colspan="6">总结与经验</td></tr>
<tr><td colspan="6"></td></tr>
<tr><td colspan="6">实验过程中，出现了哪些问题？你是如何解决的？</td></tr>
<tr><td colspan="6">问题 1：
解决方法：

问题 2：
解决方法：

问题 3：
解决方法：</td></tr>
</table>

各小组互评打分表

<table>
<tr><td>姓名</td><td></td><td colspan="2">学号</td><td colspan="2"></td><td colspan="2">班级</td><td colspan="2"></td><td colspan="2">组别</td><td colspan="2"></td></tr>
<tr><td colspan="2">实训任务</td><td colspan="12">西门子 S7-1200 PLC 的硬件安装与接线</td></tr>
<tr><td rowspan="2">评价项目</td><td rowspan="2">分值</td><td colspan="4">等级</td><td colspan="8">评价对象（组别）</td></tr>
<tr><td>A</td><td>B</td><td>C</td><td>D</td><td>1</td><td>2</td><td>3</td><td>4</td><td>5</td><td>6</td><td>7</td><td>8</td></tr>
<tr><td>方案合理</td><td>20</td><td>20</td><td>15</td><td>10</td><td>5</td><td></td><td></td><td></td><td></td><td></td><td></td><td></td><td></td></tr>
<tr><td>团队合作</td><td>20</td><td>20</td><td>15</td><td>10</td><td>5</td><td></td><td></td><td></td><td></td><td></td><td></td><td></td><td></td></tr>
<tr><td>工作质量</td><td>20</td><td>20</td><td>15</td><td>10</td><td>5</td><td></td><td></td><td></td><td></td><td></td><td></td><td></td><td></td></tr>
<tr><td>工作规范</td><td>20</td><td>20</td><td>15</td><td>10</td><td>5</td><td></td><td></td><td></td><td></td><td></td><td></td><td></td><td></td></tr>
<tr><td>PPT展示</td><td>20</td><td>20</td><td>15</td><td>10</td><td>5</td><td></td><td></td><td></td><td></td><td></td><td></td><td></td><td></td></tr>
<tr><td>合计</td><td>100</td><td colspan="4">各组得分</td><td></td><td></td><td></td><td></td><td></td><td></td><td></td><td></td></tr>
<tr><td colspan="14">总结与反思</td></tr>
</table>

（如：在本次任务实施过程中遇到了什么问题→如何解决的/解决不了的原因→本次任务心得体会）

教师评价打分表

<table>
<tr><td>姓名</td><td colspan="2"></td><td>学号</td><td></td><td>班级</td><td></td><td>组别</td><td></td></tr>
<tr><td colspan="3">实训任务</td><td colspan="6">西门子 S7-1200 PLC 的硬件安装与接线</td></tr>
<tr><td colspan="3">评价项目</td><td colspan="4">评价标准</td><td>分值</td><td>得分</td></tr>
<tr><td colspan="3">考勤（10%）</td><td colspan="4">未出现无故迟到、早退和旷课的现象</td><td>10</td><td></td></tr>
<tr><td rowspan="9">工作过程（60%）</td><td rowspan="2">知识目标</td><td>获取信息</td><td colspan="4">掌握工作相关知识</td><td>10</td><td></td></tr>
<tr><td>进行表决</td><td colspan="4">制订工作方案，方案合理可行</td><td>10</td><td></td></tr>
<tr><td rowspan="4">技能目标</td><td rowspan="4">任务实施</td><td colspan="4">能够正确完成 PLC 的安装</td><td>5</td><td></td></tr>
<tr><td colspan="4">能够正确完成 PLC 的外部接线</td><td>5</td><td></td></tr>
<tr><td colspan="4">能够正确完成上电前的检测</td><td>5</td><td></td></tr>
<tr><td colspan="4">电路上电后运行正确</td><td>5</td><td></td></tr>
<tr><td rowspan="3">素养目标</td><td>工作态度</td><td colspan="4">认真严谨、积极主动、安全生产、文明施工</td><td>5</td><td></td></tr>
<tr><td>团队合作</td><td colspan="4">与小组成员、同学之间合作交流、协作工作</td><td>5</td><td></td></tr>
<tr><td>工作质量</td><td colspan="4">能按照工作方案操作，按计划完成工作任务</td><td>10</td><td></td></tr>
<tr><td colspan="2" rowspan="3">项目成果（30%）</td><td>工作完整</td><td colspan="4">能按时完成工作任务的所有环节</td><td>10</td><td></td></tr>
<tr><td>工作规范</td><td colspan="4">过程中规范操作，避免意外事故发生</td><td>10</td><td></td></tr>
<tr><td>汇报展示</td><td colspan="4">能准确表达、汇报工作成果</td><td>10</td><td></td></tr>
<tr><td colspan="7">合计</td><td>100</td><td></td></tr>
<tr><td colspan="3" rowspan="2">综合评价</td><td colspan="2">学生评价（50%）</td><td colspan="2">教师评价（50%）</td><td colspan="2">综合得分</td></tr>
<tr><td colspan="2"></td><td colspan="2"></td><td colspan="2"></td></tr>
<tr><td colspan="3">综合评语</td><td colspan="6">（作业过程中存在的问题及改进建议）</td></tr>
</table>

任务三　西门子 PLC 博途软件的认知与应用

任务描述

PLC 控制系统的设计包括硬件与软件两方面内容，软件设计是 PLC 控制的灵魂。在 PLC 的应用中，最重要的是用编程语言编写用户程序，以实现控制目的。由于 PLC 是专门为工业控制而开发的装置，其主要使用者是广大电气技术人员，为适应他们的传统习惯和掌握能力，PLC 的主要编程语言采用比计算机语言相对简单、易懂、形象的专用语言。

任务分析

与一般计算机语言相比，PLC 的编程语言具有易学易懂、实时性强、可靠性高、可编程性强、通用性强的特点。三菱公司、OMRON 公司、西门子公司的 PLC 产品均有各自的编程语言。

西门子全新工程设计软件平台 Totally Integrated Automation Protal（全集成自动化博途，以下简称博途软件）将所有相关自动化软件工具集成在统一的开发环境中。博途软件是软件开发领域的一个里程碑，是一款将所有自动化任务整合在一个工程设计环境下的软件。

一、PLC 的编程语言

PLC 有 5 种编程语言：梯形图（Ladder Diagram，LAD）、顺序功能图（Sequential Function Chart）、功能块图（Function Block Diagram，FBD）、指令表（Instruction List）及结构文本（Structured Text）。其中梯形图以直观、形象、实用、简单等特点为广大用户熟悉和掌握。S7-1200 编程语言只有梯形图和功能块图两种语言。

S7-1200 PLC 程序设计基础-编程语言

1. 梯形图

梯形图由原接触器、继电器构成的电气控制系统二次展开图演变而来，与电气控制系统的电路图相呼应，是实时的、图形化的编程语言，特别适用于数字量逻辑控制，是应用最多的 PLC 编程语言，但不适用于编写大型控制程序。

梯形图由触点、线圈或功能方框等基本编程元素构成，左、右垂线类似继电器控制图的电源线，称为左、右母线。左母线可看作能量提供者，触点闭合则能量通过，触点断开则能量阻断。这种能量流称为“能流”。梯形图用绿色连续线表示状态满足，即有能流流过；用蓝色虚线表示状态不满足，即没有能流流过；用灰色连续线表示状态未知或程序没有执行；黑色表示没有在线监控。

触点：代表逻辑控制条件，有常开┤├和常闭┤/├两种形式。

线圈：代表逻辑“输出”结果，“能流”流到时，该线圈-(　)-被激励。

方框：代表某种特定功能的指令，“能流”通过方框，则执行其动能，如定时、计数、数据运算等。

S7-1200 的梯形图中省略了右母线。图 3-29 中 I0.4 触点接通，有“能流”流过 Q0.2 的线圈，Q0.2 驱动的红灯会亮。能流只能从上至下、从左向右流动，左侧总是安排输入触点，并使并联触点多的支路靠近最左端，输入触点无论是外部的按钮、行程开关，还是继电器触点，在图形符号上只有常开┤├和常闭┤/├两种表示方式，输出线圈用圆括号表示。梯形图示例如图 3-29 所示。

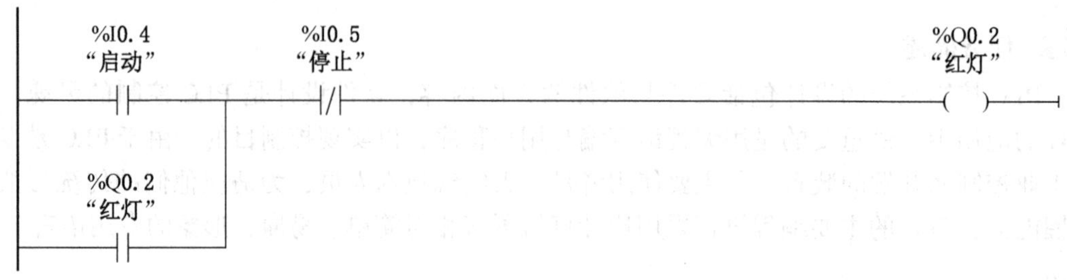

图 3-29 梯形图示例

2. 功能块图

功能块图是一种类似数字逻辑门电路的编程语言，有数字电路基础的人很容易掌握。该编程语言用类似与门、或门的方框表示逻辑运算关系，方框的左侧为逻辑运算的输入变量，右侧为输出变量，输入、输出端的小圆圈表示“非”运算，方框通过“导线”连接在一起，信号自左向右流动。图 3-30 功能块中的控制逻辑与图 3-25 中的相同。

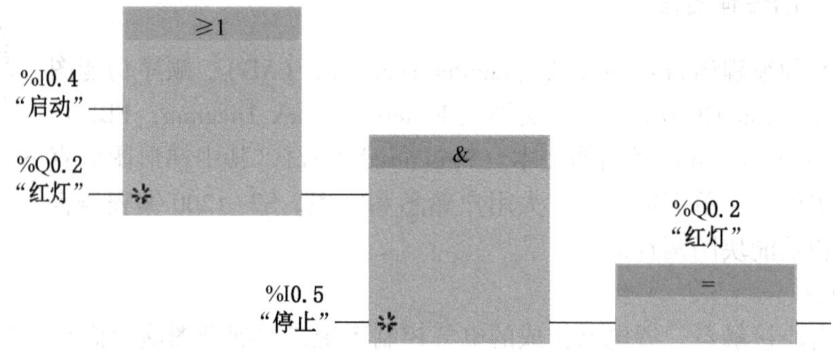

图 3-30 功能块图

二、TIA 博途软件认知

TIA 博途软件包括博途视图和项目视图，可以通过图 3-31 中左下角的图标按钮进行相互切换。博途视图是面向任务的工作模式，其使用简单、直观，可以更快地开始项目设计。项目视图（图 3-32）能显示项目的全部组件，以方便地访问设备和块。

博途软件认知

1. 博途视图

博途视图的布局为左中右三栏，左边栏是启动选项，列出了安装软件包涵盖的功能；根据不同的选择，中间栏会自动筛选出可以进行的操作，如图 3-31 所示；右边栏会更详细地列出具体的操作项目。

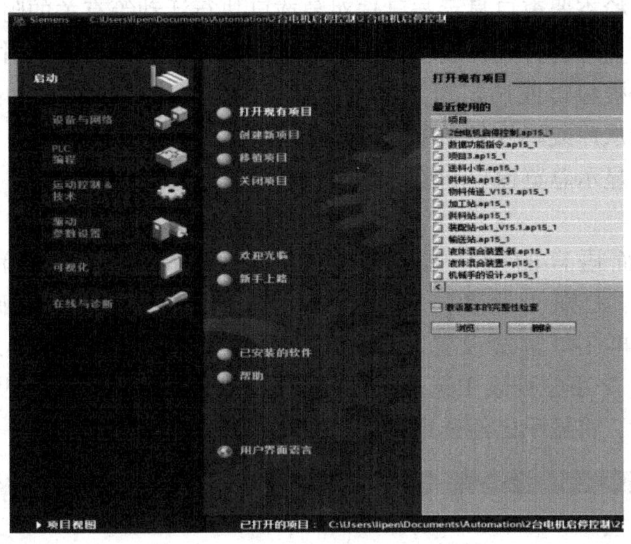

图 3-31　TIA 博途软件的博途视图

2. 项目视图

项目视图（图 3-32）中，①为菜单栏；②为工具栏；③为项目树；④为详细视图；⑤为工作区；⑥为检查器窗口；⑦为任务卡；⑧为任务卡；⑨为选项卡。

项目树：显示整个项目中的各种元素。可以通过项目树访问所有的设备和项目数据。可在项目树中添加新设备、编辑现有的设备、扫描并更改现有项目数据的属性。

工作区：工作区内显示可以打开并进行对象的编辑。

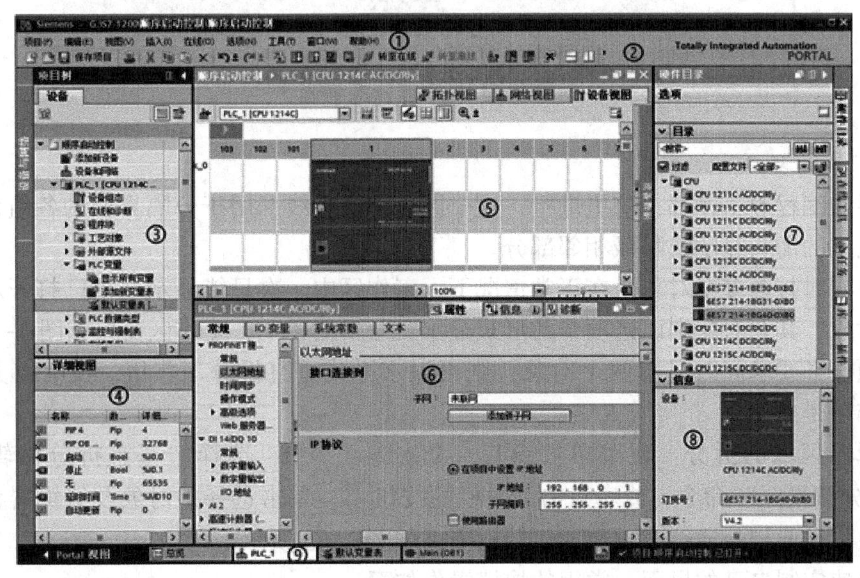

图 3-32　项目视图

检查器窗口：检查器窗口显示与已选对象或已执行活动等有关的附加信息。

工作区：用于显示已打开的编辑器，可以使用编辑器栏在打开的对象之间快速切换。

任务卡：根据被编辑或选定对象的不同，使用任务卡，可以自动提供执行的附加操作。这些活动包括从库或硬件目录中选择对象等。

详细视图：将显示总览窗口和项目树中所选对象的特定内容。

3. 选择语言

更改用户界面语言的操作步骤：在“选项（Options）”菜单中，选择“设置（Settings）”命令，打开“设置”对话框，如图 3-33 所示；在导航区中选择“常规（General）”组；再在“常规设置（General settings）”区中从“用户界面语言（User interface language）”下拉列表中选择需要的语言，则用户界面语言将更改为需要的语言。下次打开该程序时，将显示已经选定的用户界面语言。

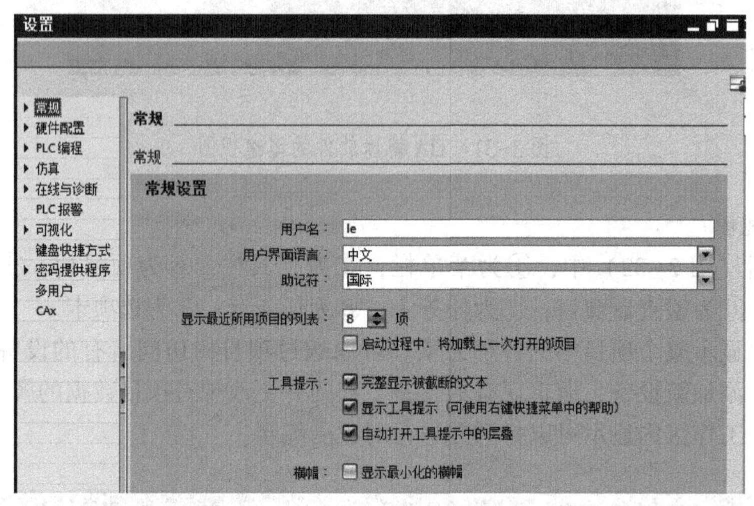

图 3-33 “设置”对话框

4. 工作区窗口

主要的编程等工作都在这里进行，这个区域有分割线，用于分隔界面的各组件，可以用分割线上的箭头显示或隐藏相邻部分。

可以同时打开多个对象，在正常情况下，工作区中一次只能显示多个已打开对象中的某一个对象，其余对象则以选项卡的形式显示在编辑器栏上，工作区窗口如图 3-34 所示。如果某项任务要求同时显示两个对象，则可以水平或垂直拆分工作区。没有打开编辑器时，工作区是空的。

编辑器区域的拆分：在菜单“窗口（Window）”中，选择“垂直拆分编辑区”或“水平拆分编辑区”命令，或者点击工具栏的按钮◫，单击选择的对象及编辑器栏内的下一个对象将彼此相邻或彼此重叠地显示出来，如图 3-35 所示。

为快速定制自己的界面，常用的快捷操作如下。

（1）折叠窗口。点击相应窗口的折叠图标▶，即可将暂时不用的窗口折叠起来，这时工作区会变大；点击对应窗口的展开图标◀，即可将折叠的窗口重新展开；或双击工作区

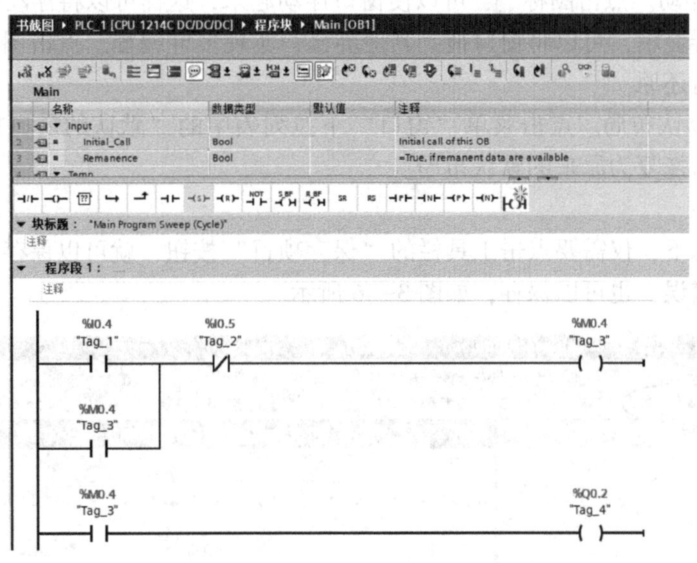

图 3-34　工作区窗口

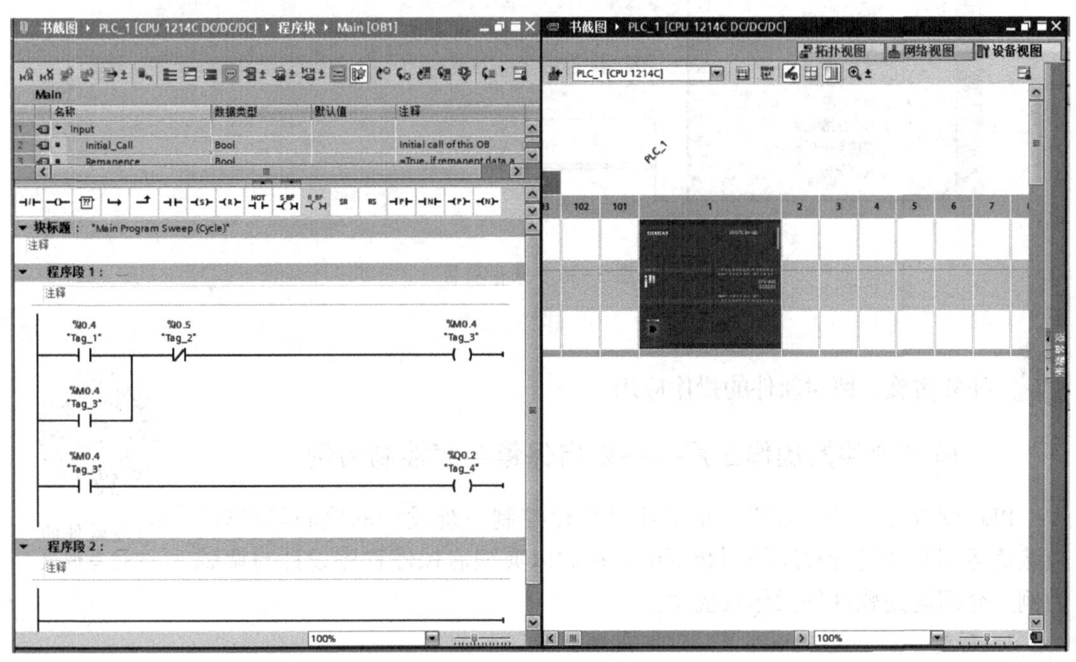

图 3-35　编辑器区域的拆分

的标题栏，窗口自动折叠，再次双击则恢复。

（2）自动折叠。点击自动折叠图标▥，鼠标回到工作区时，相应的窗口会自动折叠，点击永久展开图标◰，可以将自动折叠的窗口恢复为永久展开。

（3）窗口浮动。点击图标，可以使窗口浮动起来，这样可以将浮动的窗口拖到其他地方。对于多屏显示，可以将窗口拖到其他屏幕，实现多屏编程。点击图标，可以对已浮动的窗口进行还原。

（4）恢复默认布局。点击菜单“窗口”下拉列表中的“默认的窗口布局”命令，即可将定制的窗口恢复为原来的默认布局。

5. 保存项目

在当前状态下，仅需要点击工具栏的“保存项目”按钮，就可以保存完整的项目，即使项目中包含错误，也可以保存，如图 3-36 所示。

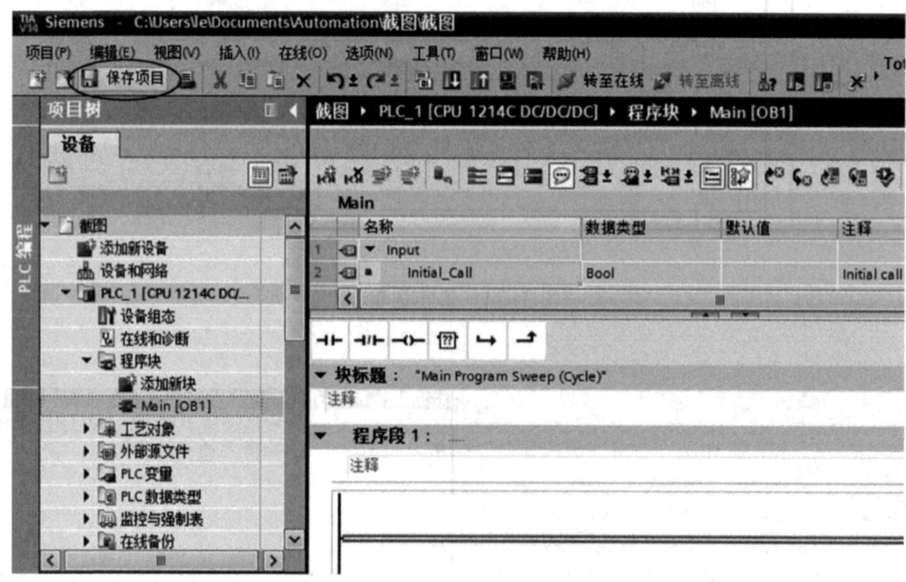

图 3-36　保存项目

任务实施：博途软件的操作应用

博途软件的操作应用——以启保停连续控制为例

博途软件的设计与调试

PLC 软件程序设计与调试是工业自动化控制系统设计的核心与灵魂。应熟练运用软件进行程序编写和调试。在此以典型启保停程序设计与调试为例，介绍博途软件的操作及应用。

1. 新建

打开 TIA Porrtal V15.1 软件，单击“创建新项目”图标，输入要设计的项目名称，并选择该项目的保存路径，点击“创建”按钮创建项目。

2. 添加新设备

点击博途视图的左下角图标按钮，进入“项目视图”，在左侧项目树中双击“添加新设备”图标，选择“SIMATIC S7-1200”→“CPU 1214C DC/DC/DC”→“6ES7 214-1AG40-0XB0”（根据硬件实际情况进行调整），如图 3-37 所示。

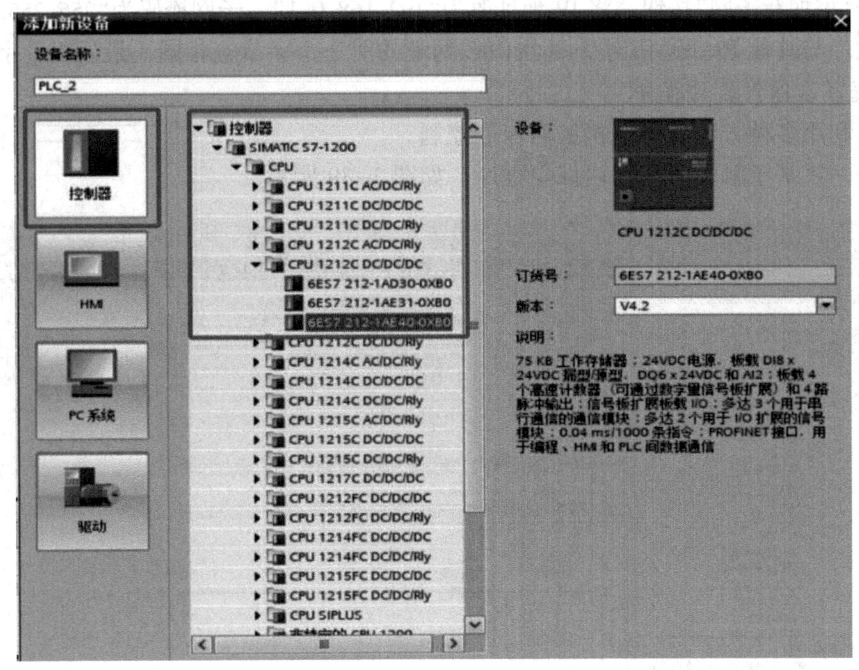

图 3-37 博途软件添加新设备

3. 设置设备 IP 地址

选择 CPU，单击选择检查器窗口的“属性”选项卡，在“常规”选项中设置设备 IP 地址，如图 3-38 所示。

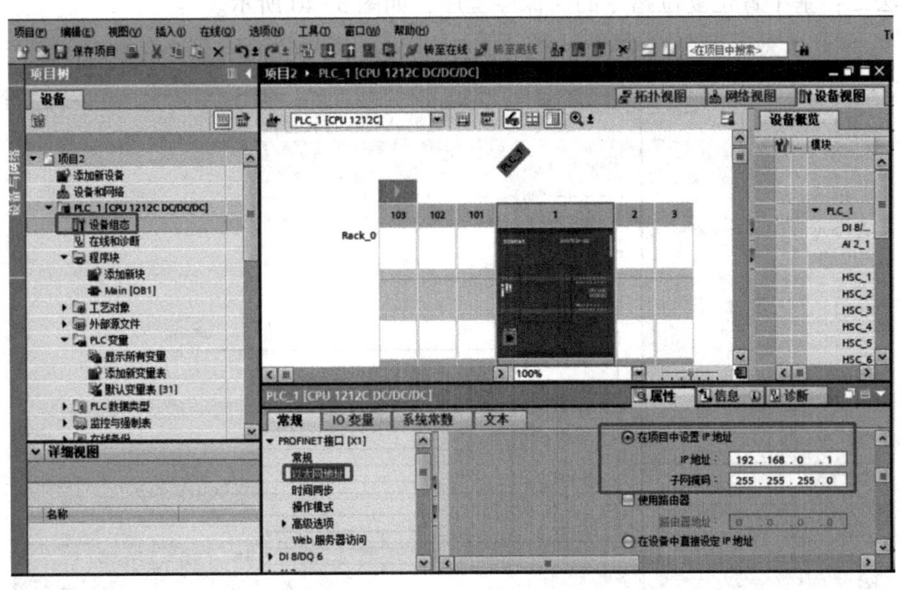

图 3-38 设置设备 IP 地址

点击“添加新子网”按钮，将 IP 地址改为“192.168.0.1”，子网掩码为“255.255.255.0”。注意：与其他 PLC 通信时，两个 PLC 网址的前 3 个字节应相同，最后 1 个字节不同。

4. 编写启保停软件程序

可以利用多种方法实现电机的启保停控制。

方法一：基于触电线圈的启保停程序，如图 3-39 所示。

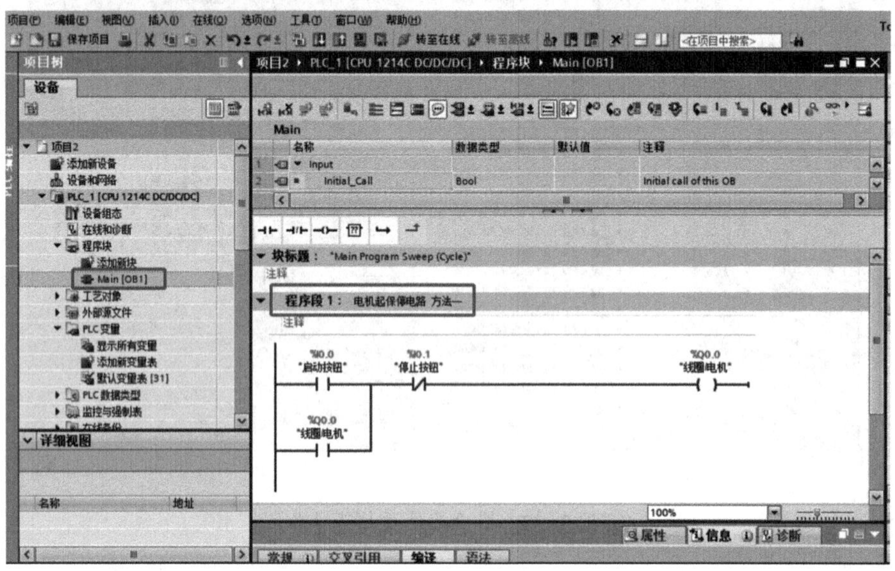

图 3-39　基于触电线圈的启保停程序

方法二：基于置位复位指令的启保停程序，如图 3-40 所示。

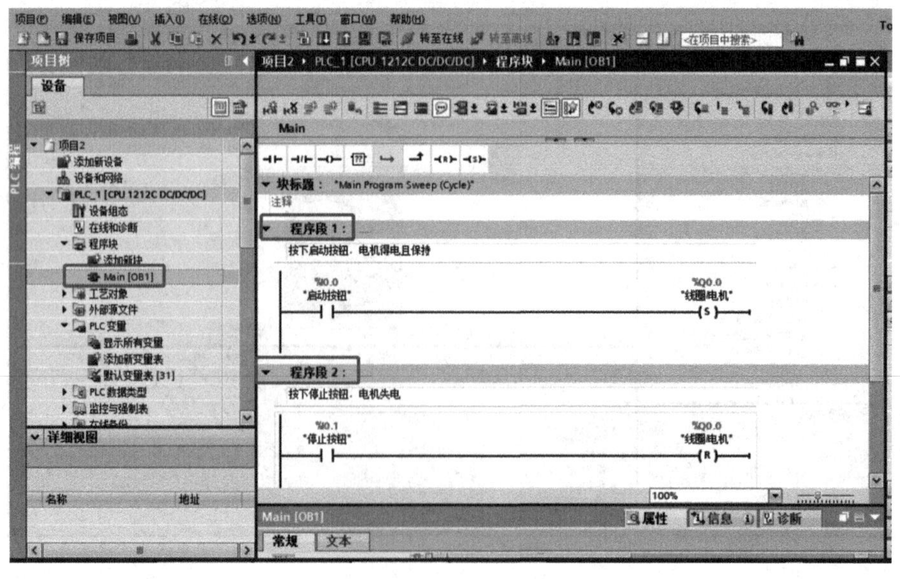

图 3-40　基于置位复位指令的启保停程序

5. 程序下载

硬件组态下载。在项目树中，单击“PLC_1”，点击“下载”按钮，弹出图 3-41 所示的程序下载界面。选择“PG/PC 接口类型”为“PN/IE”；“PG/PC 接口”为实际连接以太网的网卡名称；“接口/子网的连接”选择其中任一项都可以；再找到“PLC_1”，点击“下载”按钮。在下载过程中，根据要求选择“停止 PLC”，下载后启动 PLC。下载完成后，如各设备都显示为绿色，则说明硬件组态成功；若不能正常运行，则说明组态错误，可使用 CPU 的在线诊断工具进行诊断与排错。

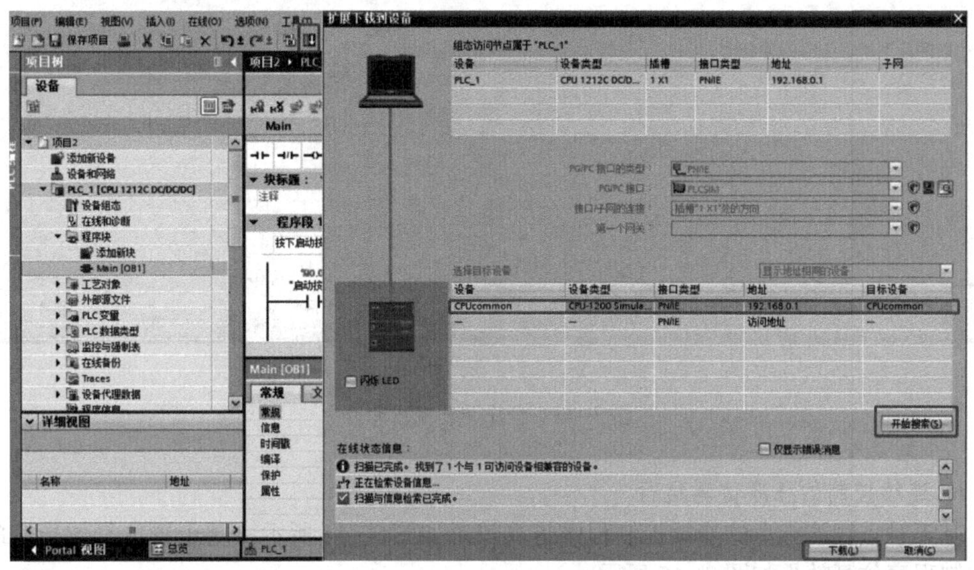

图 3-41　程序下载界面

点击“下载”按钮后，在下载页面中选择“停止模块”为“全部停止”。点击“装载”按钮，进行程序下载，如图 3-42 所示。程序下载完成界面如图 3-43 所示。

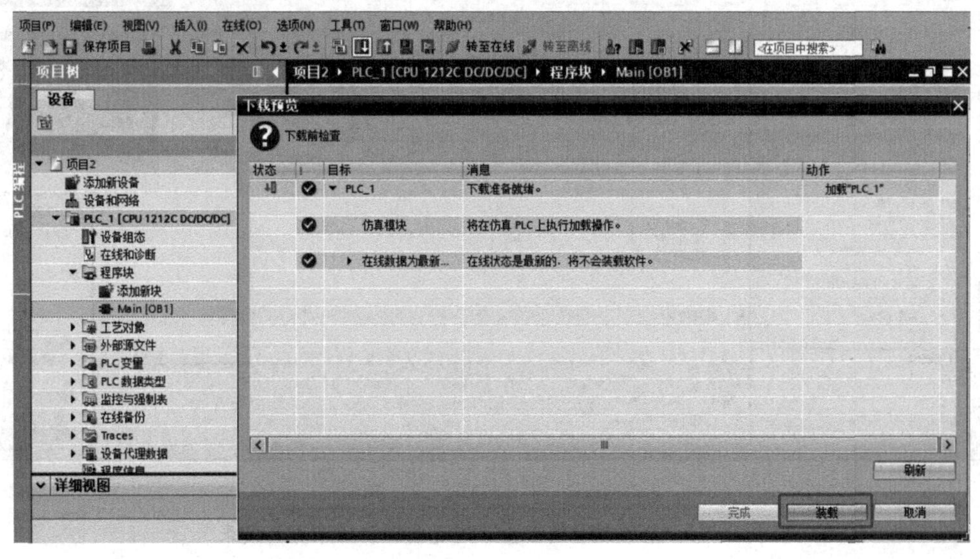

图 3-42　程序下载

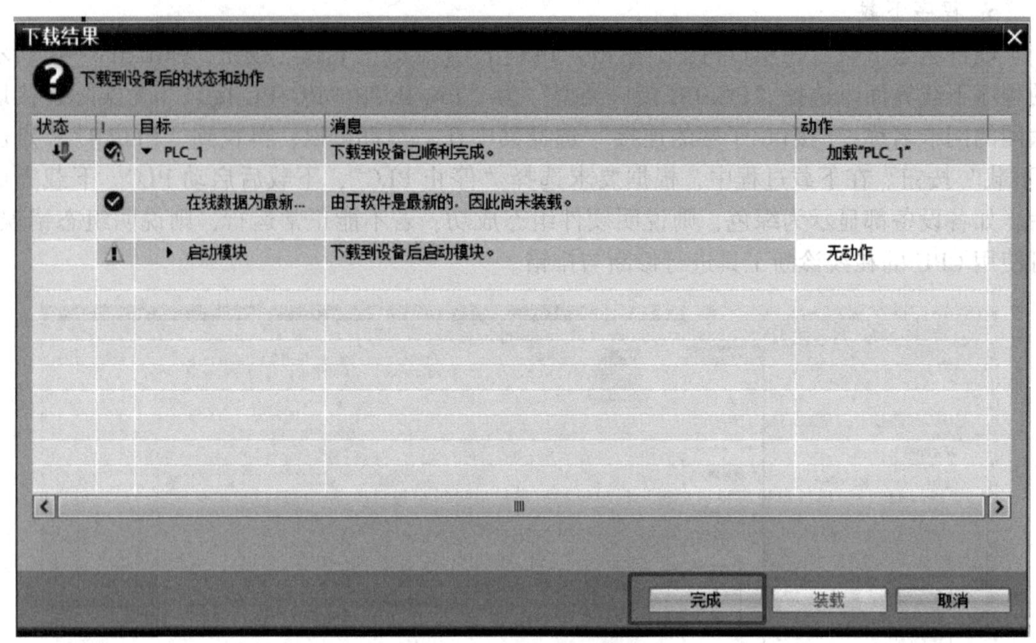

图 3-43　程序下载完成界面

6. 连续控制的程序仿真运行

基于触点线圈指令的连续控制程序仿真效果如图 3-44 所示，基于置位复位指令的连续控制程序仿真效果如图 3-45 所示。

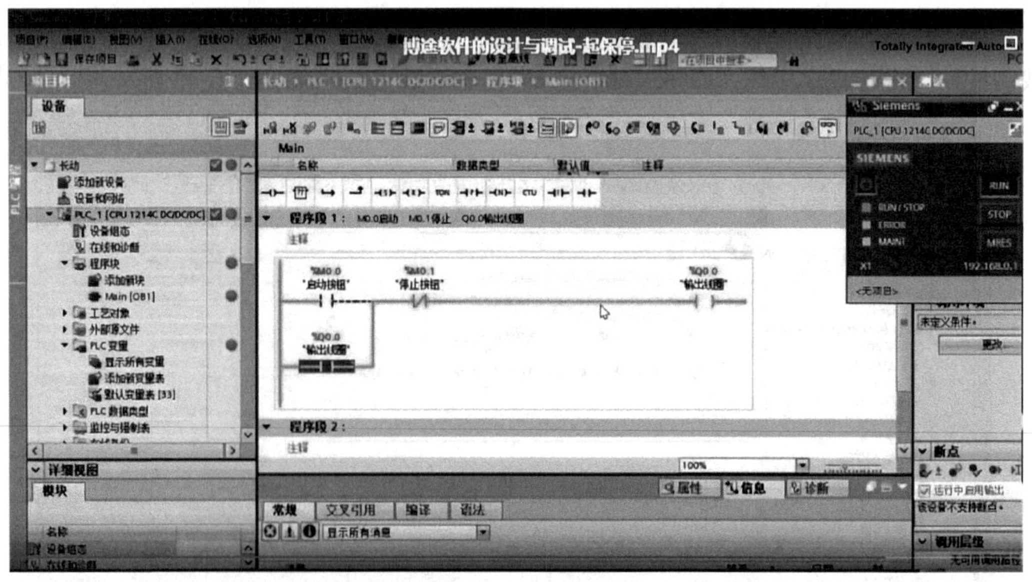

图 3-44　基于触点线圈指令的连续控制程序仿真效果

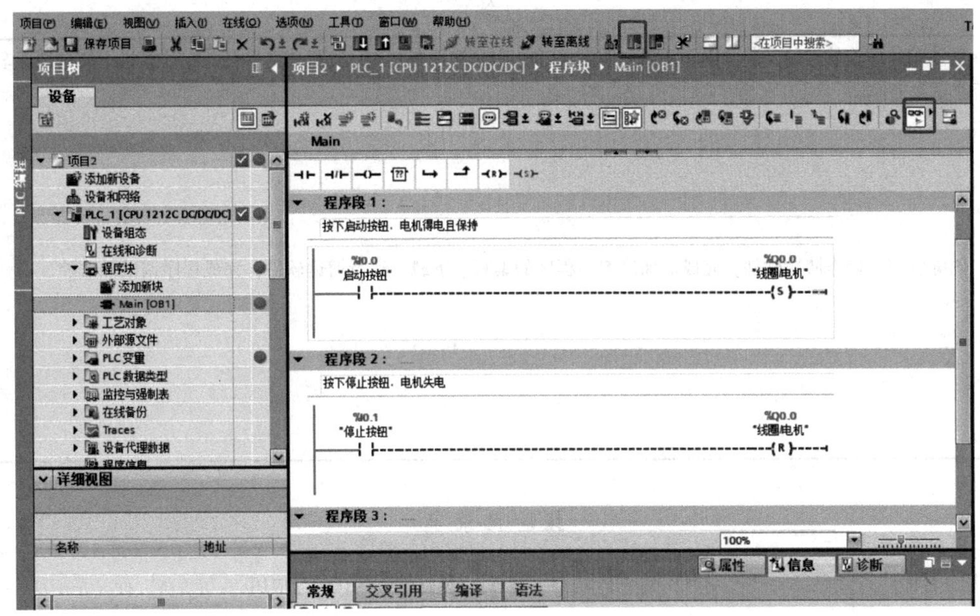

图 3-45　基于置位复位指令的连续控制程序仿真效果

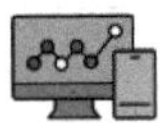

任务评价反馈单

学 生 任 务 分 配 实 施 单

<table>
<tr><td>任务名称</td><td colspan="5">西门子 PLC 博途软件的认知与应用</td></tr>
<tr><td>班级</td><td></td><td>组号</td><td></td><td rowspan="2">指导教师</td><td rowspan="2"></td></tr>
<tr><td>组长</td><td></td><td>学号</td><td></td></tr>
<tr><td rowspan="4">组员</td><td>姓名</td><td></td><td>学号</td><td></td><td></td></tr>
<tr><td>姓名</td><td></td><td>学号</td><td></td><td></td></tr>
<tr><td>姓名</td><td></td><td>学号</td><td></td><td></td></tr>
<tr><td>姓名</td><td></td><td>学号</td><td></td><td></td></tr>
</table>

（就组织讨论、工具准备、数据采集记录、安全监督、成果展示等工作内容进行任务分工）

实施步骤

(续)

(1) 简述TIA博途软件的安装过程和步骤，并完成TIA博途软件在个人计算机中的安装，在计算机中测试博途软件是否能正常工作。

(2) 熟练应用并操作博途软件，完成启保停控制程序的编写、下载，运行博途软件，完成程序调试和监控。

经验记录单

<table>
<tr><td>任务名称</td><td colspan="5">西门子PLC博途软件的认知与应用</td></tr>
<tr><td>班级</td><td></td><td>姓名</td><td></td><td rowspan="2">指导教师</td><td rowspan="2"></td></tr>
<tr><td>学号</td><td></td><td>组号</td><td></td></tr>
<tr><td colspan="6">总结与经验</td></tr>
<tr><td colspan="6"></td></tr>
<tr><td colspan="6">实验过程中，出现了哪些问题？你是如何解决的？</td></tr>
<tr><td colspan="6">问题1：
解决方法：

问题2：
解决方法：

问题3：
解决方法：</td></tr>
</table>

各小组互评打分表

姓名		学号				班级			组别		
实训任务		西门子 PLC 博途软件的认知与应用									
评价项目	分值	等级				评价对象（组别）							
		A	B	C	D	1	2	3	4	5	6	7	8
方案合理	20	20	15	10	5								
团队合作	20	20	15	10	5								
工作质量	20	20	15	10	5								
工作规范	20	20	15	10	5								
PPT/演示展示	20	20	15	10	5								
合计	100	各组得分											

总结与反思

（如：在本次任务实施过程中遇到了什么问题→如何解决的/解决不了的原因→本次任务心得体会）

教师评价打分表

<table>
<tr><td>姓名</td><td></td><td>学号</td><td></td><td>班级</td><td></td><td>组别</td><td colspan="2"></td></tr>
<tr><td colspan="3">实训任务</td><td colspan="6">西门子 PLC 博途软件的认知与应用</td></tr>
<tr><td colspan="3">评价项目</td><td colspan="4">评价标准</td><td>分值</td><td>得分</td></tr>
<tr><td colspan="3">考勤（10%）</td><td colspan="4">未出现无故迟到、早退和旷课的现象</td><td>10</td><td></td></tr>
<tr><td rowspan="9">工作过程（60%）</td><td rowspan="2">知识目标</td><td>获取信息</td><td colspan="4">掌握工作相关知识</td><td>10</td><td></td></tr>
<tr><td>进行表决</td><td colspan="4">制订工作方案，方案合理可行</td><td>10</td><td></td></tr>
<tr><td rowspan="4">技能目标</td><td rowspan="4">任务实施</td><td colspan="4">能够熟练操作博途软件</td><td>5</td><td></td></tr>
<tr><td colspan="4">能够利用博途软件完成程序的编写</td><td>5</td><td></td></tr>
<tr><td colspan="4">能够利用博途软件完成程序的调试、监控</td><td>5</td><td></td></tr>
<tr><td colspan="4">能正确完成上电前的检测、上电后运行正确</td><td>5</td><td></td></tr>
<tr><td rowspan="3">素养目标</td><td>工作态度</td><td colspan="4">认真严谨、积极主动、安全生产、文明施工</td><td>5</td><td></td></tr>
<tr><td>团队合作</td><td colspan="4">与小组成员、同学之间合作交流、协作工作</td><td>5</td><td></td></tr>
<tr><td>工作质量</td><td colspan="4">能按照工作方案操作，按计划完成工作任务</td><td>10</td><td></td></tr>
<tr><td colspan="2" rowspan="3">项目成果（30%）</td><td>工作完整</td><td colspan="4">能按时完成工作任务的所有环节</td><td>10</td><td></td></tr>
<tr><td>工作规范</td><td colspan="4">过程中规范操作，避免意外事故发生</td><td>10</td><td></td></tr>
<tr><td>汇报展示</td><td colspan="4">能准确表达、汇报工作成果</td><td>10</td><td></td></tr>
<tr><td colspan="7">合计</td><td>100</td><td></td></tr>
<tr><td colspan="3" rowspan="2">综合评价</td><td colspan="2">学生评价（50%）</td><td colspan="2">教师评价（50%）</td><td colspan="2">综合得分</td></tr>
<tr><td colspan="2"></td><td colspan="2"></td><td colspan="2"></td></tr>
<tr><td colspan="3">综合评语</td><td colspan="6">（作业过程中存在的问题及改进建议）</td></tr>
</table>

项目四　基于 PLC 的电动机控制

项目导入

PLC 是一门侧重应用方向的学科，所以要多进行应用实践。在工业控制中，很多被控对象是由电动机驱动的。日常生活和工业生产中的设备经常需要上下、左右、前后、正反方向的点动或连续运行，如垂直电梯轿厢的上行和下行、电梯门的开和关、机床工作台的前进与后退、机床主轴的正转与反转等，这些都可以通过 PLC 实现电动机的启停与转向控制。

学习目标

（1）掌握 PLC 控制电动机的基本方法，能够确定 I/O 点的分配并正确接线。

（2）掌握 PLC 的工作原理，能够用 I、Q、M 软元件编写电动机控制程序。

（3）熟悉系统存储器和时钟存储器的组态，能够根据要求选用设定的系统存储器和时钟存储器的某一位。

（4）熟练掌握自锁与互锁的编程方法，实现 PLC 控制电动机正反转。

（5）学会采用控制电路移植法设计梯形图，并熟悉 PLC 的编程规则与技巧。

任务一　电动机启停控制

任务描述

在工业控制中，很多被控对象是由电动机驱动的。电机启停电路是工业领域最基本、最常用的电路，主要分为点动控制和启保停连续控制。本任务要求实现对三相异步电动机的启停控制。

任务分析

位逻辑指令是 PLC 指令系统中最基本、最常用的指令，也是电机启停控制中最主要的程序指令。本任务利用 PLC、断路器、熔断器、交流接触器、热保护继电器、按钮等元器件构成电气控制主回路和 PLC 控制回路，实现电动机的启停控制。

一、PLC 的数据类型与存储器

PLC 的数据类型

PLC 采用梯形图编程是模拟继电器控制系统的表示方法，各种元件沿用继电器控制的叫法，但非物理继电器，称为“软继电器”或“软元件”。实际上这些元件是由电子电路和存储器组成的，按元件的功能命名，如输入继电器 I、输出继电器 Q、辅助继电器 M（也称中间继电器）等。

在西门子 S7-1200 PLC 中按照一定的数据格式对 I、Q、M 进行访问。下面先介绍数据存储类型与系统存储区，再举例说明 I、Q、M 的应用。

1. 数据存储类型

1）数据的长度

计算机中使用的是二进制数，其基本存储单位是位（bit），如图 4-1 中的 I2.3。8 位二进制数组成 1 字节（Byte），如图 4-1 中的 I2，其中第 0 位为最低位（LSB），第 7 位为最高位（MSB）。二进制数的“位”只有 0 和 1 两种值，开关量（或数字量）也只有两种不同的状态，如触点的断开和接通，线圈的失电和得电等。在 S7-1200 梯形图中，可用“位”扫描它们。如果该位为 1，则表示对应的线圈为得电状态，触点为转换状态（常开触点闭合、常闭触点断开）；如果该位为 0，则表示对应线圈、触点的状态与上述状态相反。

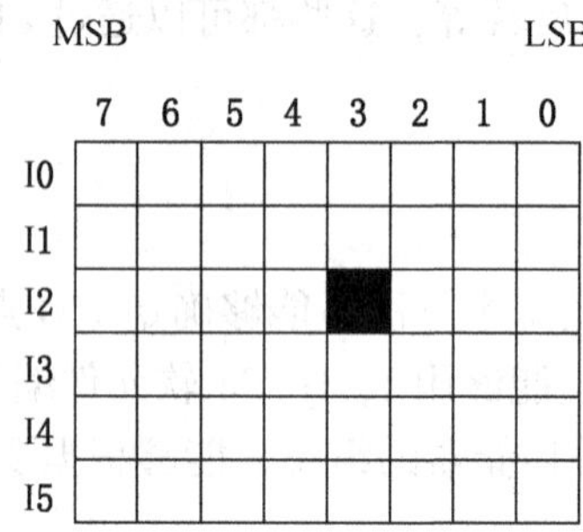

图 4-1　位数据

两字节（16 位）组成 1 字（Word），两字（32 位）组成一个双字（Double Word），如图 4-2 所示。在数据长度为字或双字时，起始字节均处于高位。

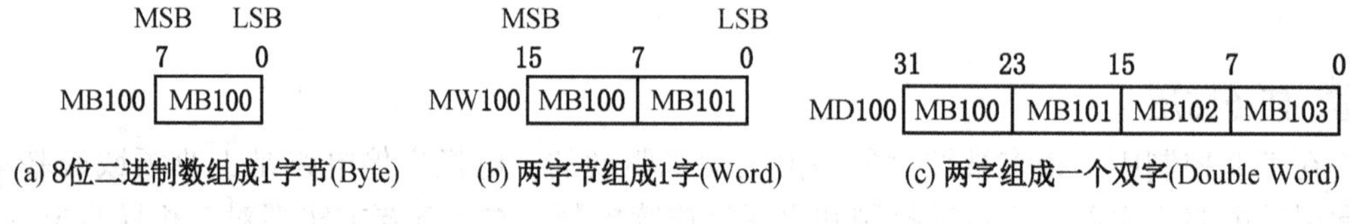

图 4-2　字节、字、双字

2）数据类型及数据范围

S7-1200 系列 PLC 的数据类型可以是字符串、布尔型（0 或 1）、整数型和实数型（浮点数）。整数型数据包括 16 位符号整数（Int）和 32 位符号整数（DInt）。数据类型见表 4-1。

表 4-1　S7-1200 PLC 的数据类型

基本数据类型		位数	说明
布尔型(Bool)		1	位的范围：0，1
无符号数	字节型(Byte)	8	字节的范围：0~255
	字型(Word)	16	字的范围：0~65535
	双字节型(Double Word)	32	双字的范围：0~（$2^{32}-1$）

表 4-1（续）

基本数据类型		位数	说明
有符号数	字节型(Byte)	8	字节的范围：-128～+127
	整数(Int)	16	整数的范围：-32768～+32767
	双整数(DInt)	32	双整数的范围：-2^{31}～（$2^{32}-1$）
实数型(Real)		32	实数的范围：符合 IEEE 浮点数标准

3）常数

常数的数据长度可以是字节、字和双字。CPU 以二进制的形式存储常数，书写常数可以用二进制、十进制、十六进制、ASCII 码或实数等多种形式。

书写格式：十进制常数，如 1234；十六进制，如 16#3AC6；二进制常数，如 2#10100001；ASCII 码，如"Show"；实数（浮点数），如 +1.175495E-38（正数）、-1.175495E-38（负数）。

2. 系统存储区

PLC 的寻址方式与系统存储区

用户程序访问 PLC 的输入（I）和输出（Q）地址区时，不是去读、写数字量模块中信号的状态，而是访问 CPU 的过程映像区。在每次扫描循环开始时，CPU 读取数字量输入模块的外部输入电路状态，并将它们存入输入过程映像区。在扫描循环中，用户程序计算输出值，并将它们存入过程映像输出。在下一个循环扫描开始时，将过程映像输出区的内容写入数字量输出模块。

1）输入过程映像寄存器（输入继电器）I

输入过程映像寄存器又称输入继电器，在用户程序中的标识符为 I，它是 PLC 接收外部输入数字量信号的窗口。输入端可以外接常开触点或常闭触点，也可以接多个触点组成的串、并联电路。每次扫描循环开始时，CPU 读取数字量输入模块的外部输入电路的状态，并将它们存入输入映像寄存器。

在梯形图中，输入继电器 I 只有常开、常闭触点形式，不会出现线圈。可以认为输入继电器 I 触点的动作直接由外部条件决定，并且作为 PLC 其他编程元件线圈的输入条件。在梯形图中，每个输入继电器有无限多个常开、常闭触点可以使用。PLC 控制系统示意图如图 4-3 所示。

与直接访问输入模块相比，访问过程映像输入可以保证在整个扫描循环周期内过程映像输入状态的一致性，即使在本次循环的程序执行过程中，接在输入模块外部电路的状态发生了变化，过程映像输入的状态也保持不变，直到下一个循环被刷新。由于过程映像保存在 CPU 的系统存储器中，所以访问速度比直接访问信号模块快得多。

2）输出过程映像寄存器（输出继电器）Q

输出过程映像寄存器又称输出继电器，在用户程序中的标识符为 Q，PLC 的一个输出端口对应一个输出继电器。在扫描循环中，用户程序计算输出值，并将它们存入输出映像寄存器。在下一循环扫描开始时，将输出映像寄存器的内容写入数字量输出模块，通过它驱动输出负载或下一级电路。如果梯形图中 Q0.0 的线圈通电，继电器输出模块对应的硬

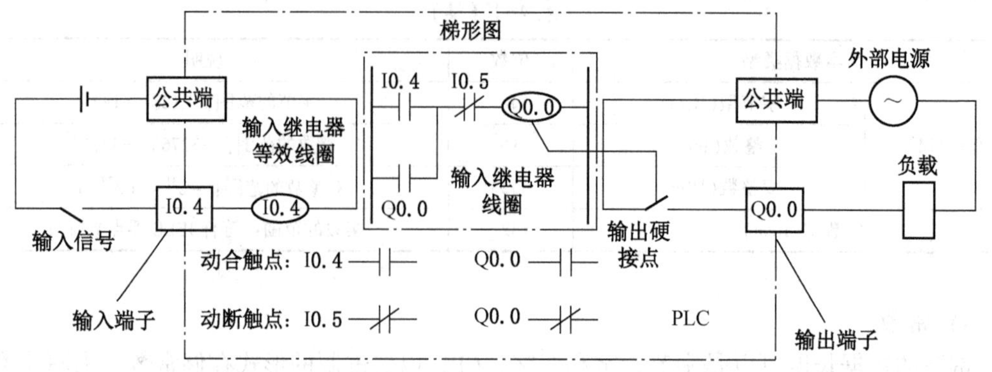

图 4-3 PLC 控制系统示意图

件继电器的常开触点闭合，使接在 Q0.0 对应的输出端子的外部负载通电工作。输出模块的每个硬件继电器仅有一对常开触点，但是在梯形图中，可以多次使用同一个输出位的常开触点和常闭触点。

I 和 Q 均可以按位、字节、字和双字访问，例如 I0.0、IB0、IW0 和 ID0。用户程序访问 PLC 的输入和输出地址区时，不是去读、写数字量模块中信号的状态，而是访问 CPU 的输入/输出映像寄存器。

3）位存储器（中间继电器）M

位存储器区（M 存储器）又称中间继电器，使用频率很高。M 存储器用于存储运算的中间操作状态或其他控制信息，可以用位、字节、字或双字读/写存储器区，程序运行时需要的很多中间变量都存放在 M 区。M 区的数据可以在全局范围内进行访问，不会因程序块调用结束而被系统收回。它不能直接接收外部输入信号，也不能直接驱动外部负载。中间继电器的线圈只能由程序驱动，触点是内部触点，在程序中可以无限次使用。注意 M 区的数据断电后无法保存，若需要保存该数据，应将该数据设置为断电保存，系统会在电压降低时自动将其保存到保持存储区。

图 4-4 中的 Q0.3 是线圈重复输出，在用梯形图编程时绝不允许出现，可以使用中间继电器 M 解决梯形图中线圈重复输出的问题，修改线圈重复输出示例如图 4-5 所示。

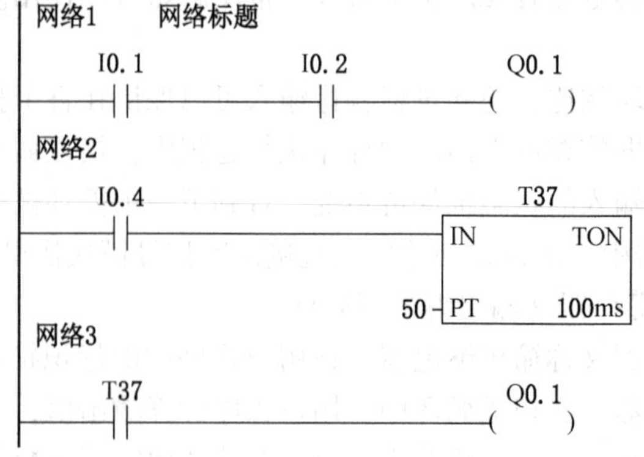

图 4-4 线圈重复输出示例

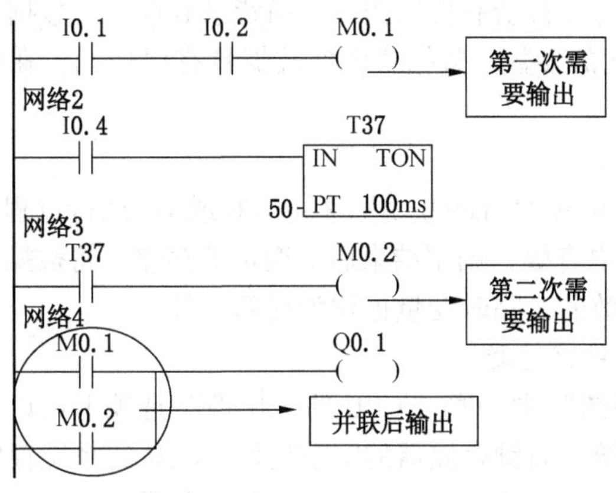

图 4-5 修改线圈重复输出示例

4）物理输入

在 I/O 点的地址或符号地址的后边附加“：P”，可以立即访问物理输入或物理输出。通过在输入点的地址后附加“：P”，例如 I0.3：P 或“Stop：P”，可以立即读取 CPU、信号板和信号模块的数字量输入和模拟量输入。

访问时使用 I_：P 取代 I，区别在于前者的数字直接来自被访问的物理输入点，而不是来自输入映像寄存器。因为数据从信号源被立即读取，而不是从最后依次被刷新的输入映像寄存器中复制，这种访问称为“立即读”访问。

I_：P 访问是只读的，在程序中不能改写该输入点。I_：P 访问还受到硬件支持的输入长度的限制。用 I_：P 访问物理输入不会影响存储在输入映像寄存器中的对应值。

5）物理输出

在输出点的地址后面附加“：P”（例如 Q0.3：P），可以立即写 CPU、信号板和信号模块的数字量和模拟量输出。访问时使用 Q_：P 取代 Q，区别在于前者的数字直接写给被访问的物理输出点，同时写给输出映像寄存器。这种访问称为“立即写”，因为数据被立即写给目标点，不用等到下一次刷新时再将输出映像寄存器中的数据传送给目标点。

由于物理输出点直接控制与该点连接的现场设备，因此读物理输出点是被禁止的，即 Q_：P 访问是只写的。Q_：P 访问还受到硬件支持的输出长度的限制。用 Q_：P 访问物理输出同时影响物理输出点和存储在输出映像寄存器中的对应值。

6）数据块存储区

数据块存储区（Data Block Memory），简称 DB，用于存储代码块使用的各种类型的数据。数据块分为全局数据块（Global DB）和背景数据块（Nstance DB），如图 4-6 所示。

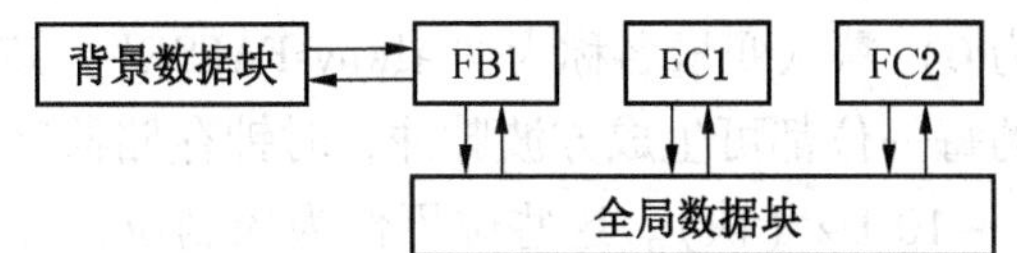

图 4-6 全局数据块和背景数据块

全局数据块存放的数据可以被所有代码访问，而背景数据块的数据只能被指定的 FB 访问，其结构取决于 FB 界面区的参数。数据块中的数据具有保持性，在代码运行结束后不会被系统收回。

7）临时存储器（L）

临时存储区（Temporary Memory）用于存放 FB 或 FC 运行过程中的临时变量，它只在 FB 或 FC 被调用的过程中有效，调用结束后该变量的存储区将被操作系统收回。临时数据存放区的数据是局部有效的，临时变量也称为局部变量。

3. 系统存储器与时钟存储器

在 PLC 的“设备视图”中，通过 CPU 的“属性”选项卡可以设置系统存储器和时钟存储器，并可以修改系统或时钟存储器的字节地址。默认的系统存储器为 MB1，时钟存储器为 MB0。如图 4-7 所示，项目中选 MB10 为系统存储器，时钟存储器采用默认字节。

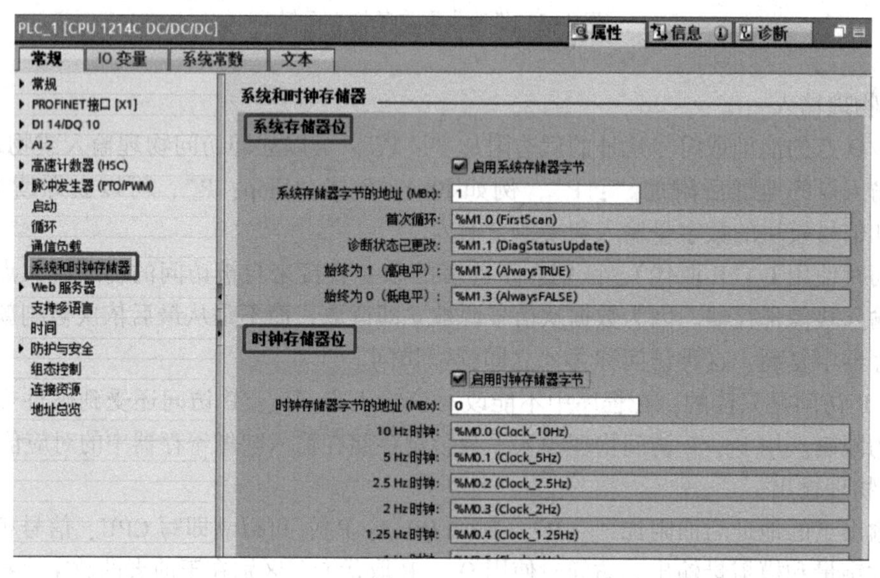

图 4-7　系统存储器和时钟存储器设置

系统存储器字节提供以下 4 个位，用户程序可通过以下变量名称引用这 4 个位。

（1）M10.0（首次扫描）默认变量名称为“FirstScan”，在启动组织块（OB）完成后的第一次扫描期间内，该位设置为“1”。

（2）M10.1（诊断状态已更改）默认变量名称为“DiagStatusUpdate”，在 CPU 记录诊断事件后的一个扫描周期内，该位设置为“1”。

（3）M10.2（始终为 1）默认变量名称为“AlwaysTRUE”，该位始终设置为“1”。

（4）M10.3（始终为 0）默认变量名称为“AlwaysFALSE”，该位始终设置为“0”。

时钟存储器字节中的每一位都可生成方波脉冲，时钟存储器字节提供了 8 种不同的频率，其范围为 0.5（慢）~10 Hz（快）。这些位可作为控制位，在用户程序中周期性地触发动作。CPU 在从 STOP 模式切换到 STARTUP 模式时初始化这些字节。时钟存储器的位在 STARTUP 和 RUN 模式下会随 CPU 时钟同步变化，其各位含义见表 4-2。

表 4-2　时钟存储器字节各位对应的时钟周期与频率

位	7	6	5	4	3	2	1	0
周期/s	2.0	1.6	1.0	0.8	0.5	0.4	0.2	0.1
频率/Hz	0.5	0.625	1	1.25	2	2.5	5	10

二、触点与线圈指令

PLC 的触点与线圈指令

位逻辑指令处理的对象为二进制位信号，以数字 1 和 0 进行工作。位逻辑指令扫描信号状态为“1”和“0”。其中，1 表示“激活”或“能量激励”，0 表示“没有激活”或“能量没有激励”。逻辑运算结果存储在状态字的“RLO”中。

S7-1200 PLC 的位逻辑指令有 17 条。在项目树中选择“程序块”→“Main [OB1]”项，界面右侧出现“指令”栏，“基本指令”文件夹下就是位逻辑指令。

1. 常开与常闭触点指令

梯形图中的触点指令有常开触点和常闭触点两种，常闭触点中带“/”符号。若某存储器位得电，则与之对应的常开触点值为 1，常开触点闭合；而与之对应的常闭触点值为 0，常闭触点断开。反之，若存储器位失电，则与之对应的常开触点值为 0，常开触点断开；而与之对应的常闭触点值为 1，常闭触点闭合。常开、常闭触点指令的符号如图 4-8 所示。触点可以串联，也可以并联，同一个触点可以无限制使用。

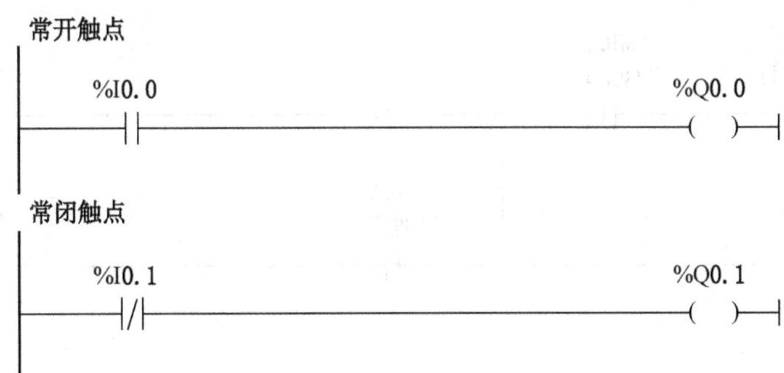

图 4-8　常开、常闭触点指令的符号

2. 取非触点指令

取非触点指令 NOT 用于改变能流的状态，能流到达取非触点指令时，能流停止；能流未到达取非触点指令时，能流通过。在梯形图中，其符号如图 4-9 所示。NOT 触点用于转换能流输入的逻辑状态，如果没有能流流入 NOT 触点，则有能流流出。如果有能流流入 NOT 触点，则没有能流流出。

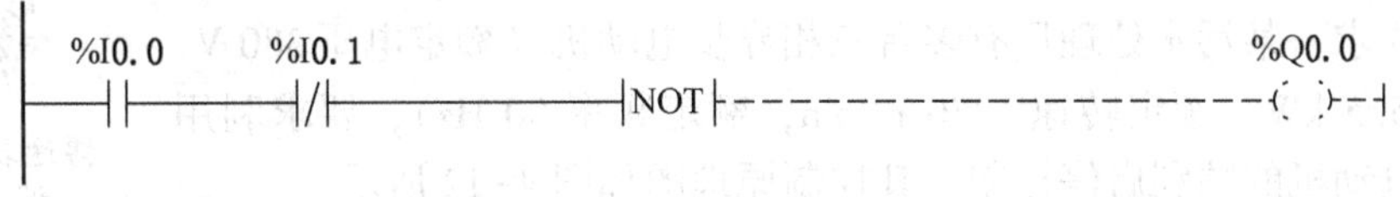

图 4-9　常开、常闭触点与取非触点指令的符号

3. 输出线圈指令

线圈输出指令将线圈的状态写入指定的地址。线圈通电时写入 1，断电时写入 0。如果是 Q 区的地址，CPU 将输出的值传送给对应的过程映像输出，输出线圈指令的符号如图 4-10 所示。

注意：线圈只能出现在触点的右边，不能出现在触点的左边。同一个程序中，一个线圈只能使用一次，且只能并联，不能串联。

4. 反向输出线圈指令

反相输出线圈中间有“/”符号，如果有能流流过反相输出线圈，则 M0. 2 的输出位为 0 状态，其常开触点断开。如果没有能流流过反相输出线圈，则 M0. 2 的输出位为 1 状态，其常开触点闭合，Q0. 1 导通，如图 4-10 所示。

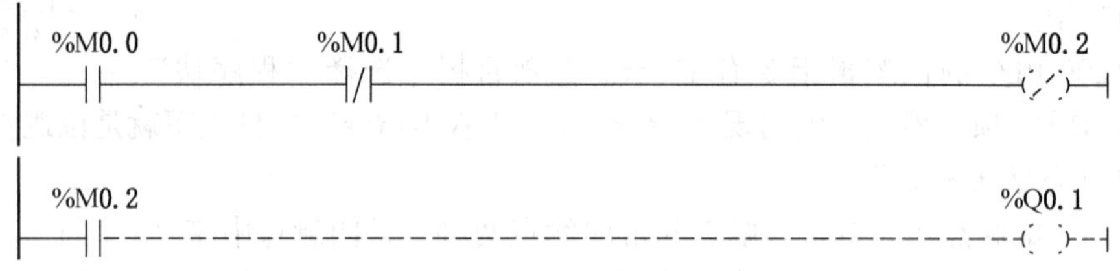

图 4-10　输出线圈指令的符号

【例】 分析图 4-11 所示梯形图的控制功能。

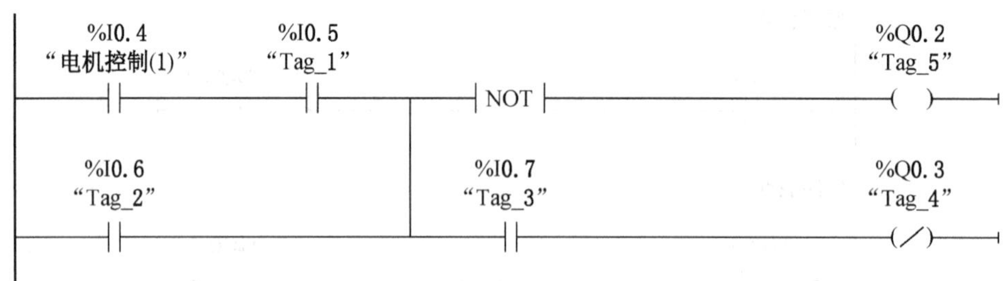

图 4-11　反向输出线圈与取非触点指令示例

解　若输入端 I0. 4 与 I0. 5 的位信号状态为 1，或 I0. 6 的位信号状态为 1，则 Q0. 2 输出为 0 状态。反之，Q0. 2 输出为 1 状态。

若输入 I0. 4 与 I0. 5 的信号状态为 1，或者输入 I0. 6 的信号状态为 1，同时输入 I0. 7 的信号状态为 1，则 Q0. 3 输出为 0 状态。反之，Q0. 3 输出为 1 状态。

任务实施：电动机启停控制

博途软件的设计与调试-起保停

任务要求：某污水处理厂有多台三相异步电动机（额定电压 380 V，额定功率 5. 5 kW，额定转速 1380 r/min，额定频率 50 Hz），要求利用按钮实现电动机的顺利启停控制。其控制原理图如图 4-12 所示。

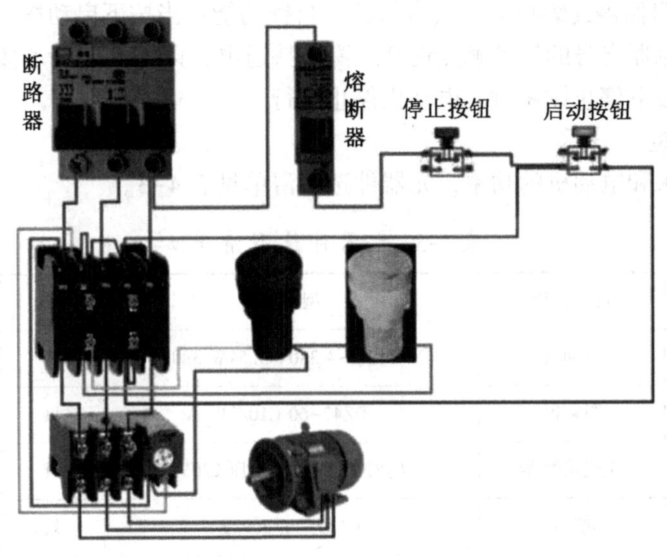

图 4-12　电动机启停控制原理图

1. 任务分析

在继电器-接触器应用设计中应首先考虑主电路和控制回路的设计，主电路是为电动机提供电能的通路，具有高电压、大电流的特点，主要由断路器、交流接触器、热继电器等器件组成，控制回路主要由控制开关/按钮、线圈等控制元件组成。用继电器-接触器实现的电动机启停运行控制电路如图 4-13 所示。

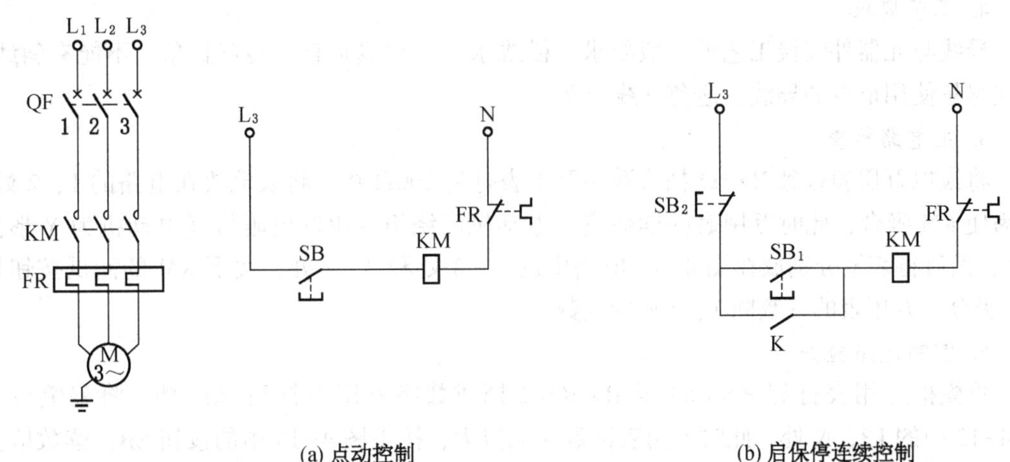

图 4-13　电动机启停运行控制电路

图 4-13a 为点动控制。按下启动按钮 SB 时，接触器 KM 线圈得电，使 KM 主触头闭合，电动机得电启动运行；松开 SB，KM 线圈断电释放，电动机停止运转。点动控制通常用于程序调试。

图 4-13b 为启保停连续控制，具有保持、自锁功能；当按下启动按钮 SB_1 时，电动机启动，并依靠接触器自身的辅助触点使其线圈保持通电，即使松开启动按钮，电动机也依旧保持运转；当按下停止按钮时，电动机停止运行。

2. 元器件选型

根据控制要求和电动机的功率，元器件选型清单见表 4-3。

表4-3 元器件选型清单

序号	符号	设备名称	型 号	单位	数量	备注
1	M	电动机	Y-112M-4 380V 5.5kW 380V	台	1	
2	QF	断路器	DZ47-60 C10/3P	只	1	
3	KM	交流接触器	CJX20-10 线圈电压 220V	只	1	
4	SB	按钮	LA39-11/209/g	只	1	
5	FR	热继电器	JR20-10L	只	1	

3. 电路装接

电路装接的一般原则：先连接主电路，后连接控制电路；先连接串联电路，后连接并联电路；按照从上到下、从左到右的顺序逐根连接；电气元器件的进出线，必须按照上面为进线、下面为出线，左边为进线、右边为出线的原则连接，以免造成元器件短接或接错。对照图 4-13 所示的电路原理，根据上述原则连接电路。

4. 工艺要求

导线与元器件装接工艺的一般要求：横线水平，竖线垂直，转弯直角，不能有斜线；接线尽量使用最少的导线，避免导线交叉。

5. 主电路检查

将模拟万用表打到 R×1Ω 挡或数字万用表打到 200Ω 挡，将表笔放在电路的 1、2 处，人为使 KM 吸合，此时万用表的读数应为电动机两绕组的串联电阻值（电动机为 Y 形接法），然后将表笔分别放在图 4-13 电路中的 1、3 处和 2、3 处，按下 KM 的测试按钮使 KM 吸合，万用表的读数同 1、2 处的读数。

6. 控制电路检查

将模拟万用表打到 R×10Ω 或 R×100Ω 挡或数字万用表打到 2kΩ 挡，将表笔放在图 4-13 中的 L3、N 处，此时万用表读数为无穷大，按下图 4-13 中的按钮 SB，读数应为 KM 线圈的电阻值。

7. 电动机启停程序设计

电动机启停控制程序设计如图 4-14 所示。

按下启动按钮 SB，接触器 KM 得电吸合，电动机启动运行。松开启动按钮，图 4-14a 所示为点动控制线路程序，电动机立即停止运行；松开启动按钮，图 4-14b 所示为启保停连续控制线路程序，电动机继续运行。按下停止按钮，电动机停止运行。

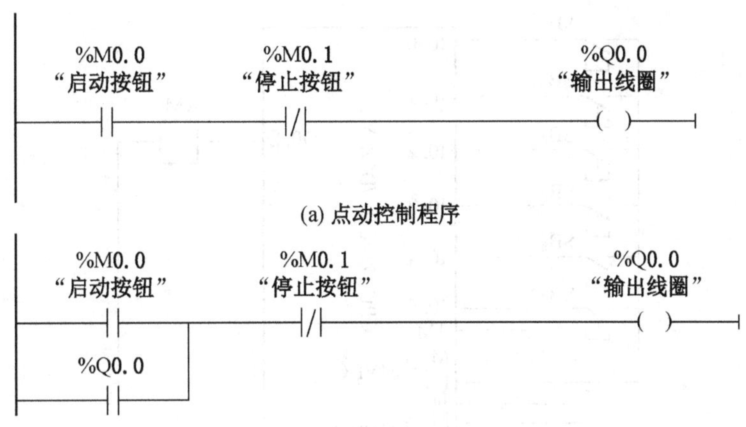

图 4-14　电动机启停控制程序设计

任务拓展：一台电机的多地控制

多地启停控制

电机的多地控制电路是很多工厂都会应用的一种工作状态。在两地或两个地点以上对一台电动机实行控制（操作），常称“多点控制”。

任务要求：操作人员能够在不同的三地 A、B、C 对三相异步电动机 M 进行启动、停止控制。当按下电动机三地的启动按钮 SB_1、SB_2、SB_3 时，电动机 M 启动运转；当按下三地的停止按钮 SB_4、SB_5、SB_6 时，电动机 M 停止运转。

任务分析：按下甲乙两地（任意）启动按钮 1 或 2→KM 线圈得电吸合→其常开辅助触头闭合自锁→其主触头闭合接通电动机主回路→电动机 M 运转。

按下甲乙两地（任意）停止按钮 1 或 2→KM 线圈失电释放→其常开辅助自锁触头断开自锁回路→其主触头释放断开电动机主回路→电动机 M 停止运转。

实现多点控制，电路连接的要诀是：启动按钮并联，停止按钮串联。

1. 确定 I/O 端口分配

电机多地控制的 I/O 端口分配，见表 4-4。电动机三地控制电路接线如图 4-15 所示。

表 4-4　电机多地控制的 I/O 端口分配

类别	元件	I/O 点编号	备注
输入	SB_1	I0.0	A 地启动按钮，常开触点
	SB_2	I0.1	B 地启动按钮，常开触点
	SB_3	I0.2	C 地启动按钮，常开触点
	SB_4	I0.3	A 地停止按钮，常开触点
	SB_5	I0.4	B 地停止按钮，常开触点
	SB_6	I0.5	C 地停止按钮，常开触点
输出	KM	Q0.2	接触器线圈

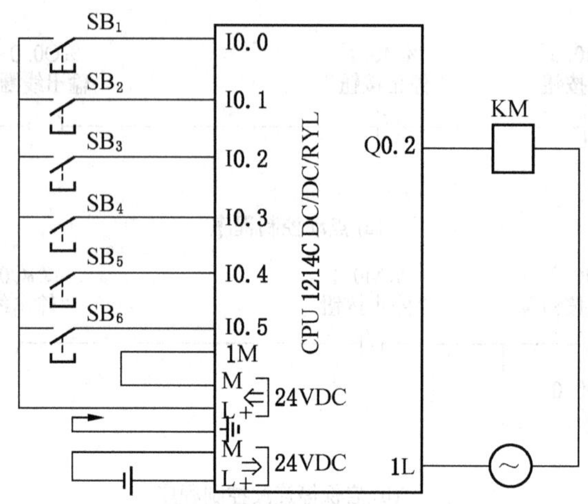

图 4-15　电动机三地控制电路接线

2. 绘制梯形图

对三相异步电动机进行三地控制的梯形图程序如图 4-16 所示。

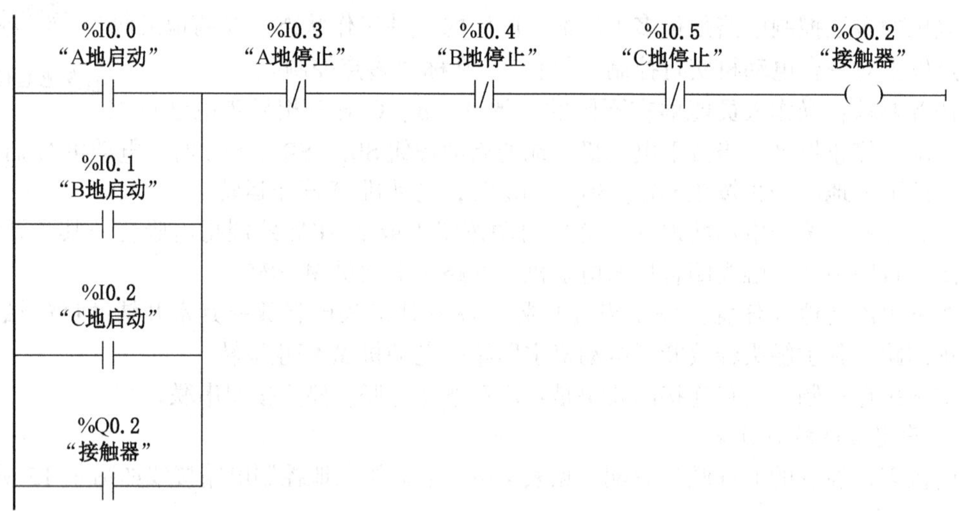

图 4-16　电动机三地控制的梯形图程序

任务评价反馈单

学 生 任 务 分 配 实 施 单

任务名称	电动机启停控制				
班级		组号		指导教师	
组长		学号			

（续）

<table>
<tr><td>任务名称</td><td colspan="5">电动机启停控制</td></tr>
<tr><td rowspan="4">组员</td><td>姓名</td><td></td><td>学号</td><td></td><td></td></tr>
<tr><td>姓名</td><td></td><td>学号</td><td></td><td></td></tr>
<tr><td>姓名</td><td></td><td>学号</td><td></td><td></td></tr>
<tr><td>姓名</td><td></td><td>学号</td><td></td><td></td></tr>
<tr><td colspan="6">（就组织讨论、工具准备、数据采集记录、安全监督、成果展示等工作内容进行任务分工）</td></tr>
<tr><td colspan="6">实施步骤</td></tr>
<tr><td colspan="6">（1）打开博途软件，亲身实践，编写电机启停控制和电机三地控制程序。

（2）将电机启停控制和电机三地控制程序下载到计算机博途软件，进行仿真调试，观察并描述实验效果。</td></tr>
</table>

经验记录单

<table>
<tr><td>任务名称</td><td colspan="5">电动机启停控制</td></tr>
<tr><td>班级</td><td></td><td>姓名</td><td></td><td rowspan="2">指导教师</td><td rowspan="2"></td></tr>
<tr><td>学号</td><td></td><td>组号</td><td></td></tr>
<tr><td colspan="6">总结与经验</td></tr>
<tr><td colspan="6"></td></tr>
<tr><td colspan="6">实验过程中，出现了哪些问题？你是如何解决的？</td></tr>
<tr><td colspan="6">问题 1：
解决方法：

问题 2：
解决方法：

问题 3：
解决方法：</td></tr>
</table>

各小组互评打分表

<table>
<tr><td>姓名</td><td></td><td colspan="2">学号</td><td colspan="2"></td><td colspan="2">班级</td><td colspan="2"></td><td colspan="2">组别</td><td colspan="2"></td></tr>
<tr><td colspan="2">实训任务</td><td colspan="12">电动机启停控制</td></tr>
<tr><td rowspan="2">评价项目</td><td rowspan="2">分值</td><td colspan="4">等级</td><td colspan="8">评价对象（组别）</td></tr>
<tr><td>A</td><td>B</td><td>C</td><td>D</td><td>1</td><td>2</td><td>3</td><td>4</td><td>5</td><td>6</td><td>7</td><td>8</td></tr>
<tr><td>方案合理</td><td>20</td><td>20</td><td>15</td><td>10</td><td>5</td><td></td><td></td><td></td><td></td><td></td><td></td><td></td><td></td></tr>
<tr><td>团队合作</td><td>20</td><td>20</td><td>15</td><td>10</td><td>5</td><td></td><td></td><td></td><td></td><td></td><td></td><td></td><td></td></tr>
<tr><td>工作质量</td><td>20</td><td>20</td><td>15</td><td>10</td><td>5</td><td></td><td></td><td></td><td></td><td></td><td></td><td></td><td></td></tr>
<tr><td>工作规范</td><td>20</td><td>20</td><td>15</td><td>10</td><td>5</td><td></td><td></td><td></td><td></td><td></td><td></td><td></td><td></td></tr>
<tr><td>PPT/演示展示</td><td>20</td><td>20</td><td>15</td><td>10</td><td>5</td><td></td><td></td><td></td><td></td><td></td><td></td><td></td><td></td></tr>
<tr><td>合计</td><td>100</td><td colspan="4">各组得分</td><td></td><td></td><td></td><td></td><td></td><td></td><td></td><td></td></tr>
<tr><td colspan="14">总结与反思</td></tr>
</table>

（如：在本次任务实施过程中遇到了什么问题→如何解决的/解决不了的原因→本次任务心得体会）

教师评价打分表

<table>
<tr><td>姓名</td><td colspan="2"></td><td>学号</td><td>班级</td><td>组别</td><td colspan="2"></td></tr>
<tr><td colspan="3">实训任务</td><td colspan="5">电动机启停控制</td></tr>
<tr><td colspan="3">评价项目</td><td colspan="3">评价标准</td><td>分值</td><td>得分</td></tr>
<tr><td colspan="3">考勤（10%）</td><td colspan="3">未出现无故迟到、早退和旷课的现象</td><td>10</td><td></td></tr>
<tr><td rowspan="9">工作过程（60%）</td><td rowspan="2">知识目标</td><td>获取信息</td><td colspan="3">掌握工作相关知识</td><td>10</td><td></td></tr>
<tr><td>进行表决</td><td colspan="3">制订工作方案，方案合理可行</td><td>10</td><td></td></tr>
<tr><td rowspan="4">技能目标</td><td rowspan="4">任务实施</td><td colspan="3">能够熟练操作博途软件</td><td>5</td><td></td></tr>
<tr><td colspan="3">能够利用博途软件完成程序的编写与调试</td><td>5</td><td></td></tr>
<tr><td colspan="3">能够利用博途软件进行程序的仿真与监控</td><td>5</td><td></td></tr>
<tr><td colspan="3">软硬件结合，完成任务的控制与讲解演示</td><td>5</td><td></td></tr>
<tr><td rowspan="3">素养目标</td><td>工作态度</td><td colspan="3">认真严谨、积极主动、安全生产、文明施工</td><td>5</td><td></td></tr>
<tr><td>团队合作</td><td colspan="3">与小组成员、同学之间合作交流、协作工作</td><td>5</td><td></td></tr>
<tr><td>工作质量</td><td colspan="3">能按照工作方案操作，按计划完成工作任务</td><td>10</td><td></td></tr>
<tr><td colspan="2" rowspan="3">项目成果（30%）</td><td>工作完整</td><td colspan="3">能按时完成工作任务的所有环节</td><td>10</td><td></td></tr>
<tr><td>工作规范</td><td colspan="3">过程中规范操作，避免意外事故发生</td><td>10</td><td></td></tr>
<tr><td>汇报展示</td><td colspan="3">能准确表达、汇报工作成果</td><td>10</td><td></td></tr>
<tr><td colspan="6">合计</td><td>100</td><td></td></tr>
<tr><td colspan="3" rowspan="2">综合评价</td><td>学生评价（50%）</td><td>教师评价（50%）</td><td colspan="3">综合得分</td></tr>
<tr><td></td><td></td><td colspan="3"></td></tr>
<tr><td colspan="3">综合评语</td><td colspan="5">（作业过程中存在的问题及改进建议）</td></tr>
</table>

任务二　电动机正反转控制

任务描述

在生产和生活中，许多设备需要完成两个相反方向的运行，如机床工作台的前进和后退、电梯的上行和下行、电刨床、台钻、刻丝机、甩干机等。电机正反转控制与顺序控制是最常见、最广泛的控制方式。

任务分析

电机正反转代表电机顺时针转动和逆时针转动。设电机顺时针转动为正转，则电机逆时针转动为反转。实现电动机的正反转，只要将接至电动机三相电源进线中的任意两相对调接线，即可达到反转的目的。

一、置位复位指令

1. 置位/复位指令

执行置位指令时，指令操作数指定的地址被置位为 1 且保持，置位后即使能流中断，也仍保持置位为 1 状态；执行复位指令时，指令操作数指定的地址被复位为 0 且保持，复位后即使能流中断，也仍保持复位。由于 CPU 的周期顺序扫描工作方式，程序中写在后面的指令有优先权。置位和复位指令的符号如图 4-17 所示。

PLC 的置位复位指令

“OUT”
——(S)——

(a) 置位指令

“OUT”
——(R)——

(b) 复位指令

图 4-17　置位和复位指令的符号

【例】　图 4-18 所示的梯形图中，当输入 I0.4 的信号状态由 0 变为 1 时，输出 Q0.5 瞬间被置位为 1，且保持为 1（即使 I0.4 的信号状态已由 1 变为 0，Q0.5 状态也保持不变）。当输入 I0.5 的信号状态由 0 变为 1 时，输出 Q0.5 瞬间被复位为 0。在该电路中，I0.4 相当于启动且保持按钮，I0.5 相当于停止按钮。

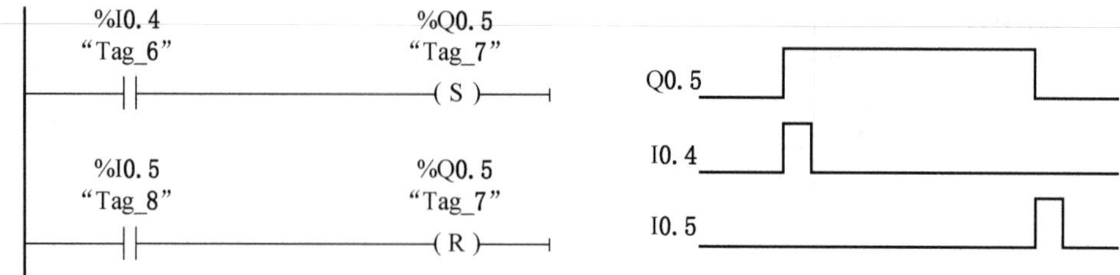

图 4-18　置位/复位指令示例及时序图

2. 多点置位/复位指令

执行多点置位指令时，把从指令操作数指定地址开始的 n 个点被置位为 1 且保持，置位后即使能流中断，也仍保持置位；执行多点复位指令时，从指令操作数指定地址开始的 n 个点都被复位为 0 且保持，复位后即使能流中断，也仍保持复位。多点置位和复位指令符号如图 4-19 所示。

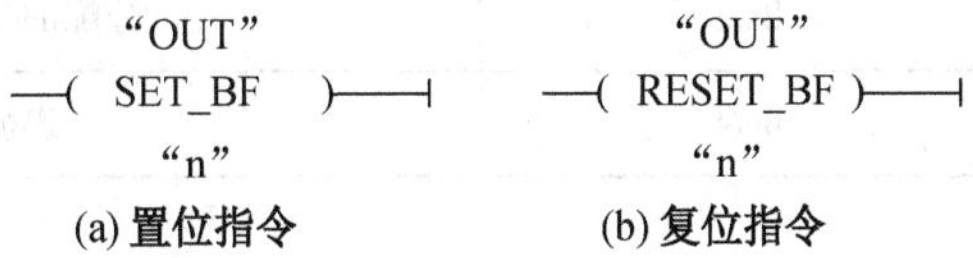

“OUT”
—(SET_BF)—|
“n”
(a) 置位指令

“OUT”
—(RESET_BF)—|
“n”
(b) 复位指令

图 4-19 多点置位和复位指令符号

【例】 图 4-20 所示的梯形图中，让输入 I0.0 的信号状态由 0 变为 1，再变为 0，再让输入 I0.1 的信号状态做同样变化，请观察 Q0.2、Q0.3、Q0.4 的变化情况。

图 4-20 多点置位/复位指令示例

3. 置位/复位优先触发器

RS 是置位优先触发器，如果置位（S1）和复位（R）信号都为 1，则输出地址 OUT 为 1；SR 是复位优先触发器，如果置位（S）和复位（R1）信号都为 1，则输出地址 OUT 为 0。置位/复位优先触发器指令的符号如图 4-21 所示，其参数含义见表 4-5，RS 与 SR 触发器的功能见表 4-6。

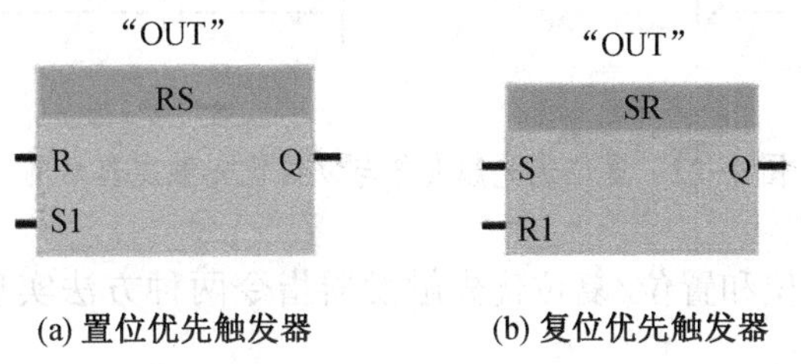

图 4-21 置位/复位优先触发器指令的符号

表 4-5　置位/复位优先触发器参数含义

参数	数据类型	说　明
S、S1	Bool	置位输入：S1 表示优先
R、R1	Bool	复位输入：R1 表示优先
OUT	Bool	分配的位输出 “OUT”
Q	Bool	遵循 “OUT”

表 4-6　RS 与 SR 触发器的功能

指令	S1	R	输出
RS 置位优先	0	0	先前状态
	0	1	0
	1	0	1
	1	1	1
指令	S	R1	输出
SR 复位优先	0	0	先前状态
	0	1	0
	1	0	1
	1	1	0

【例】 图 4-22 程序段 1 所示的梯形图中，当输入 I0.6 和 I0.7 的信号同时为 1 时，请观察 Q0.2 是否有输出；程序段 2 所示的梯形图中，当输入 I1.6 和 I1.7 的信号同时为 1 时，请观察 Q0.3 是否有输出。这两者的区别在哪里？

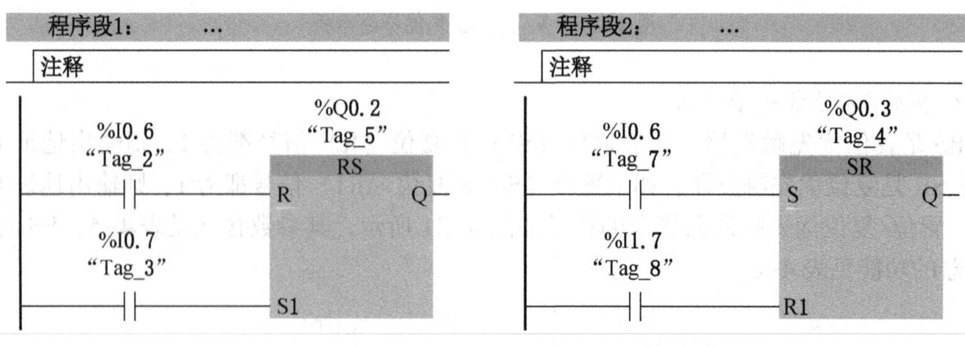

图 4-22　置位优先触发器与复位优先触发器示例

【例】 请用置位复位和置位/复位优先触发器指令两种方法实现电动机典型起保停控制电路。

方法一：典型起保停电路用置位复位指令实现，其程序如图 4-23 所示。

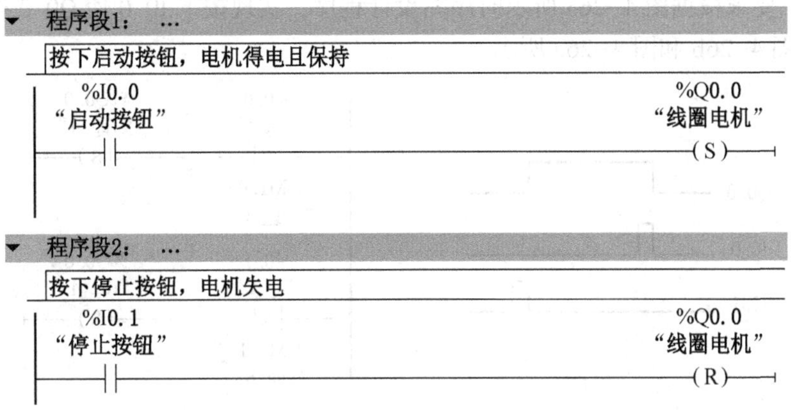

图 4-23　基于置位复位指令的起保停程序

方法二：典型起保停电路也可用复位优先触发器指令实现，其程序如图 4-24 所示。

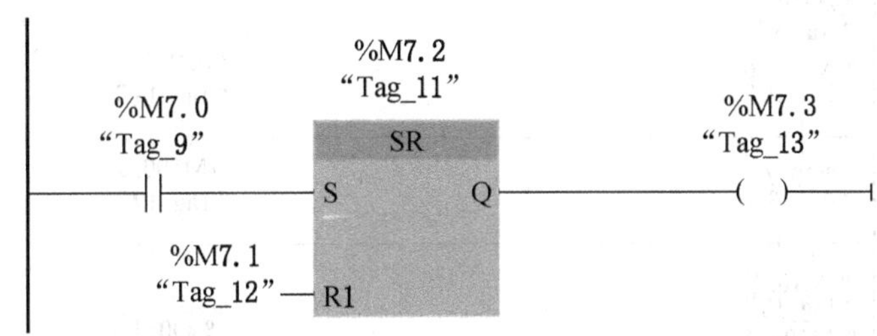

图 4-24　基于复位优先触发器指令的起保停程序

二、上升沿下降沿指令

PLC 的上升沿下降沿指令

1. 边沿检测触点指令

边沿检测触点指令的符号如图 4-25 所示，其中，bit 处为 Bool 型变量，上升沿/下降沿指令就是要检测该变量的跳变沿；M_bit 处为 Bool 型变量，用于保存前一个输入状态的存储器位。当 P 触点指令检测到 bit 处的位数据值由 0 变 1 的正跳变时，该触点接通一个扫描周期；当 N 触点指令检测到 bit 处的位数据值由 1 变 0 的负跳变时，该触点接通一个扫描周期。

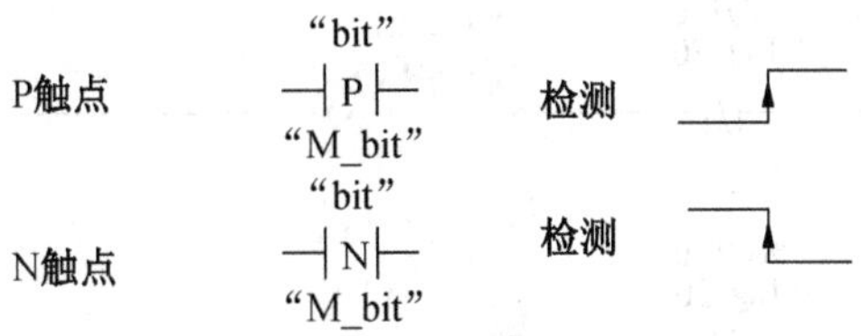

图 4-25　边沿检测触点指令的符号

【例】 要求根据图 4-26a 所示时序图设计程序，实现按下 I0.0 使 Q0.0 得电且保持。程序设计如图 4-26b 和图 4-26c 所示。

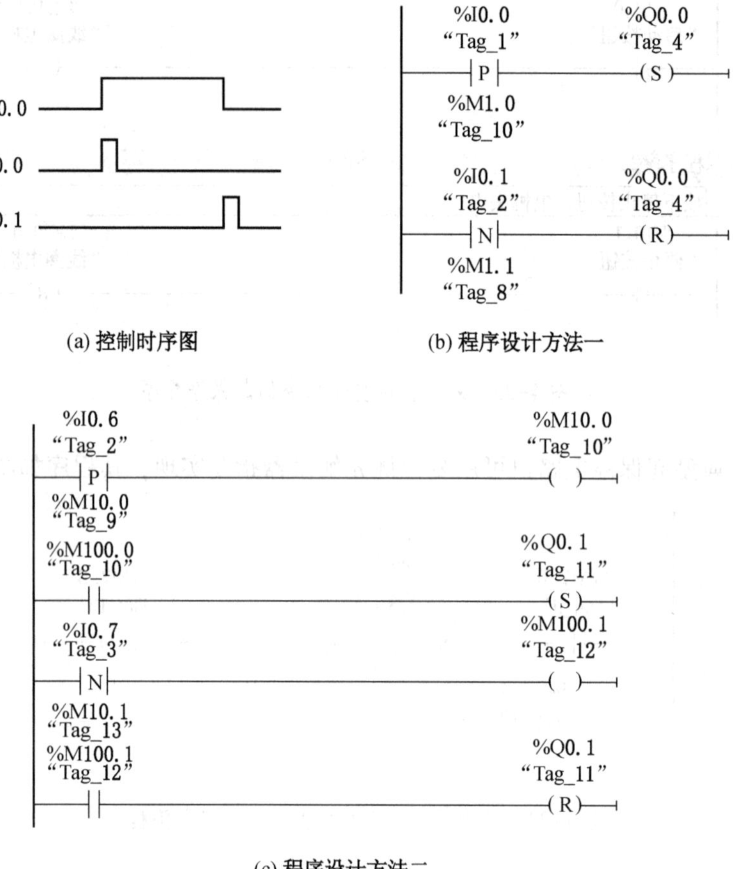

图 4-26 边沿检测触点指令示例

图 4-26b 梯形图中，当输入 I0.0 的信号状态由 0 变为 1 时，Q0.0 被置位并保持；当输入 I0.1 的信号由 1 变为 0 时，Q0.0 被复位。图 4-26c 梯形图中，当输入 I0.6 的信号状态由 0 变为 1 时，Q0.1 被置位并保持；当输入 I0.7 的信号由 1 变为 0 时，Q0.1 被复位。

【例】 要求设计单按钮启停电机控制，即按一下按钮 I0.6，Q1.0 接通，再按一下 I0.6，Q1.0 断开，如此反复。其程序设计如图 4-27 所示。

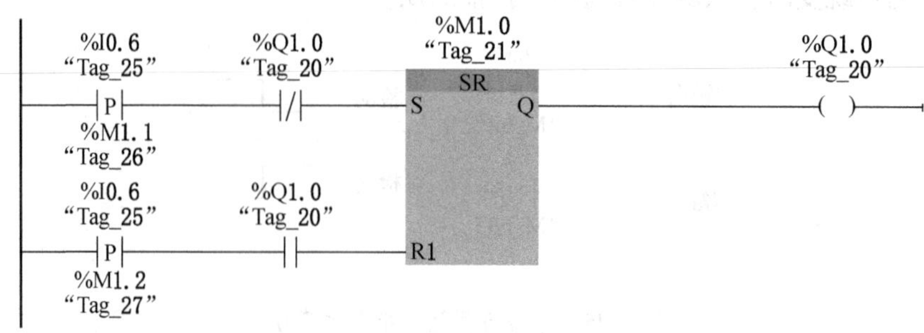

图 4-27 单按钮启停电机控制程序设计

程序设计方法：首先在项目树中打开 PLC 下面的程序块文件夹，双击 MAIN，打开程序编辑器，在项目视图右侧的指令中，打开位逻辑运算文件夹，选择 SR 指令，双击或拖放到编程区域，输入地址 M1.0，用于存储置位或复位的结果，编辑器自动为 M0.0 生成变量名称 TAG_21，可以在 PLC 变量表中修改，在 Q 输出端插入一个输出线圈，输入地址 Q1.0，在 S 输入端插入一个 P 触点，输入地址 I0.6 和 M1.1，用于捕捉 I0.6 被按下时的正跳变，再串联一个 Q1.0 的常闭触点，用于实现 Q1.0 为 0 时按一下 I0.6，Q0.0 置位为 1，同样在 R1 输入端插入一个 P 触点，输入地址 I0.6 和 M1.2，再串联一个 Q1.0 的常开触点，以实现 Q1.0 为 1 时按下 I0.6，Q1.0 复位为 0，这样控制程序就编写完成了，点击保存项目按钮，保存项目。

2. 边沿检测线圈指令

边沿检测线圈指令如图 4-28 所示，其中，bit 处为 Bool 型变量，指示检测到跳变沿的输出位；M_bit 处为 Bool 型变量，用于保存前一个输入状态的存储器位。当 P 线圈指令检测到它前面的逻辑状态由 0 变 1 的正跳变时，将 bit 处的位数据值在一个扫描周期内设置为 1；当 N 线圈指令检测到它前面的逻辑状态由 1 变为 0 的负跳变时，将 bit 处的位数据值在一个扫描周期内设置为 1。两条线圈指令对能流是畅通无阻的，这两条指令可以置于程序段的中间或最右边。

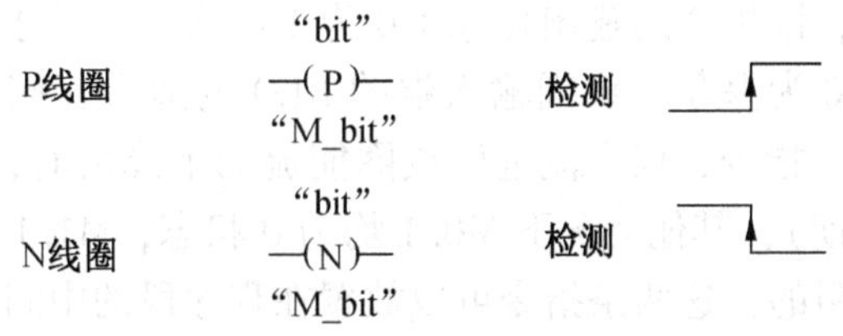

图 4-28 边沿检测线圈指令

【例】 根据图 4-29 设计程序，实现单按钮启停控制两台电机。其程序设计如图 4-30 所示。

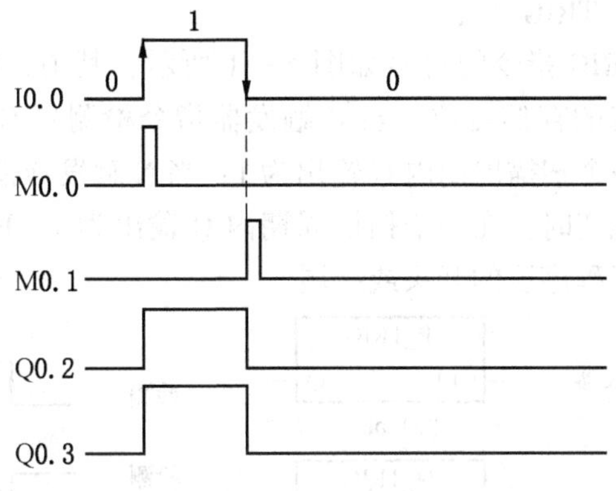

图 4-29 单按钮启停控制两台电机时序图

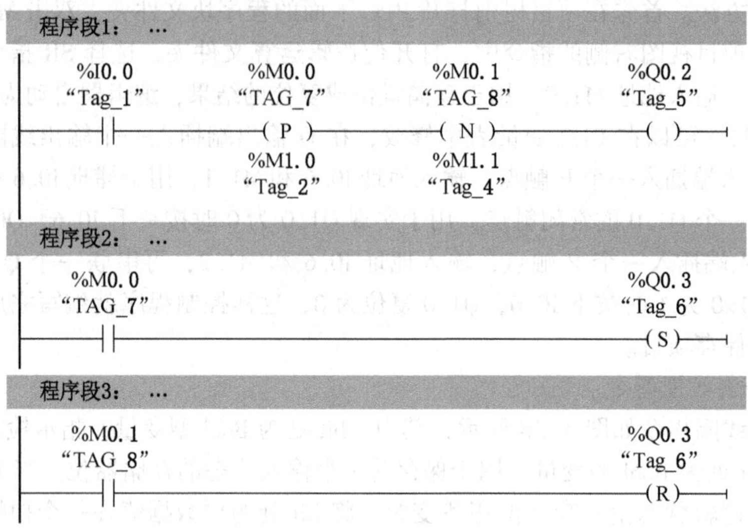

图 4-30　单按钮启停控制两台电机程序设计

在图 4-30 的梯形图中，P 线圈指令是“在信号上升沿置位操作数”指令，仅在流进该线圈能流的上升沿时，该指令的输出位 M0.0 为 1 状态（一个扫描周期），其他情况下 M0.0 均为 0 状态，M1.0 为保存 P 线圈输入端的 RLO 的边沿存储位。N 线圈指令是“在信号下降沿置位操作数”指令，仅在流进该线圈能流的下降沿时，该指令的输出位 M0.1 为 1 状态（一个扫描周期），其他情况下 M0.1 均为 0 状态，M1.1 为边沿存储位。两条线圈指令对能流是畅通无阻的，这两条指令可以放置在程序段的中间或最右边。

当 I0.0 的状态由 0 变为 1 时，I0.0 的常开触点闭合，能流经 P 线圈和 N 线圈流过 Q0.2 的线圈，使 Q0.2 置位。在 I0.0 的上升沿，M0.0 的常开触点闭合一个扫描周期，使 Q0.3 置位。

当 I0.0 的状态由 1 变为 0 时，能流断开，Q0.2 复位；同时，在 I0.0 的下降沿，M0.1 的常开触点闭合一个扫描周期，使 Q0.3 复位。

3. P_TRIG 指令与 N_TRIG 指令

P_TRIG 指令与 N_TRIG 指令的符号如图 4-31 所示，其中，M_bit 处为 Bool 型变量，用于保存前一个输入状态的存储器位。当 P 触发器指令检测到 CLK 输入的逻辑状态由 0 变为 1 的正跳变时，在一个扫描周期内 Q 输出为 1；当 N 触发器指令检测到 CLK 输入的逻辑状态由 1 变为 0 的负跳变时，在一个扫描周期内 Q 输出为 1。P 触发器、N 触发器指令只能置于中间，不能置于程序段的开头或结尾。

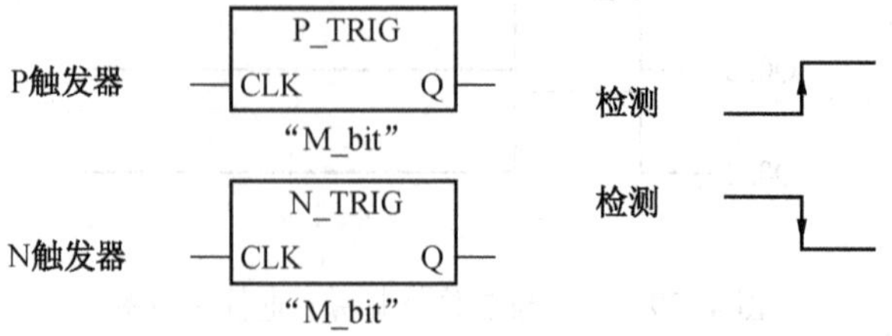

图 4-31　P_TRIG 指令与 N_TRIG 指令的符号

【例】 分析图 4-32 中的 P 触发器、N 触发器指令。

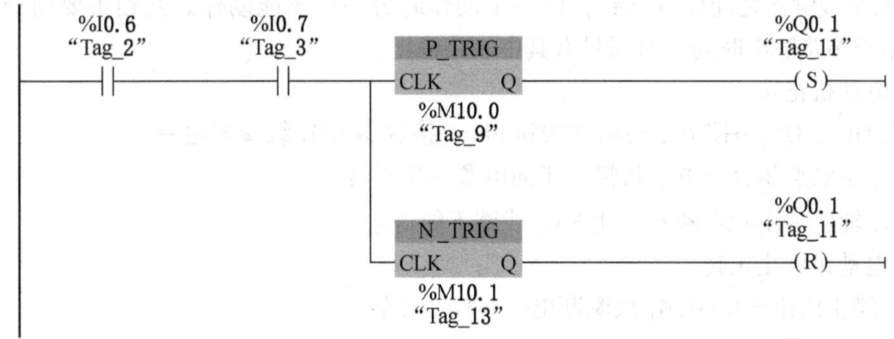

图 4-32 P 触发器/N 触发器指令举例

在流经 P 触发器指令的 CLK 输入端能流的上升沿，Q 端输出一个扫描周期的能流，使 Q0.1 置位。指令框下面的 M10.0 为脉冲存储位。在流进 N_TRIG 指令的 CLK 输入端能流的下降沿，Q 端输出一个扫描周期的能流，使 Q0.1 复位。指令框下面的 M10.1 为脉冲存储位。P_TRIG 指令与 N_TRIG 指令不能置于程序段的开始和结束处。

任务实施：电动机正反转控制

1. 硬件设计

基于 PLC 的电动机正反转控制

通过改变电动机三相绕组接入电源的相序，可实现电动机正反转的切换。图 4-33 中，KM_1 按 L_1-L_2-L_3 相序供电，KM_2 按 L_3-L_2-L_1 相序供电。设 KM_1 主触点接通时电动机正转，则当 KM_2 主触点接通时，电动机实现反转。电动机正反转控制电路如图 4-33 所示。

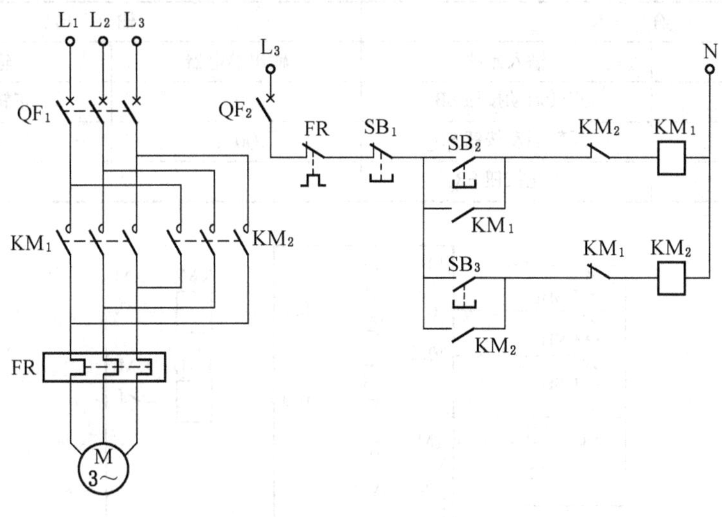

图 4-33 电动机正反转控制电路

在电动机运转过程中，必须防止 KM_1、KM_2 同时接通而造成电源相间短路。可在 KM_1 和 KM_2 两个接触器之间设置互锁，即一个动作时另一个不能动作。互锁主要用于控制电路中两路或多路输出时同一时间只有其中一路输出。

1）电动机正转

合上 QF_1、QF_2→按下正转启动按钮 SB_2→接触器 KM_1 线圈通电→

{KM_1 主触点闭合→电动机接入正向电源→M 正转
{KM_1 辅助常闭触点断开→使 KM_2 线圈不能得电

2）电动机停止正转

按下停止按钮 SB_1→KM_1 线圈断电→M 停止正转。

3）电动机反转

合上 QF_1、QF_2→按下反转启动按钮 SB_3→接触器 KM_2 线圈通电→

{KM_2 主触点闭合→电动机接入正向电源→M 正转
{KM_2 辅助常闭触点断开→使 KM_1 线圈不能得电

4）电动机停止反转

按下停止按钮 SB_1→KM_2 线圈断电→M 停止反转。

互锁控制规律：当要求 A 接触器工作时，B 接触器就不能工作，此时应在 B 接触器的线圈电路中串入 A 接触器的常闭触点。当要求 A 接触器工作时 B 接触器不能工作，而 B 接触器工作时 A 接触器不能工作，此时应在两个接触器的线圈电路中相互串入对方的常闭触点。

2. I/O 硬件接线

在控制回路中，热继电器常闭触点、停止按钮、正转按钮和反转按钮作为 PLC 的输入量；接触器线圈属于被控对象，作为 PLC 的输出量，电机正反转的 I/O 点分配见表 4-7。其 I/O 硬件接线如图 4-34 所示。

表 4-7　电机正反转的 I/O 点分配

输　入		输　出	
输入继电器	输入元件	输出继电器	输出元件
I0.0	正转启动按钮 SB_1	Q0.0	正转输出线圈
I0.1	反转启动按钮 SB_2	Q0.1	反转输出线圈
I0.2	停止按钮 SB_3		

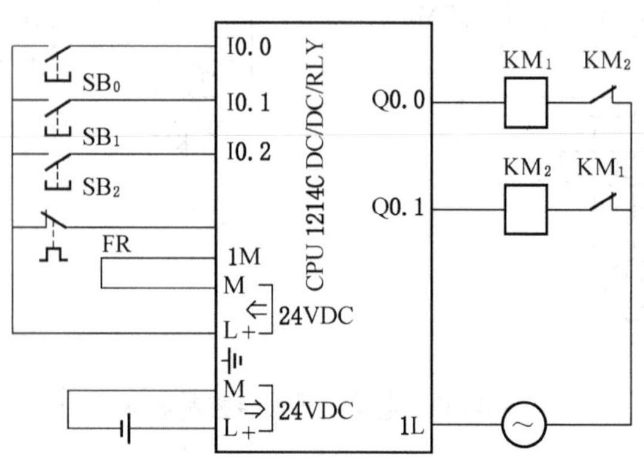

图 4-34　电动机正反转 PLC 控制的 I/O 硬件接线

3. 梯形图设计

基于基本启保停法的电动机正反转控制梯形图初步程序，如图 4-35 所示。

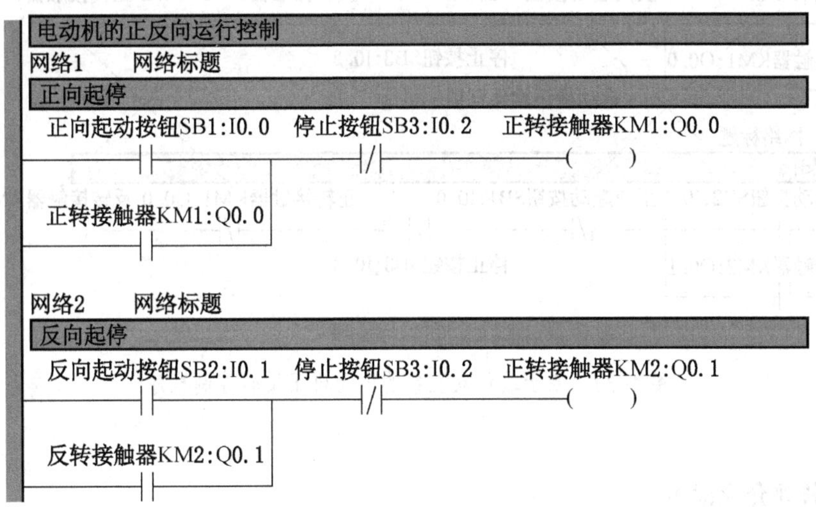

图 4-35 电动机正反转控制梯形图初步程序

基于软件互锁的电动机正反转控制梯形图程序，如图 4-36 所示。

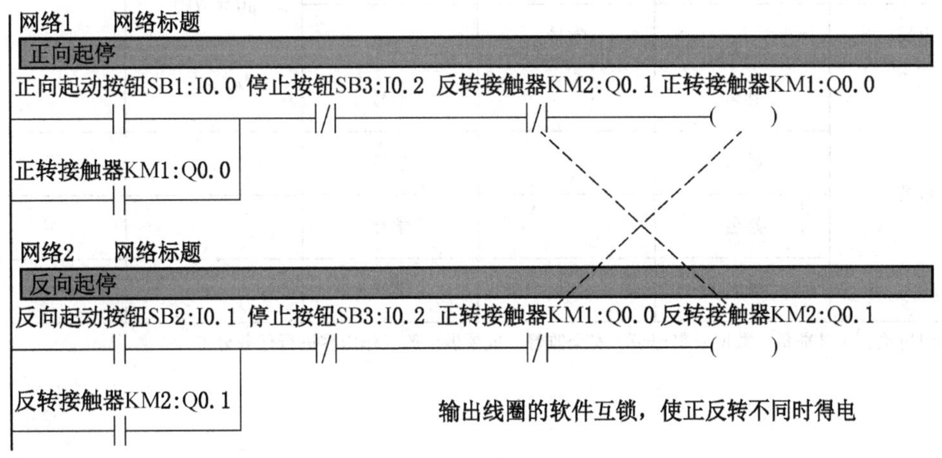

图 4-36 基于软件互锁的电动机正反转控制梯形图程序

可将输出部分接触器 KM_1 的辅助常闭触点串联到接触器 KM_2 的后方，将接触器 KM_2 的辅助常闭触点串联到接触器 KM_1 的后方。输入部分按钮 SB_1 的常闭触点接入 SB_2 后方，SB_2 的常闭触点接入 SB_2 后方，构成软件的双重互锁。基于软件双互锁的电动机正反转控制程序如图 4-37 所示。

请思考，如何用置位复位指令或边沿触点指令实现图 4-37 中的功能？

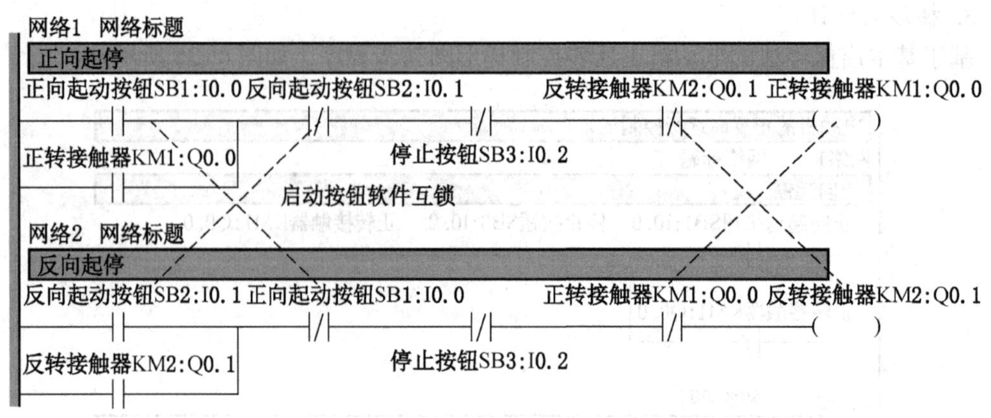

图 4-37 基于软件双互锁的电动机正反转控制程序

任务评价反馈单

学 生 任 务 分 配 实 施 单

任务名称	电动机正反转控制				
班级		组号		指导教师	
组长		学号			
组员	姓名		学号		
	姓名		学号		
	姓名		学号		
	姓名		学号		

（就组织讨论、工具准备、数据采集记录、安全监督、成果展示等工作内容进行任务分工）

实施步骤

（续）

（1）编写电动机正反转和送料小车控制程序，注意自锁与互锁的应用。

（2）将电机正反转和送料小车运动控制程序下载到计算机博途软件，进行仿真调试，观察并描述实验效果。

经验记录单

<table>
<tr><td>任务名称</td><td colspan="5">电动机正反转控制</td></tr>
<tr><td>班级</td><td></td><td>姓名</td><td></td><td rowspan="2">指导教师</td><td rowspan="2"></td></tr>
<tr><td>学号</td><td></td><td>组号</td><td></td></tr>
<tr><td colspan="6">总结与经验</td></tr>
<tr><td colspan="6"></td></tr>
<tr><td colspan="6">实验过程中，出现了哪些问题？你是如何解决的？</td></tr>
<tr><td colspan="6">问题 1：
解决方法：

问题 2：
解决方法：

问题 3：
解决方法：</td></tr>
</table>

各小组互评打分表

<table>
<tr><td>姓名</td><td></td><td colspan="2">学号</td><td colspan="2"></td><td colspan="2">班级</td><td colspan="2"></td><td colspan="2">组别</td><td colspan="2"></td></tr>
<tr><td colspan="2">实训任务</td><td colspan="12">电动机正反转控制</td></tr>
<tr><td rowspan="2">评价项目</td><td rowspan="2">分值</td><td colspan="4">等级</td><td colspan="8">评价对象（组别）</td></tr>
<tr><td>A</td><td>B</td><td>C</td><td>D</td><td>1</td><td>2</td><td>3</td><td>4</td><td>5</td><td>6</td><td>7</td><td>8</td></tr>
<tr><td>方案合理</td><td>20</td><td>20</td><td>15</td><td>10</td><td>5</td><td></td><td></td><td></td><td></td><td></td><td></td><td></td><td></td></tr>
<tr><td>团队合作</td><td>20</td><td>20</td><td>15</td><td>10</td><td>5</td><td></td><td></td><td></td><td></td><td></td><td></td><td></td><td></td></tr>
<tr><td>工作质量</td><td>20</td><td>20</td><td>15</td><td>10</td><td>5</td><td></td><td></td><td></td><td></td><td></td><td></td><td></td><td></td></tr>
<tr><td>工作规范</td><td>20</td><td>20</td><td>15</td><td>10</td><td>5</td><td></td><td></td><td></td><td></td><td></td><td></td><td></td><td></td></tr>
<tr><td>PPT/演示展示</td><td>20</td><td>20</td><td>15</td><td>10</td><td>5</td><td></td><td></td><td></td><td></td><td></td><td></td><td></td><td></td></tr>
<tr><td>合计</td><td>100</td><td colspan="4">各组得分</td><td></td><td></td><td></td><td></td><td></td><td></td><td></td><td></td></tr>
<tr><td colspan="14">总结与反思</td></tr>
</table>

（如：在本次任务实施过程中遇到了什么问题→如何解决的/解决不了的原因→本次任务心得体会）

教师评价打分表

<table>
<tr><td>姓名</td><td colspan="2"></td><td>学号</td><td></td><td>班级</td><td></td><td>组别</td><td></td></tr>
<tr><td colspan="3">实训任务</td><td colspan="6">电动机正反转控制</td></tr>
<tr><td colspan="3">评价项目</td><td colspan="4">评价标准</td><td>分值</td><td>得分</td></tr>
<tr><td colspan="3">考勤（10%）</td><td colspan="4">未出现无故迟到、早退和旷课的现象</td><td>10</td><td></td></tr>
<tr><td rowspan="9">工作过程（60%）</td><td rowspan="2">知识目标</td><td>获取信息</td><td colspan="4">掌握工作相关知识</td><td>10</td><td></td></tr>
<tr><td>进行表决</td><td colspan="4">制订工作方案，方案合理可行</td><td>10</td><td></td></tr>
<tr><td rowspan="4">技能目标</td><td rowspan="4">任务实施</td><td colspan="4">能够熟练操作博途软件</td><td>5</td><td></td></tr>
<tr><td colspan="4">能够利用博途软件完成程序的编写与调试</td><td>5</td><td></td></tr>
<tr><td colspan="4">能够利用博途软件进行程序的仿真与监控</td><td>5</td><td></td></tr>
<tr><td colspan="4">软硬件结合，完成任务的控制与讲解演示</td><td>5</td><td></td></tr>
<tr><td rowspan="3">素养目标</td><td>工作态度</td><td colspan="4">认真严谨、积极主动、安全生产、文明施工</td><td>5</td><td></td></tr>
<tr><td>团队合作</td><td colspan="4">与小组成员、同学之间合作交流、协作工作</td><td>5</td><td></td></tr>
<tr><td>工作质量</td><td colspan="4">能按照工作方案操作，按计划完成工作任务</td><td>10</td><td></td></tr>
<tr><td colspan="2" rowspan="3">项目成果（30%）</td><td>工作完整</td><td colspan="4">能按时完成工作任务的所有环节</td><td>10</td><td></td></tr>
<tr><td>工作规范</td><td colspan="4">过程中规范操作，避免意外事故发生</td><td>10</td><td></td></tr>
<tr><td>汇报展示</td><td colspan="4">能准确表达、汇报工作成果</td><td>10</td><td></td></tr>
<tr><td colspan="7">合计</td><td>100</td><td></td></tr>
<tr><td colspan="3" rowspan="2">综合评价</td><td colspan="2">学生评价（50%）</td><td colspan="2">教师评价（50%）</td><td colspan="2">综合得分</td></tr>
<tr><td colspan="2"></td><td colspan="2"></td><td colspan="2"></td></tr>
<tr><td colspan="3">综合评语</td><td colspan="6">（作业过程中存在的问题及改进建议）</td></tr>
</table>

项目五　定时计数指令应用

项目导入

计数器和定时器是控制过程中常用的指令，几乎所有的控制系统进行程序设计时都会用到计数器和定时器指令。计数器和定时器也是 PLC 的重要资源之一。但由于单个定时、计数资源有限，在实际应用中，定时器和计数器常常出现“强强联合”形式的搭配性应用。

学习目标

（1）能够正确分配 I/O 点，并正确接线。

（2）掌握软元件定时器的基本用法，能够根据要求选用不同的定时器并正确应用。

（3）熟悉 PLC 的计数器指令格式及其功能，并用于记录小车自动往返的次数。

任务一　电动机星三角降压启动

任务描述

三相异步电动机启动瞬间通常数秒钟，一般为 1～3 s，瞬间电流是运行时稳态数值的 5～7 倍。这样电动机功率如果比较大，则启动电流会严重影响周围负载的正常工作。例如，如果 5 kW 以上的电动机直接启动，则其周围的灯具会瞬间变暗，为了不影响周围其他负载正常工作，通常 5 kW 以上电动机采用星三角降压等启动方式。要求电动机启动时，将定子绕组接成星形，以降低启动电压、减小启动电流；待电动机启动后，过 5 s，再将定子绕组改接成三角形，使电动机全压运行。

定时器和计数器在计算机系统尤其是在工业控制系统中发挥着重要作用，本任务中将用到定时计数器。定时器与计数器的区别仅在于用途不同。定时器从本质上来讲就是一个计数器，每收到一个脉冲，计数器就会加/减 1。如果脉冲的周期固定，那么脉冲数与时间成正比，这样就可以根据脉冲的固定周期和计数次数实现定时的功能。

任务分析

星三角降压启动是指电动机三相绕组本来是三角形连接的，在启动瞬间将电动机三相绕组临时改接为星形。绕组还是那 3 个绕组，绕组电阻及电感都不变，仅仅由三角形连接改为星形连接，相当于阻抗增大为正常时的 3 倍，启动电流减小为直接启动时的 1/3，也相当于降低了每个绕组电压，每个绕组电压由 380 V 降低为 220 V，所以通常叫作星三角降压启动。比较方便、好用。

S7-1200 PLC 的定时器包括 4 种：接通延时定时器（TON）、脉冲定时器（TP）、保持型接通延时定时器（TONR）和断开延时定时器（TOF），其功能比较见表 5-1。

定时器使用说明

表 5-1　PLC 的定时器功能比较

类　型	功 能 描 述
脉冲定时器（TP）	脉冲定时器可生成具有预设宽度时间的脉冲
接通延时定时器（TON）	接通延时定时器输出 Q 在预设的延时过后设置为 ON
关断延时定时器（TOF）	关断延时定时器输出 Q 在预设的延时过后设置为 OFF
保持型接通延时定时器（TONR）	保持型接通延时定时器输出在预设的延时过后设置为 ON

定时器的参数见表 5-2。

表 5-2　定 时 器 的 参 数

参　数	数据类型	说　明
IN	Bool	启用定时器输入
R	Bool	将 TONR 经过的时间重置为零
PT（Preset Time）	Bool	预设的时间值
Q	Bool	定时器输出
ET（Elapsed Time）	Time	经过的时间当前值
定时器数据块	DB	指定要使用 RT 指令复位的定时器

定时器指令的 IN 为输入使能端，为定时器的启动信号。IN 从 0 状态跳变到 1 状态时，接通延时定时器（TON）启动定时，脉冲定时器（TP）、保持型接通延时定时器（TONR）启动定时；IN 从 1 状态变为 0 状态时，启动 TOF 开始定时。

R 为定时器的复位信号，Q 为定时器的输出信号。PT 为时间预置值，ET 为定时开始后经过的时间或称已耗时间值。它们的数据类型为 32 位的 Time，单位为 ms，最大定时时间长达 T#24D-20H-31M-23S-647MS（D、H、M、S、MS 分别为日、小时、分、秒和毫秒）。

一、接通延时定时器指令及其应用

接通延时定时器（TON）的使能输入端（IN）的输入电路由断开变为接通时开始定时。定时时间大于或等于预置时间（PT）指定的设定值时，输出 Q 变为 1 状态，已耗时间值（ET）保持不变，如图 5-1b 中的波形 A。

图 5-1a 中，输入 IN（I0.0）输入为 1 状态，定时器开始定时，5 s 后，定时时间到，Q0.0 输出端为 1。输入 I0.1 为 1 状态时，定时器复位线圈 RT 接通，定时器复位，已消耗时间清零，Q 输出端为 0；I0.1 变为 0 状态时，如果 IN（I0.0）输入为 1 状态，则重新开始定时。

IN 输入端的电路断开时，定时器复位，已耗时间清零，输出 Q 变为 0 状态，CPU 第一次扫描时，定时器输出 Q 清零。如果输入 IN 在未达到 PT 设定的时间时变为 0 状态，如图 5-1b 中的波形 B，则输出 Q 保持 0 状态不变。

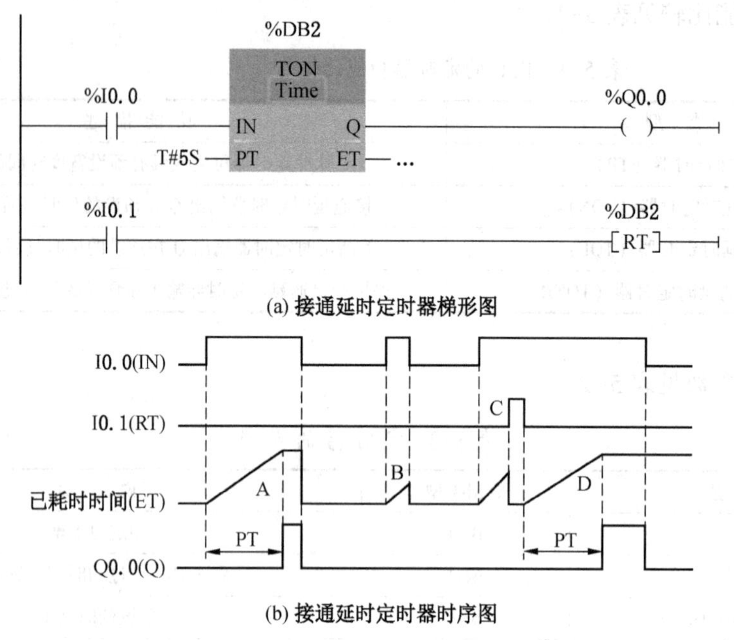

图 5-1　接通延时定时器工作过程

【例】　用接通延时定时器指令设计输出脉冲周期和占空比可调的振荡电路，实现定时闪烁控制。要求：接通 3 s，断开 2 s（闪烁电路）。

解　闪烁电路实际上是一个具有正反馈的振荡电路。第一个定时器“IEC_Time_0_DB”，其输出的 Q 位信号可以表示为“IEC_Time_0_DB”. Q；第二个定时器“IEC_Time_0_DB_1”，其输出的 Q 位信号可以表示为“IEC_Time_0_DB_1”. Q，如图 5-2 所示。

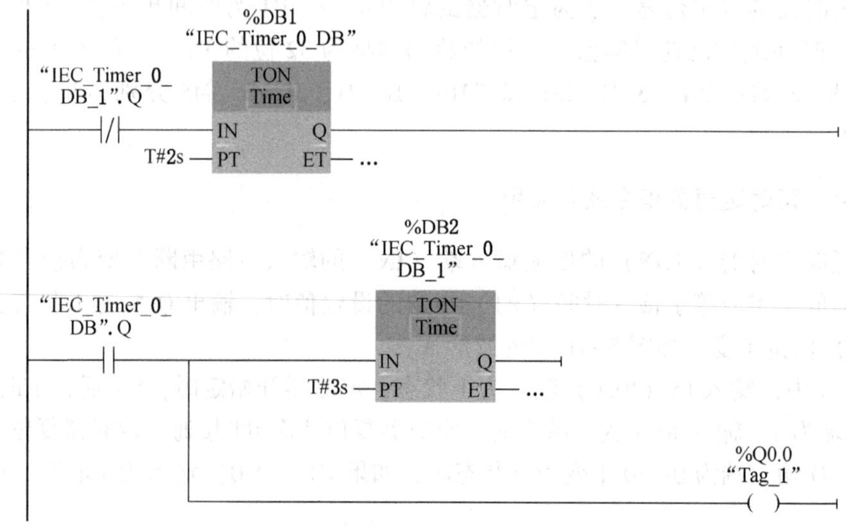

图 5-2　接通延时定时器闪烁电路

上电开始，第一个定时器“IEC_Time_0_DB”输入为 1，开始定时，2 s 后定时时间到，其常开触点“IEC_Time_0_DB”.Q 闭合，能流流入第二个定时器“IEC_Time_0_DB_1”，并开始定时，同时 Q0.0 线圈接通。3 s 后第二个定时器的定时时间到，输出为 1，下一个扫描周期使其输出的常闭触点“IEC_Time_0_DB_1”.Q 断开，第一个定时器输入开路，使 Q 输出为 0，使 Q0.0 和第二个定时器的 Q 输出也变为 0 状态。在下一个扫描周期，因第二个定时器的常闭触点接通，第一个定时器又从预设值开始定时，以后 Q0.0 的线圈就这样周期性地接通与断开。

二、脉冲定时器指令及其应用

脉冲定时器（TP）可生成具有预设宽度时间的脉冲，从图 5-3b 中的波形可见。在 IN 输入信号的上升沿，Q 输出为 1 状态，开始输出脉冲，达到 PT 预设的时间时，Q 输出变为 0 状态。IN 输入的脉冲宽度可以小于 Q 端输出的脉冲宽度。在脉冲输出期间，即使 IN 输入又出现上升沿（图 5-3 中波形 B），也不会影响脉冲的输出。

通过程序状态监控功能可以观察已消耗时间的变化。定时器开始时，已消耗时间从 0 ms 开始不断增加，达到 PT 预设值的时间时不再增加，如果 IN 为 1 状态，则已消耗时间保持不变；如果 IN 为 0 状态，则已消耗时间变为 0 ms。当 IN 输入为 1 时，定时器复位指令可以复位已消耗时间，但不能复位输出值 Q，复位信号消失，继续输出固定时间的脉宽。脉冲定时器工作过程如图 5-3 所示。

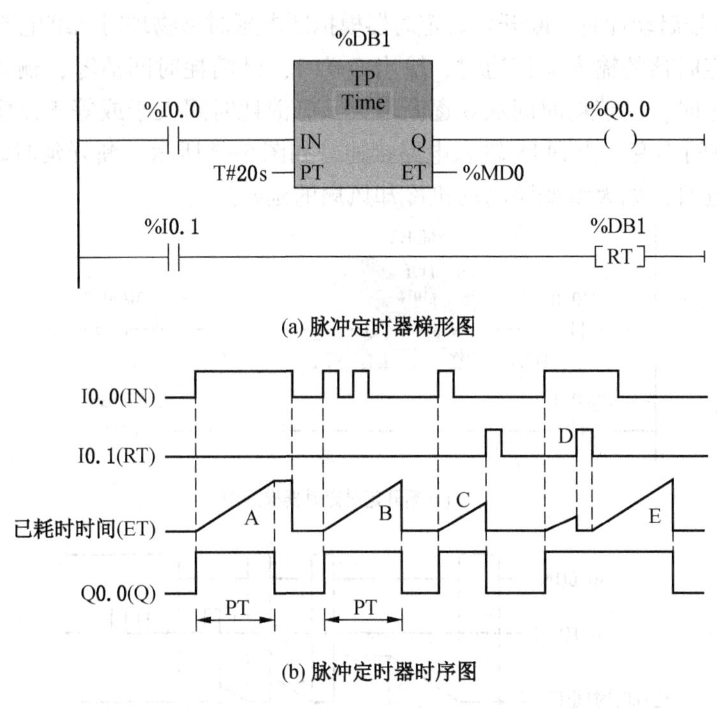

(a) 脉冲定时器梯形图

(b) 脉冲定时器时序图

图 5-3　脉冲定时器工作过程

【例】　用脉冲定时器指令设计输出脉冲周期和占空比可调的振荡电路，实现定时闪烁控制。要求：接通 3 s，断开 2 s（闪烁电路）。

解 基于脉冲定时器的闪烁电路程序设计如图 5-4 所示。

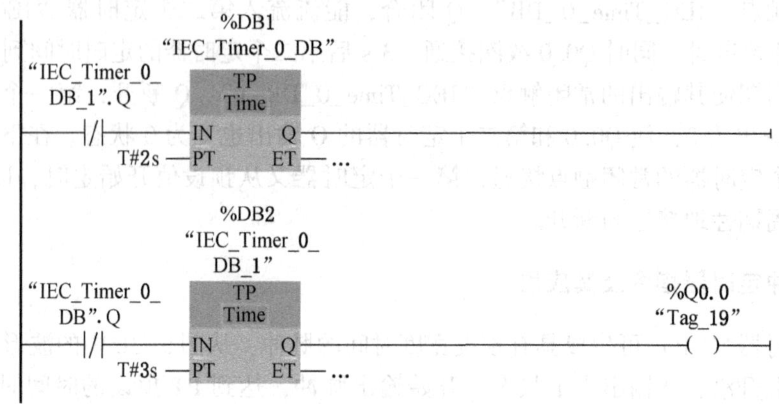

图 5-4 基于脉冲定时器的闪烁电路程序设计

三、断开延时定时器指令及其应用

当输入端（IN）为 1 时，断开延时定时器（TOF）的位值立即置为 1，并将预设值置为 0。当 IN 为 0 时，定时器开始计时，当 TOF 耗尽预设值时间时，定时器的位值立即置为 0，并停止计时。TOF 指令必须用负跳变（由 ON 到 OFF）的输入信号启动计时。断开延时定时器模拟断电延时型物理时间继电器。

接通延时关断延时定时器

断开延时定时器的输入端接通时，输出 Q 为 1，已消耗时间清零，输入电路由接通变为断开时开始定时，已消耗时间从 0 逐渐增大，已消耗时间大于或等于设定时间，输出变为 0，已消耗时间不变，直到 IN 输入电路接通，如图 5-5 所示。断开延时定时器主要用于设备停止后的延时，如大型变频电动机冷却风扇的延时运行。

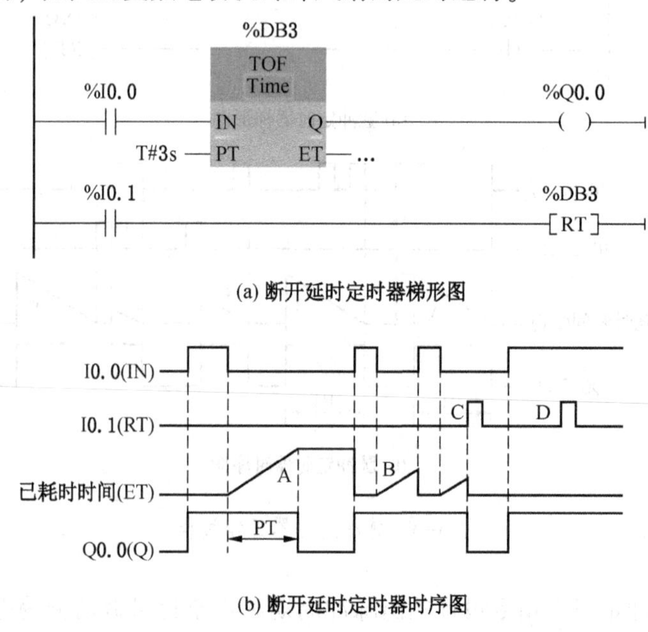

(a) 断开延时定时器梯形图

(b) 断开延时定时器时序图

图 5-5 断开延时定时器工作过程

图 5-5 中，输入 IN（I0.0）的输入由 1 变为 0 状态，定时器开始定时，3 s 后，定时时间到，Q0.0 输出端为 1。注意，当输入 IN 为高电平时，定时器复位指令不起作用。

输入 I0.1 为 1 状态时，定时器复位线圈 RT 接通，定时器复位，已消耗时间清零，Q 输出端为 0；I0.1 变为 0 状态时，如果 IN（I0.0）输入再次由 1 变为 0 状态，则重新开始定时。

四、保持型接通延时定时器指令及其应用

保持型接通延时定时器（TONR）的输入电路 IN 接通开始定时，输入电路断开，累计已消耗时间保持不变。可用于累计输入电路接通的若干时间间隔。

输入 IN（I0.0）的输入由 0 变为 1 状态，定时器开始定时，3 s 后，定时时间到，Q0.0 输出端为 1，I0.0 输入由 1 变为 0 状态，Q0.0 输出状态仍然为 1。复位输入 I0.1 为 1 状态时，TONR 复位，其累计时间变为 0，同时输出变为 0，如图 5-6 所示。

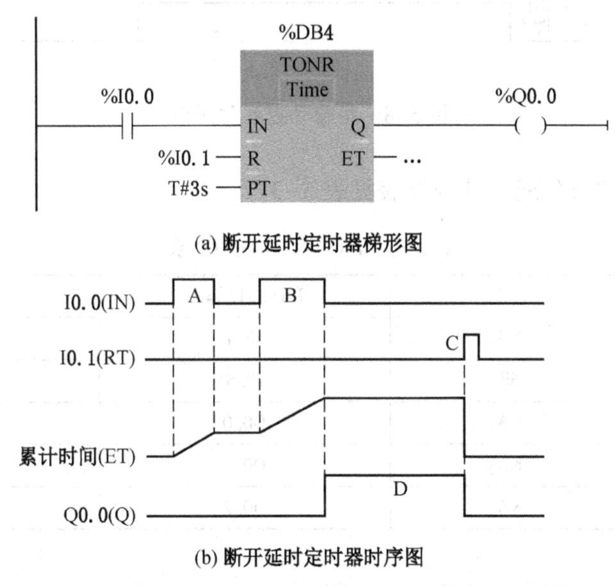

图 5-6 保持型接通延时定时器工作过程

【例】 三级皮带运输机顺序启动逆序停止控制示意图如图 5-7 所示，为避免运送的物料在运输带上堆积，按下启动按钮，1 号运输带开始运行，10 s 后 2 号运输带自动启动，再过 10 s 后 3 号运输带自动启动。停机的顺序与启动的顺序刚好相反，即按下停止按钮后 3 号运输带停机，10 s 后 2 号运输带停机，再过 10 s 后 1 号运输带停机。

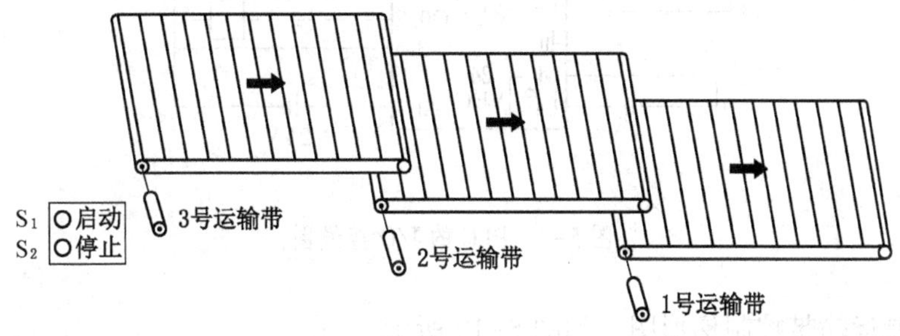

图 5-7 顺序启动逆序停止控制示意图

（1）将控制要求转化为时序图，运输带控制时序图如图 5-8 所示。

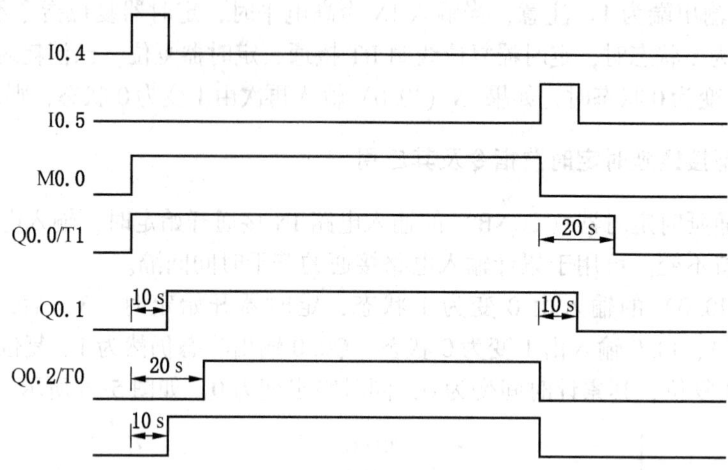

图 5-8　运输带控制时序图

（2）确定 I/O 端口分配，其分配表见表 5-3。

表 5-3　I/O 端口分配表

类别	元件	I/O 端口编号	备注
输入	SB_1	I0.4	启动按钮
	SB_2	I0.5	停止按钮
输出	KA_1	Q0.0	1 号运输带
	KA_2	Q0.1	2 号运输带
	KA_3	Q0.2	3 号运输带

（3）绘制 I/O 接线图并正确接线，如图 5-9 所示。

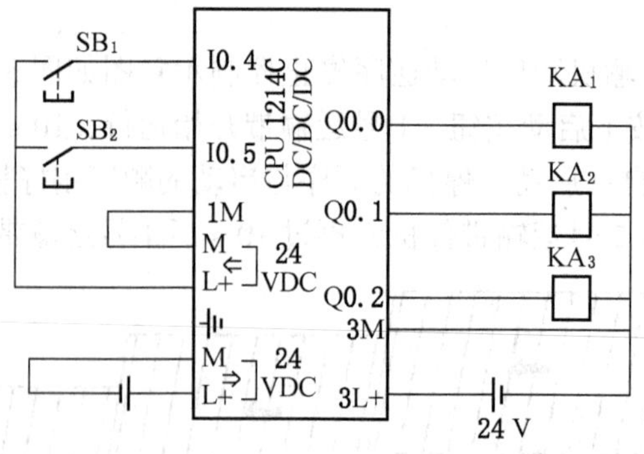

图 5-9　PLC 的 I/O 接线图

（4）绘制运输带控制梯形图，如图 5-10 所示。

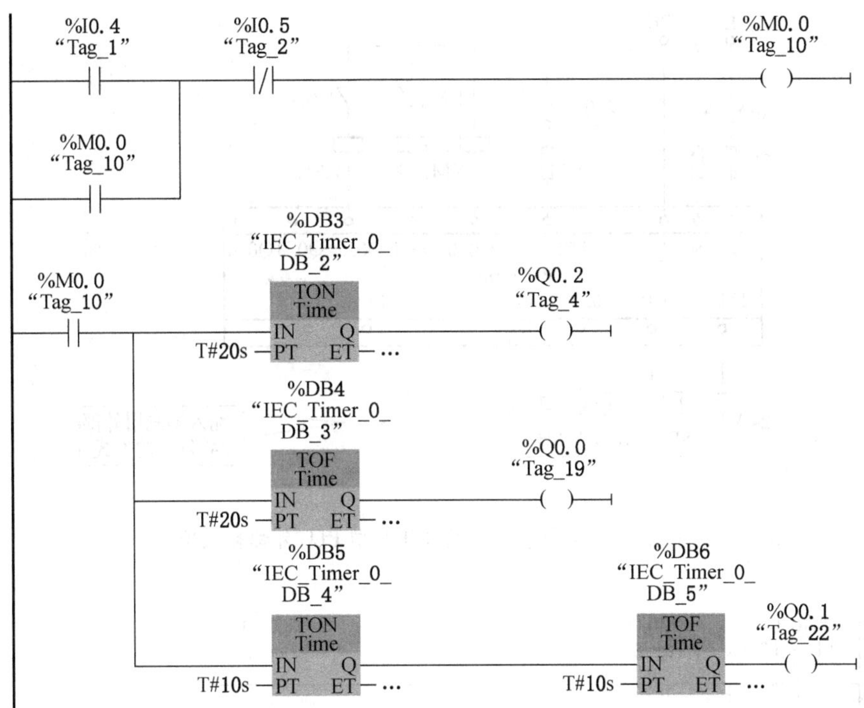

图 5-10　运输带控制梯形图

任务实施：电动机星三角降压启动

控制要求：电动机启动时，将定子绕组接成星形，以降低启动电压，减小启动电流；待电动机启动后，再过 5 s，将定子绕组改接成三角形，使电动机全压运行。

1. 电动机　Y-△降压启动控制 I/O 地址分配表

控制要求列出所需的输入/输出接口，并为其分配相应的地址 I/O 接口。其分配表见表 5-4。

表 5-4　电动机 Y-△降压启动控制 I/O 分配表

输入（I）			输入（O）		
输入端	输入（I）	功能	输出端	输出元件	功能
10. 0	输入元件	启动按钮	Q0. 0	KM_1	电源接触器
10. 1	SB_1	停止按钮	00. 1	KM_2	星形连接接触器
10. 2	SB_2	过载	00. 2	KM_3	三角形连接接触器

2. 电动机 Y-△降压启动控制 PLC 接线图

根据表 5-4 和控制要求，设计其 PLC 外部接线图如图 5-11 所示。

3. 电动机 Y-△降压启动控制程序

电动机 Y-△降压启动控制程序如图 5-12 所示。

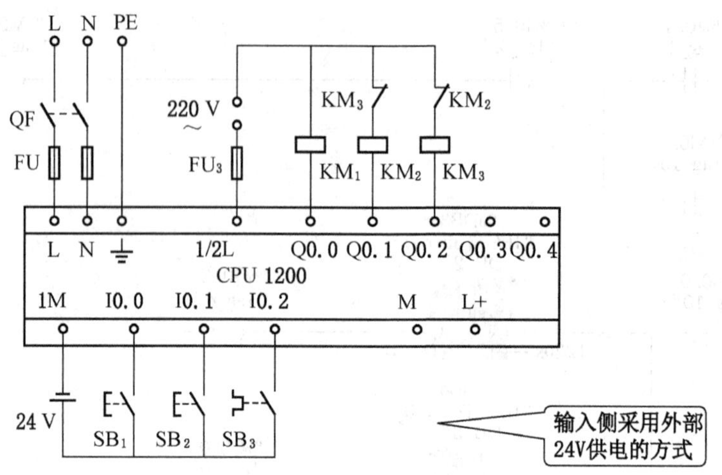

图 5-11　电动机星三角降压启动 PLC 外部接线图

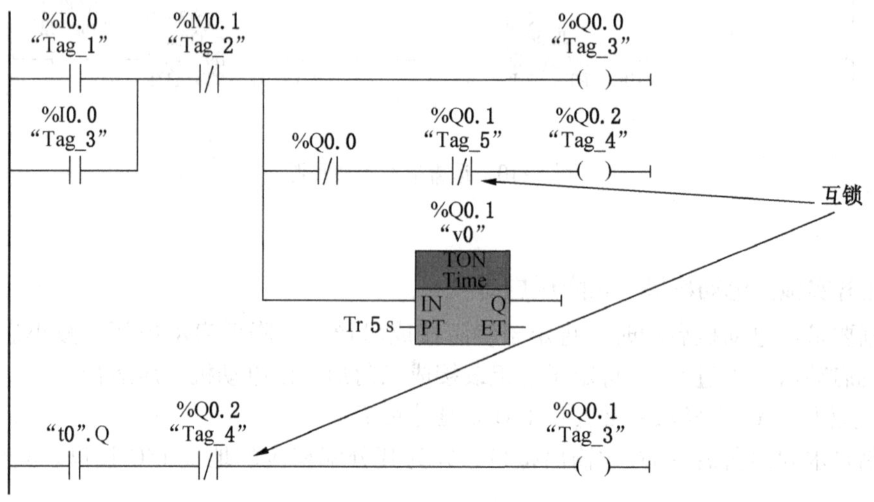

图 5-12　电动机 Y-△降压启动控制程序

任务拓展：基于定时器指令的交通灯控制

十字路口交通灯控制是生活中常见的控制项目，本节我们将采用定时器的方法，实现该控制效果，交通灯控制要求如图 5-13 所示。

十字路口交通灯控制系统设计-定时器法

1. 控制要求

按下启动开关 I0. 0，交通信号灯系统开始工作，东西方向，按照东西绿灯亮 28 s、东西黄灯闪烁 3 s、东西红灯亮 31 s 的方式；南北方向，按照南北红灯亮 31 s、南北绿灯亮 28 s、南北黄灯闪烁 3 s 的方式进行工作。一个完整的循环周期为 62 s。

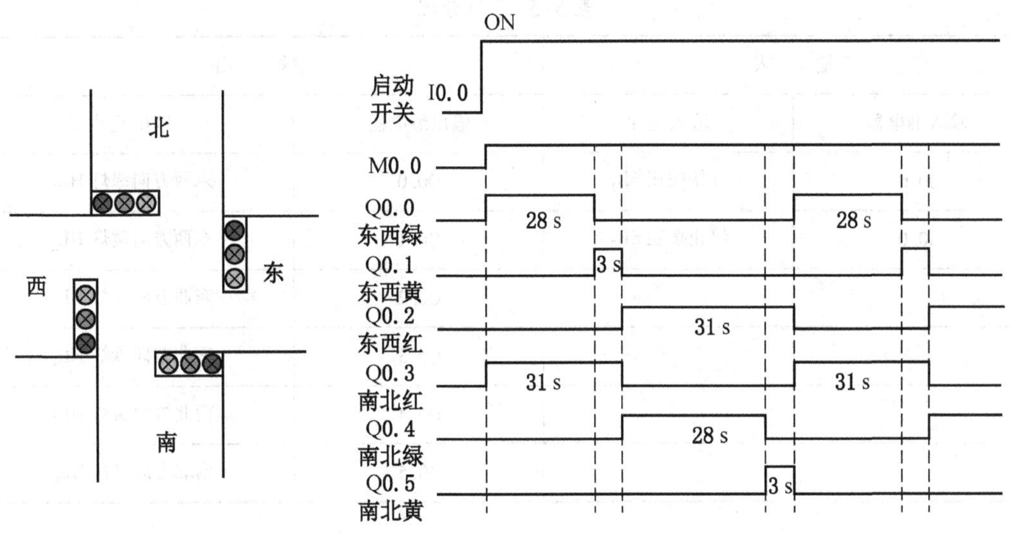

图 5-13　交通灯控制要求

控制要求分析如图 5-14 所示。南北方向，在 0~28 s 时，绿灯亮，28~31 s 黄灯闪烁；31~62 s 红灯亮；东西方向，0~31 s 时，红灯亮，31~59 s 绿灯亮，59~62 s 黄灯闪烁。工作周期为 62 s。

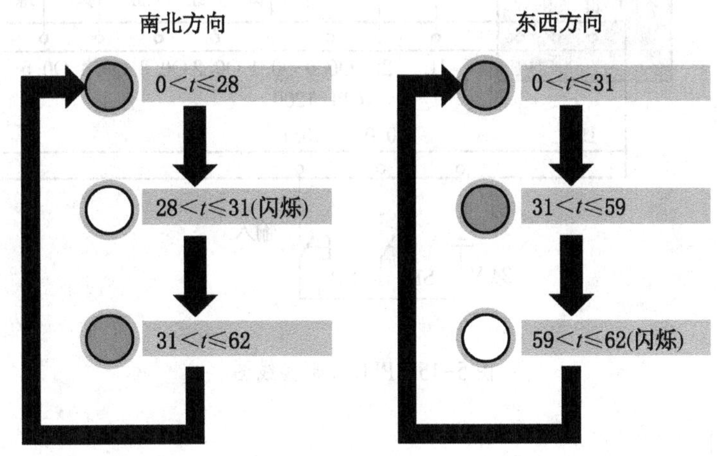

图 5-14　控制要求分析

2. 硬件设计

硬件设计，首先进行 I/O 口分配，见表 5-5。

分配 I0.0 为开始按钮，I0.1 为停止按钮；Q0.0、Q0.1、Q0.2 分别为东西绿灯、黄灯和红灯；Q0.3、Q0.4、Q0.5 分别为南北绿灯、黄灯和红灯。

硬件设计之 PLC 外部接线图如图 5-15 所示。

表 5-5　I/O 分配

输　入		输　出	
输入继电器	输入元件	输出继电器	输出元件
I0.0	开始按钮 SB_1	Q0.0	东西方向绿灯 HL_1
I0.0	停止按钮 SB_2	Q0.1	东西方向黄灯 HL_2
		Q0.2	东西方向红灯 HL_3
		Q0.3	南北方向绿灯 HL_4
		Q0.4	南北方向黄灯 HL_5
		Q0.5	南北方向红灯 HL_6

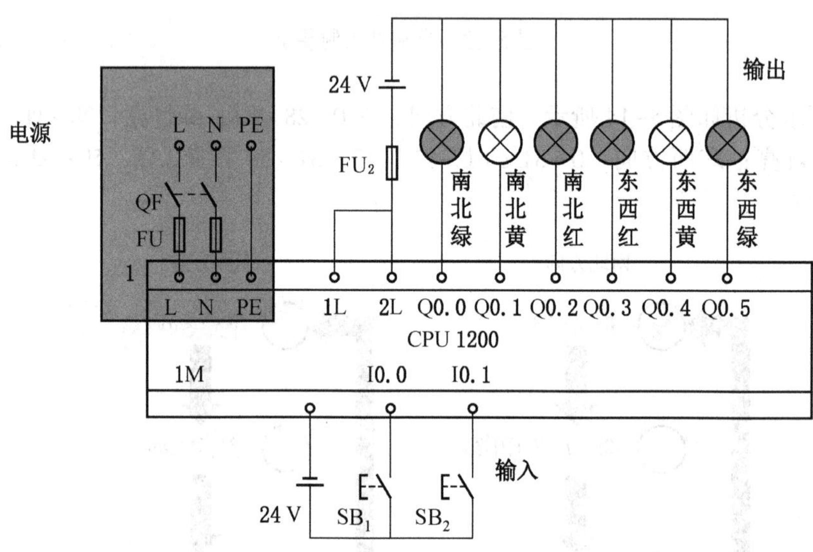

图 5-15　PLC 外部接线图

3. 软件设计

在十字路口交通灯控制系统的软件程序设计中，需要几个定时器呢?

(1) 0~28 s，南北绿，可以用开始线圈的常开触点和 28 s 定时器的常闭触点实现。

(2) 28~31 s，南北黄，可以用 28 s 定时器常开触点和 31 s 定时器的常闭触点实现。

(3) 31~62 s，南北红，可以用 31 s 定时器常开触点和 62 s 定时器的常闭触点实现。

(4) 0~31 s，东西红，可以用开始线圈的常开触点和 31 s 定时器的常闭触点实现。

(5) 31~59 s，东西绿，可以用 31 s 定时器常开触点和 59 s 定时器的常闭触点实现。

(6) 59~62 s，东西黄，可以用 59 s 定时器常开触点和 62 s 定时器的常闭触点实现。

根据控制要求，十字路口交通灯程序设计如图 5-16 所示。

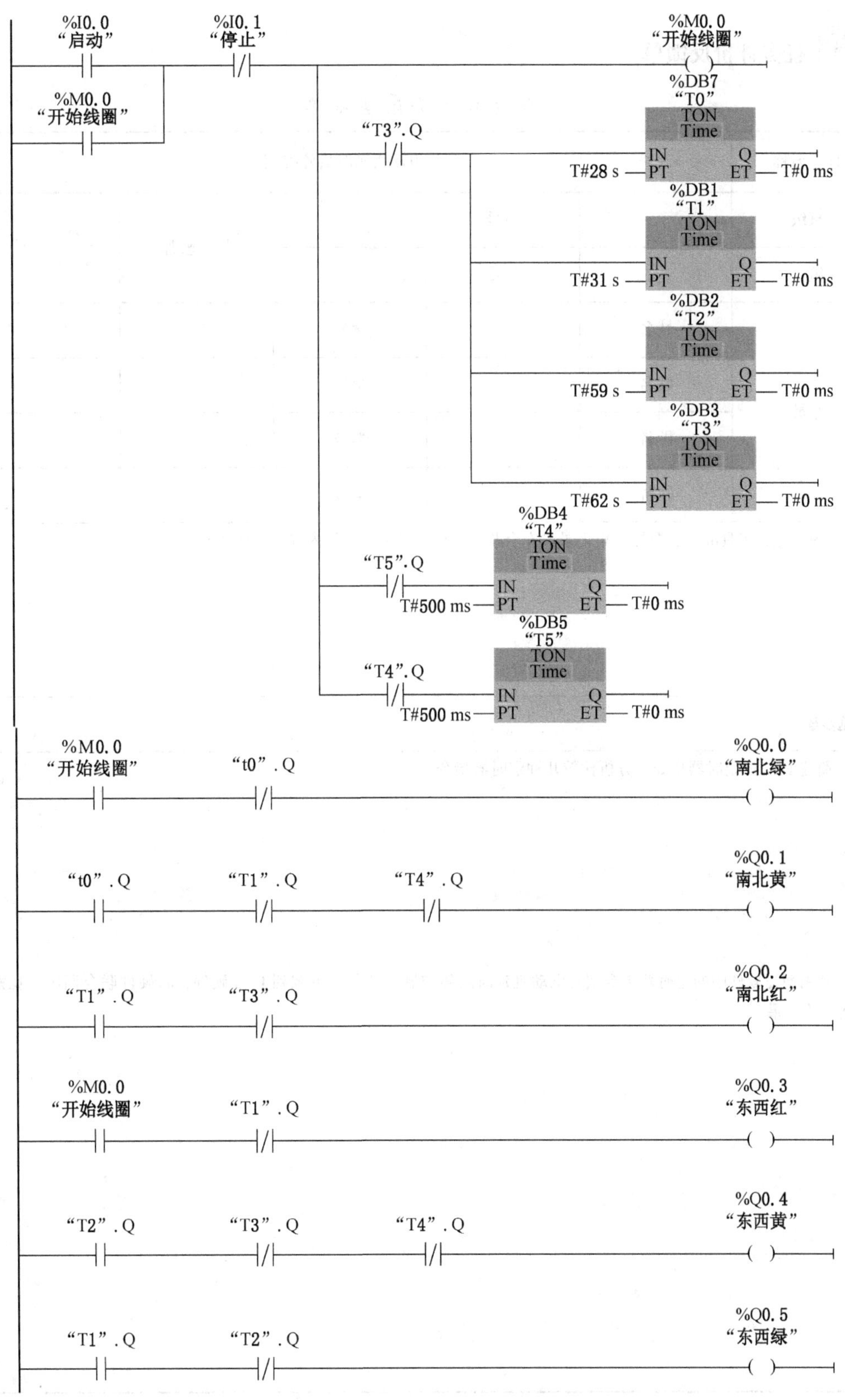

图 5-16　十字路口交通灯程序设计

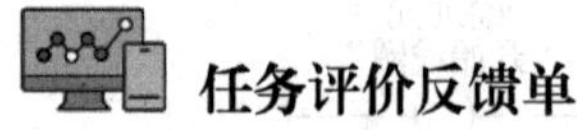

任务评价反馈单

学 生 任 务 分 配 实 施 单

任务名称	电动机延时启停控制				
班级		组号		指导教师	
组长		学号			
组员	姓名		学号		
	姓名		学号		
	姓名		学号		
	姓名		学号		

（就组织讨论、工具准备、数据采集记录、安全监督、成果展示等工作内容进行任务分工）

实施步骤

（1）简述 PLC 的定时器指令，分析比较几种定时器指令。

（2）利用博途软件中的定时器指令实现电动机延时启停控制，将程序下载到 PLC 硬件，软硬件联合调试，观察并描述实验效果。

经验记录单

<table>
<tr><td>任务名称</td><td colspan="4">电动机延时启停控制</td></tr>
<tr><td>班级</td><td></td><td>姓名</td><td></td><td rowspan="2">指导教师</td><td rowspan="2"></td></tr>
<tr><td>学号</td><td></td><td>组号</td><td></td></tr>
<tr><td colspan="6">总结与经验</td></tr>
<tr><td colspan="6"></td></tr>
<tr><td colspan="6">实验过程中，出现了哪些问题？你是如何解决的？</td></tr>
<tr><td colspan="6">问题 1：
解决方法：

问题 2：
解决方法：

问题 3：
解决方法：</td></tr>
</table>

各小组互评打分表

<table>
<tr><td>姓名</td><td></td><td colspan="2">学号</td><td colspan="2"></td><td colspan="2">班级</td><td colspan="2"></td><td colspan="2">组别</td><td colspan="2"></td></tr>
<tr><td colspan="2">实训任务</td><td colspan="12">电动机延时启停控制</td></tr>
<tr><td rowspan="2">评价项目</td><td rowspan="2">分值</td><td colspan="4">等级</td><td colspan="8">评价对象（组别）</td></tr>
<tr><td>A</td><td>B</td><td>C</td><td>D</td><td>1</td><td>2</td><td>3</td><td>4</td><td>5</td><td>6</td><td>7</td><td>8</td></tr>
<tr><td>方案合理</td><td>20</td><td>20</td><td>15</td><td>10</td><td>5</td><td></td><td></td><td></td><td></td><td></td><td></td><td></td><td></td></tr>
<tr><td>团队合作</td><td>20</td><td>20</td><td>15</td><td>10</td><td>5</td><td></td><td></td><td></td><td></td><td></td><td></td><td></td><td></td></tr>
<tr><td>工作质量</td><td>20</td><td>20</td><td>15</td><td>10</td><td>5</td><td></td><td></td><td></td><td></td><td></td><td></td><td></td><td></td></tr>
<tr><td>工作规范</td><td>20</td><td>20</td><td>15</td><td>10</td><td>5</td><td></td><td></td><td></td><td></td><td></td><td></td><td></td><td></td></tr>
<tr><td>PPT/演示展示</td><td>20</td><td>20</td><td>15</td><td>10</td><td>5</td><td></td><td></td><td></td><td></td><td></td><td></td><td></td><td></td></tr>
<tr><td>合计</td><td>100</td><td colspan="4">各组得分</td><td></td><td></td><td></td><td></td><td></td><td></td><td></td><td></td></tr>
</table>

总结与反思

（如：在本次任务实施过程中遇到了什么问题→如何解决的/解决不了的原因→本次任务心得体会）

教师评价打分表

姓名		学号		班级		组别	

实训任务			电动机延时启停控制		
评价项目			评价标准	分值	得分
考勤（10%）			未出现无故迟到、早退和旷课的现象	10	
工作过程（60%）	知识目标	获取信息	掌握工作相关知识	10	
		进行表决	制订工作方案，方案合理可行	10	
	技能目标	任务实施	能够熟练操作博途软件	5	
			能够利用博途软件完成程序的编写与调试	5	
			能够利用博途软件进行程序的仿真与监控	5	
			软硬件结合，完成任务的控制与讲解演示	5	
	素养目标	工作态度	认真严谨、积极主动、安全生产、文明施工	5	
		团队合作	与小组成员、同学之间合作交流、协作工作	5	
		工作质量	能按照工作方案操作，按计划完成工作任务	10	
项目成果（30%）		工作完整	能按时完成工作任务的所有环节	10	
		工作规范	过程中规范操作，避免意外事故发生	10	
		汇报展示	能准确表达、汇报工作成果	10	
合计				100	

综合评价	学生评价（50%）	教师评价（50%）	综合得分
综合评语	（作业过程中存在的问题及改进建议）		

任务二　运料小车往返运行控制

任务描述

工厂运输主要采用叉车及运料小车。叉车需专人驾驶且无固定轨道，在车间内运行极不安全；手推运料小车需人为动力，劳动强度大，运输效率低。随着经济的发展，运料小车不断扩大到工业运输的各领域，从手动到自动，逐渐转化为机械化、自动化。目前，自动运料小车在煤矿、仓库、港口车站、矿井等行业被广泛应用，可实现运料小车的自动化控制，降低系统的运行费用。

任务分析

在运料小车自动往返控制中，通常需要在送料、卸料和装料过程中用到定时功能，因此需要引入定时器指令。在往来多次的送料过程中，为实现固定次数的装料或卸料，需要用到计数功能，因此需要引入计数器指令。利用定时器+计数器的强强联合，可实现更丰富的控制功能。

PLC 的计数器指令

S7-1200 有 3 种计数器：加计数器（CTU）、减计数器（CTD）和加减计数器（CTUD）。它们属于软件计数器，其最大计数速率受其所在 OB 执行速率的限制，如果需要速率更高的计数器，可以使用 CPU 内置的高速计数器。调用计数器指令时，需要生成保存计数器数据的背景数据块。计数器的参数见表 5-6。

表 5-6　计数器的参数

参　数	数据类型	说　　明
CU、CD	Bool	加计数或减计数，按加 1 或减 1 计数
R（CTU、CTUD）	Bool	将计数值重置为零
LOAD（CTD、CTUD）	Bool	预设值的装载控制
PV	SInt、Int、DInt、UInt、UDInt	预设计数值
QU	Bool	CV≥PV 时为真
QD	Bool	CV≤0 时为真
CV	SInt、Int、DInt、UInt、UDInt	当前计数值

CU（CountUp）和 CD（CountDown）分别为加计数输入和减计数输入，在 CU 或 CD 由 0 变为 1 时，实际计数值 CV 加 1 或减 1。复位输入 R 为 1 时，计数器复位，CV 清 0，计数器的输出 Q 变为 0。LD 为 1，将预设值 PV 装入计数器的当前值。

3 种计数器指令的比较见表 5-7。

表 5-7　3 种计数器指令的比较

计数器类型	指令格式	计数方式	计数器位ON	计数器复位
CTU	CTU Int CU　Q R　CV PV	CU输入端的每个上升沿，CV加1，达到指定数据类型上限值后不再增加	CV≥PV时，Q=1；反之，Q=0	复位输入端R=1;或对计数器执行复位指令
CTUD	CTUD DInt CU　QU CD　QD R　CV LD PV	CU输入的每个上升沿，CV加1,达到指定数据类型上限值后不再增加；CD输入的每个上升沿，CV减1，达到指定数据类型下限值后不再减少	CV≥PV时，QU=1；反之，QU=0 CV≤0时，QD=1；反之，QD=0	复位输入端R=1;或对计数器执行复位指令
CTD	CTD Int CD　Q LD　CV PV	CD输入端的每个上升沿，计数器计数1次，实际值减少一个单位	CV≤0时，Q=1；反之，Q=0	复位输入端R=1;或对计数器执行复位指令

计数值的数值范围取决于所选的数据类型：如果计数值是无符号整数，则可以减计数到零或加计数到范围上限值；如果计数值是有符号整数，则可以减计数到负整数下限值或加计数到正整数上限值。

一、加计数器指令

加计数器指令（CTU）参数 CU 的值从 0 变为 1 时，CTU 使计数值加 1，直到 CV 达到指定数据类型的上限值，此后，CU 状态变化，CV 值不再增加。如果参数 CV（当前计数值）的值大于或等于参数 PV（预设值）的值，则计数器输出参数 Q=1。如果复位参数 R 的值从 0 变为 1，则当前计数值 CV 复位为 0。在第一次执行程序时，CV 清零。加计数器指令的基本应用及时序如图 5-17 所示。

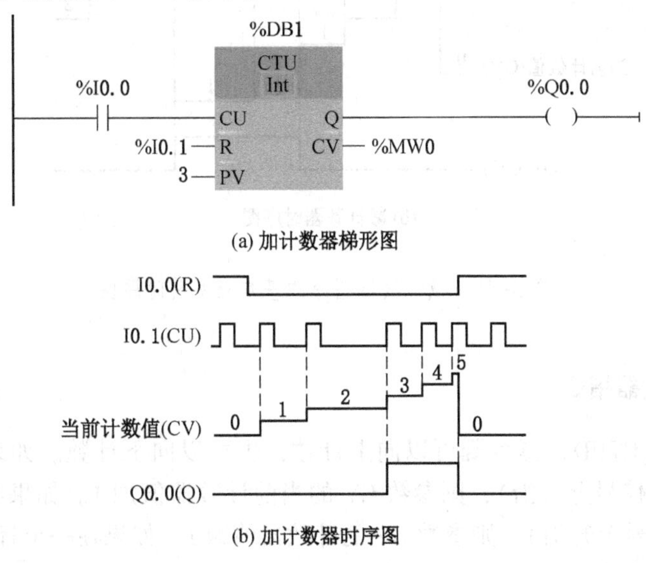

(a) 加计数器梯形图

(b) 加计数器时序图

图 5-17　加计数器指令的基本应用及时序图

当接在 R 输入端的复位输入 I0.1 为 0 状态，接在 CU 输入端的加计数脉冲从 0 到 1 时，计数值 CV 加 1，直到 CV 达到指定数据类型的上限值。此后 CU 输入的状态变化不再起作用，即 CV 的值不再增加。

当计数值 CV 大于或等于预置计数值 PV 时，输出 Q 变为 1 状态，反之，输出 Q 为 0 状态。第一次执行指令时，CV 清零。

各类计数器的复位输入 R 为 1 状态时，计数器复位，输出 Q 变为 0 状态，CV 清零。

二、减计数器指令

减计数器指令功能：计量减计数输入端的脉冲个数，达到指定数据类型下限后将不再减少，减计数器指令的基本应用及时序如图 5-18 所示。

减计数器的输入 LD 为 1 状态时，输出 Q 复位为 0，并将预置计数值 V 的值装入 CV。

在减计数器的上升沿，当前计数值 CV 减 1，直到 CV 达到指定数据类型的下限值。此后 CD 输入的状态变化不再起作用，CV 的值不再减小。

当前计数值 CV 小于或等于 0 时，输出 Q 为 1 状态，反之，输出 Q 为 0 状态。第一次执行指令时，CV 值清零。

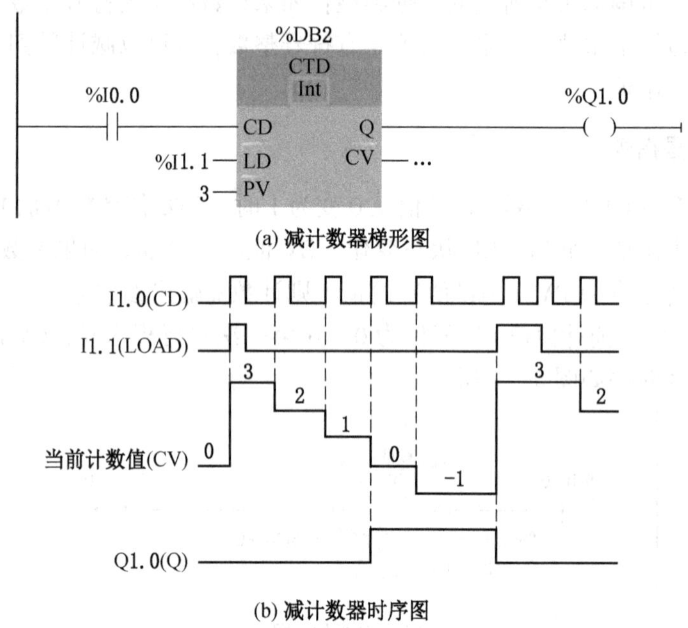

图 5-18　减计数器指令的基本应用及时序图

三、加减计数器指令

加减计数器（CTUD）指令既可以向上计数，也可以向下计数。如果参数 CU 的信号状态从 0 变为 1（信号上升沿），则参数 CV 的当前计数器值加 1。如果参数 CD 的信号状态从 0 变为 1（信号上升沿），则参数 CV 的计数器值减 1。如果在一个程序周期内输入 CU 和 CD 都出现了一个信号上升沿，则参数 CV 的当前计数器值保持不变。

计数器值达到参数 CV 指定数据类型的上限后，停止递增。达到上限后，即使出现信号上升沿，计数器值也不再递增。达到指定数据类型的下限后，计数器值便不再递减。

当参数 LD 中的信号状态变为 1 时，参数 CV 的计数器值会设置为参数 PV 的值。只要参数 LD 的信号状态为 1，参数 CU 和 CD 的信号状态就不会影响该指令。

当 R 参数的信号状态变为 1 时，计数器值置位为 0。只要 R 参数的信号状态仍为 1，参数 CU、CD 和 LD 信号状态的改变就不会影响“加减计数”指令。

加减计数器指令的基本应用及时序如图 5-19 所示。

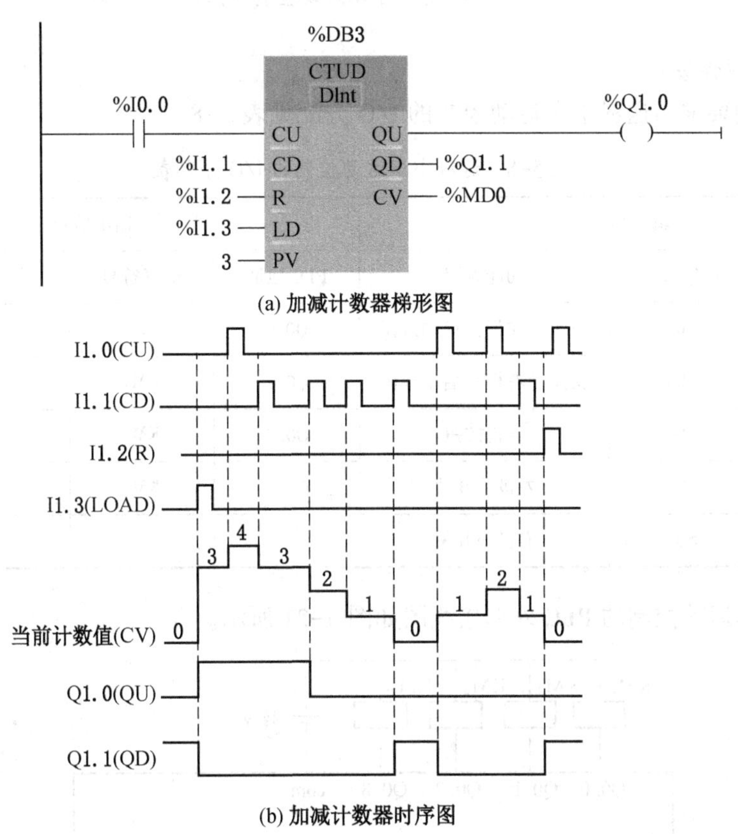

(a) 加减计数器梯形图

(b) 加减计数器时序图

图 5-19　加减计数器指令的基本应用及时序图

 任务实施：送料小车往返运行控制

送料小车运动是自动化物流系统的重要组成环节，送料小车运动控制示意图如图 5-20 所示。

基于 PLC 的送料小车往返运动控制

1. 控制要求分析

按左行启动按钮，向左行，走到最左边装料 15 s。15 s 后自动右行，走到最右边卸料 10 s。10 s 后自动左行。不断循环，直至按下停止按钮。

按右行启动按钮，向右行，走到最右边卸料 10 s；10 s 后自动左行，走到最左边装料 15 s；15 s 后自动右行。不断循环，直至按下停止按钮。

图 5-20　送料小车运动控制示意图

2. PLC 硬件设计

根据控制要求，送料小车运动控制的 I/O 分配见表 5-8。

表 5-8　送料小车运动控制的 I/O 分配表

输入信号			输出信号		
PLC 地址	电气符号	功能说明	PLC 地址	电气符号	功能说明
I0.0	SB_1	正向（左行）启动按钮	Q0.0	KM_1	左行（正转）
I0.1	SB_2	反向（右行）启动按钮	Q0.1	KM_2	右行（反转）
I0.2	SB_3	停止按钮	Q0.2	KM_3	装料
I0.3	SQ_1	左极限开关	Q0.3	KM_4	卸料
I0.4	SQ_2	右极限开关			

送料小车运动控制的 PLC 外部接线图如图 5-21 所示。

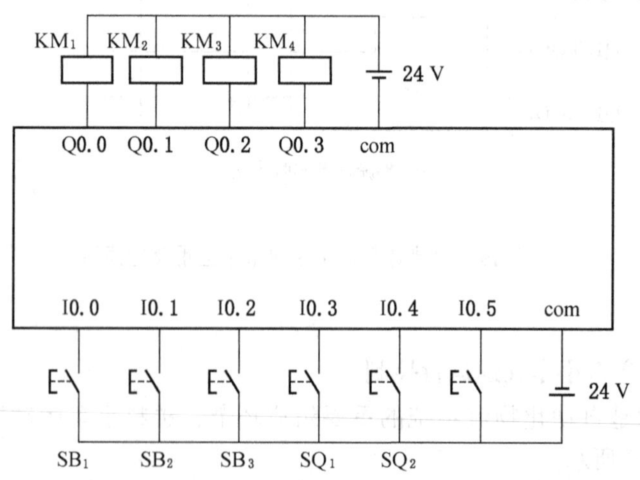

图 5-21　送料小车运动控制的 PLC 外部接线图

送料小车往返运动——博途软件仿真调试

3. 软件程序设计

送料小车软件程序设计如图 5-22 所示。

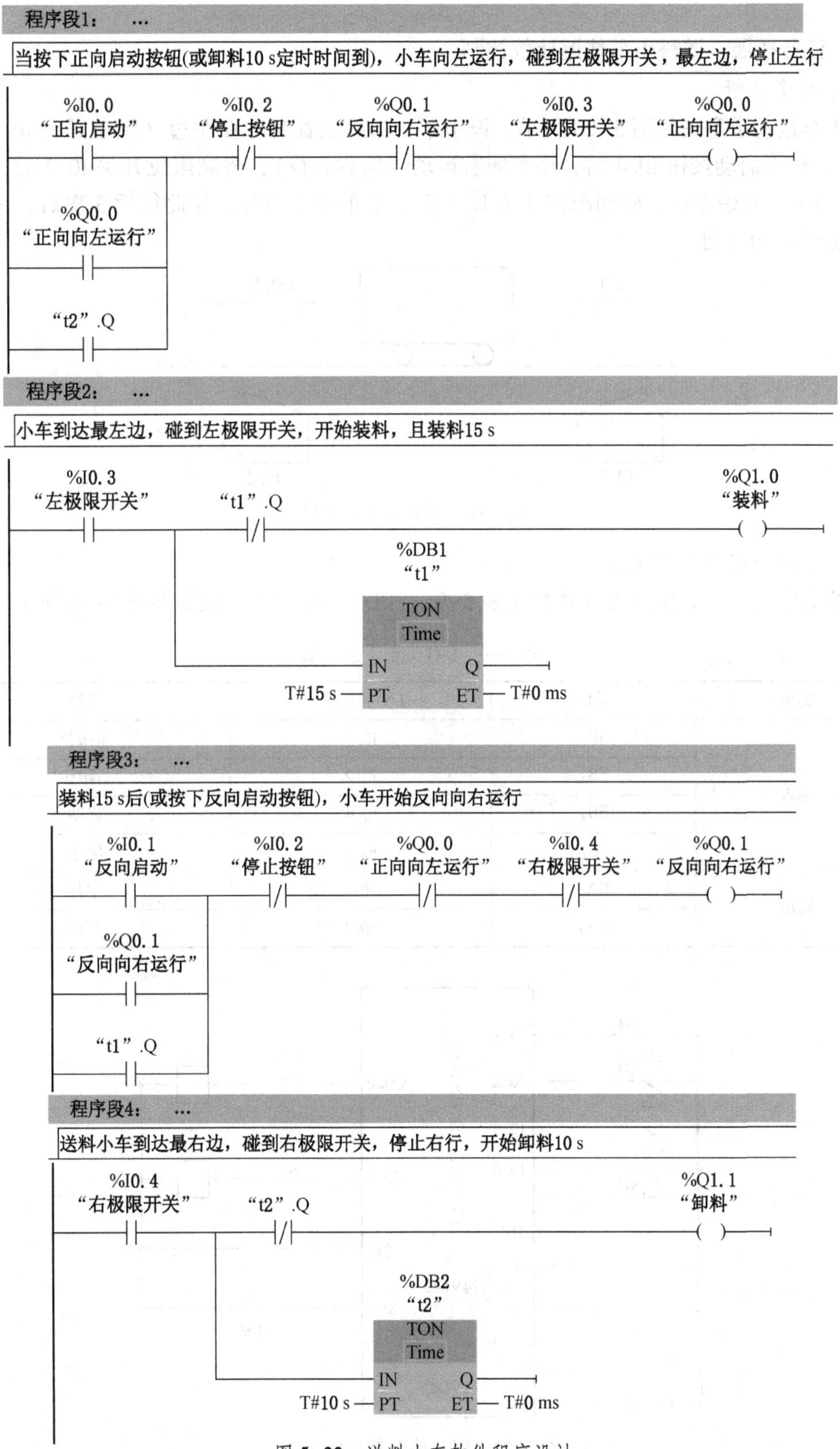

程序段1： ...

当按下正向启动按钮(或卸料10 s定时时间到)，小车向左运行，碰到左极限开关，最左边，停止左行

%I0.0 "正向启动"　%I0.2 "停止按钮"　%Q0.1 "反向向右运行"　%I0.3 "左极限开关"　%Q0.0 "正向向左运行"

%Q0.0 "正向向左运行"

"t2".Q

程序段2： ...

小车到达最左边，碰到左极限开关，开始装料，且装料15 s

%I0.3 "左极限开关"　"t1".Q　%Q1.0 "装料"

%DB1 "t1"

TON Time

IN　Q

T#15 s — PT　ET — T#0 ms

程序段3： ...

装料15 s后(或按下反向启动按钮)，小车开始反向向右运行

%I0.1 "反向启动"　%I0.2 "停止按钮"　%Q0.0 "正向向左运行"　%I0.4 "右极限开关"　%Q0.1 "反向向右运行"

%Q0.1 "反向向右运行"

"t1".Q

程序段4： ...

送料小车到达最右边，碰到右极限开关，停止右行，开始卸料10 s

%I0.4 "右极限开关"　"t2".Q　%Q1.1 "卸料"

%DB2 "t2"

TON Time

IN　Q

T#10 s — PT　ET — T#0 ms

图 5-22　送料小车软件程序设计

任务拓展：送料小车往返计数控制

1. 任务分析

小车运动示意图如图 5-23 所示。设小车在初始位置时停在左边（限位开关 I0.1 为 1 状态），按下启动按钮 I0.4 后，小车向右运动（简称右行），碰到限位开关 I0.2 后，停在该处，3 s 后开始左行，碰到限位开关 I0.1 后，小车继续右行。如此往返 3 次后，小车停在限位开关 I0.1 处。

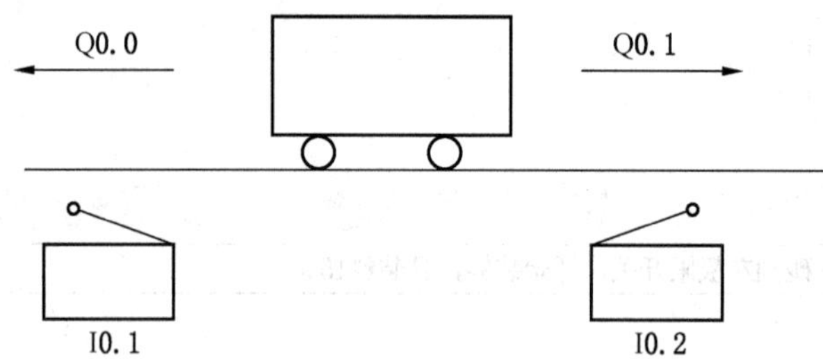

图 5-23 小车运动示意图

2. I/O 分配及硬件接线

综上分析，对 I/O 点进行分配（表 5-9）。PLC 的外部 I/O 接线如图 5-24 所示。

表 5-9 I/O 点 分 配

类别	元件	I/O 点编号	备注
输入	SB_1	I0.1	左限位
	SB_2	I0.2	右限位
	SB_3	I0.4	启动
	SB_4	I0.5	停止
输出	KA_1	Q0.0	左行
	KA_2	Q0.1	右行

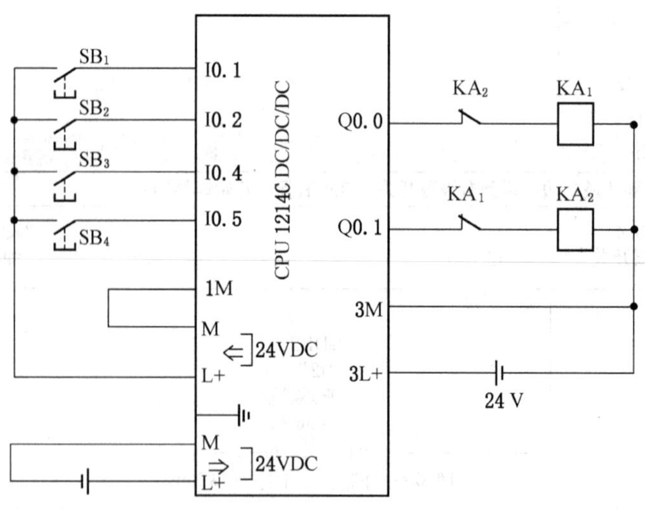

图 5-24 PLC 的外部 I/O 接线

从 PLC 的外部接线图可以看出，所有的输入开关均采用常开触点，当输入开关接通时，对应的输入元件接通，即为得电状态。

3. 梯形图设计

根据图 5-24 设计梯形图程序，如图 5-25 所示，M10.0 用于激活初始步 M0.0。

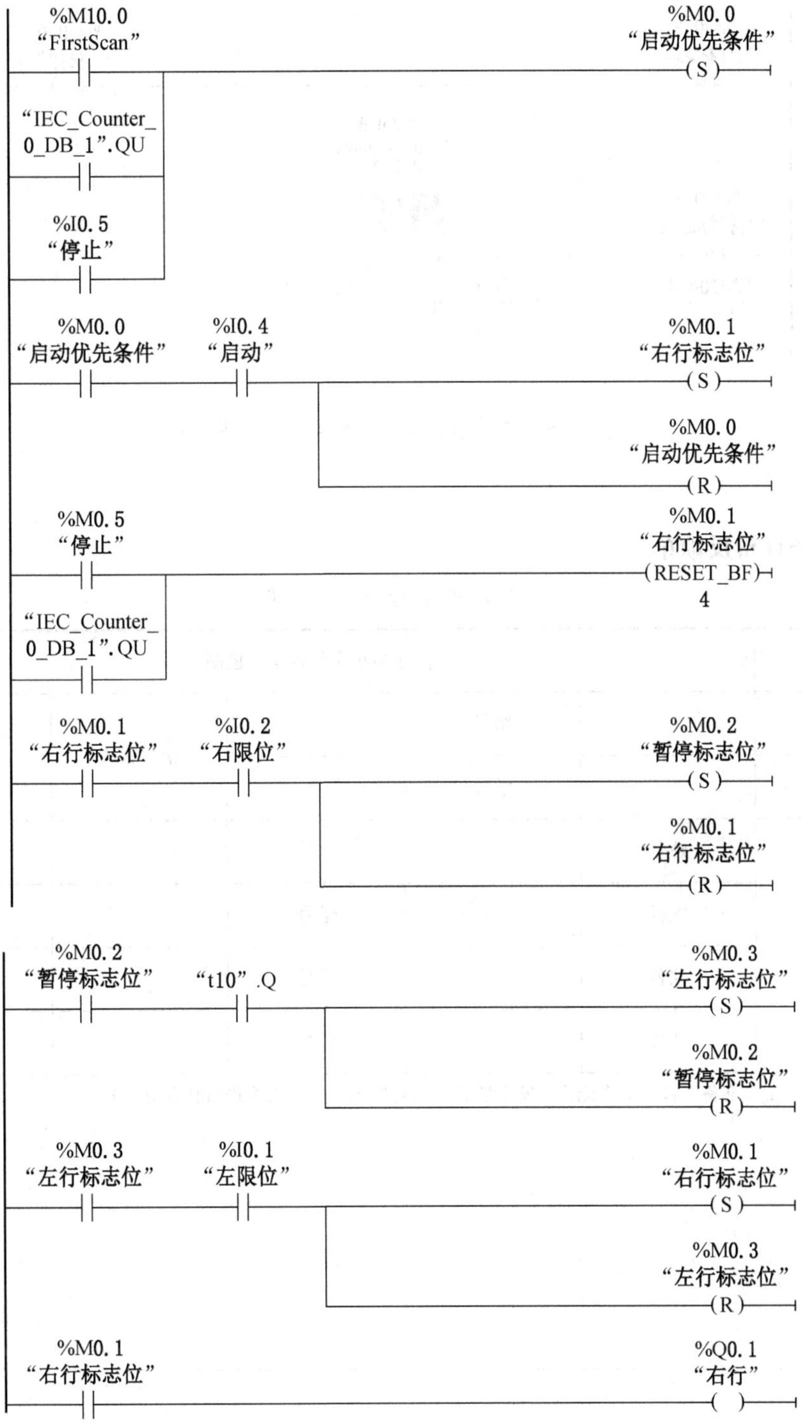

%M10.0
"FirstScan"
"IEC_Counter_0_DB_1".QU
%I0.5
"停止"
%M0.0
"启动优先条件"
(S)

%M0.0
"启动优先条件"
%I0.4
"启动"
%M0.1
"右行标志位"
(S)
%M0.0
"启动优先条件"
(R)

%M0.5
"停止"
"IEC_Counter_0_DB_1".QU
%M0.1
"右行标志位"
(RESET_BF)
4

%M0.1
"右行标志位"
%I0.2
"右限位"
%M0.2
"暂停标志位"
(S)
%M0.1
"右行标志位"
(R)

%M0.2
"暂停标志位"
"t10".Q
%M0.3
"左行标志位"
(S)
%M0.2
"暂停标志位"
(R)

%M0.3
"左行标志位"
%I0.1
"左限位"
%M0.1
"右行标志位"
(S)
%M0.3
"左行标志位"
(R)

%M0.1
"右行标志位"
%Q0.1
"右行"
( )

```
%DB5
"t10"
%M0.2
"暂停标志位"              TON
                          Time
──┤├──────────── IN          Q ──┤
           T#3 s ─ PT         ET ─ …

%M0.3                                        %Q0.0
"左行标志位"                                  "左行"
──┤├──────────────────────────────────────────( )──┤

                          %DB6
                     "IEC_Counter_
                        0_DB_1"
%M0.1
"右行标志位"               CTU
                           Int
──┤P├──────────────── CU          Q ──┤
%M100.0          %I0.4 ─              CV ─ …
"Tag_1"         "启动" ─ R
                     3 ─ PV
```

图 5-25　送料小车往返计数控制梯形图程序

任务评价反馈单

学生任务分配实施单

任务名称	送料小车往返运行控制				
班级		组号		指导教师	
组长		学号			
组员	姓名		学号		
	姓名		学号		
	姓名		学号		
	姓名		学号		

（就组织讨论、工具准备、数据采集记录、安全监督、成果展示等工作内容进行任务分工）

实施步骤

（续）

（1）简述 PLC 计数器指令，并比较分析几种计数器指令的区别。
（2）利用博途软件中的计数器指令实现送料小车往返计数控制，将程序下载到 PLC 硬件，软硬件联合调试，观察并描述实验效果。

经验记录单

任务名称	送料小车往返运行控制				
班级		姓名		指导教师	
学号		组号			
总结与经验					
实验过程中，出现了哪些问题？你是如何解决的？					
问题 1： 解决方法： 问题 2： 解决方法： 问题 3： 解决方法：					

各小组互评打分表

<table>
<tr><td>姓名</td><td></td><td colspan="2">学号</td><td colspan="2"></td><td colspan="2">班级</td><td colspan="2"></td><td colspan="2">组别</td><td colspan="2"></td></tr>
<tr><td colspan="2">实训任务</td><td colspan="12">送料小车往返运行控制</td></tr>
<tr><td rowspan="2">评价项目</td><td rowspan="2">分值</td><td colspan="4">等级</td><td colspan="8">评价对象（组别）</td></tr>
<tr><td>A</td><td>B</td><td>C</td><td>D</td><td>1</td><td>2</td><td>3</td><td>4</td><td>5</td><td>6</td><td>7</td><td>8</td></tr>
<tr><td>方案合理</td><td>20</td><td>20</td><td>15</td><td>10</td><td>5</td><td></td><td></td><td></td><td></td><td></td><td></td><td></td><td></td></tr>
<tr><td>团队合作</td><td>20</td><td>20</td><td>15</td><td>10</td><td>5</td><td></td><td></td><td></td><td></td><td></td><td></td><td></td><td></td></tr>
<tr><td>工作质量</td><td>20</td><td>20</td><td>15</td><td>10</td><td>5</td><td></td><td></td><td></td><td></td><td></td><td></td><td></td><td></td></tr>
<tr><td>工作规范</td><td>20</td><td>20</td><td>15</td><td>10</td><td>5</td><td></td><td></td><td></td><td></td><td></td><td></td><td></td><td></td></tr>
<tr><td>PPT/演示展示</td><td>20</td><td>20</td><td>15</td><td>10</td><td>5</td><td></td><td></td><td></td><td></td><td></td><td></td><td></td><td></td></tr>
<tr><td>合计</td><td>100</td><td colspan="4">各组得分</td><td></td><td></td><td></td><td></td><td></td><td></td><td></td><td></td></tr>
</table>

总结与反思

（如：在本次任务实施过程中遇到了什么问题→如何解决的/解决不了的原因→本次任务心得体会）

教师评价打分表

<table>
<tr><td>姓名</td><td colspan="2"></td><td>学号</td><td></td><td>班级</td><td></td><td>组别</td><td></td></tr>
<tr><td colspan="3">实训任务</td><td colspan="6">送料小车往返运行控制</td></tr>
<tr><td colspan="3">评价项目</td><td colspan="4">评价标准</td><td>分值</td><td>得分</td></tr>
<tr><td colspan="3">考勤（10%）</td><td colspan="4">未出现无故迟到、早退和旷课的现象</td><td>10</td><td></td></tr>
<tr><td rowspan="9">工作过程（60%）</td><td rowspan="2">知识目标</td><td>获取信息</td><td colspan="4">掌握工作相关知识</td><td>10</td><td></td></tr>
<tr><td>进行表决</td><td colspan="4">制订工作方案，方案合理可行</td><td>10</td><td></td></tr>
<tr><td rowspan="4">技能目标</td><td rowspan="4">任务实施</td><td colspan="4">能够熟练操作博途软件</td><td>5</td><td></td></tr>
<tr><td colspan="4">能够利用博途软件完成程序的编写与调试</td><td>5</td><td></td></tr>
<tr><td colspan="4">能够利用博途软件进行程序的仿真与监控</td><td>5</td><td></td></tr>
<tr><td colspan="4">软硬件结合，完成任务的控制与讲解演示</td><td>5</td><td></td></tr>
<tr><td rowspan="3">素养目标</td><td>工作态度</td><td colspan="4">认真严谨、积极主动、安全生产、文明施工</td><td>5</td><td></td></tr>
<tr><td>团队合作</td><td colspan="4">与小组成员、同学之间合作交流、协作工作</td><td>5</td><td></td></tr>
<tr><td>工作质量</td><td colspan="4">能按照工作方案操作，按计划完成工作任务</td><td>10</td><td></td></tr>
<tr><td colspan="2" rowspan="3">项目成果（30%）</td><td>工作完整</td><td colspan="4">能按时完成工作任务的所有环节</td><td>10</td><td></td></tr>
<tr><td>工作规范</td><td colspan="4">过程中规范操作，避免意外事故发生</td><td>10</td><td></td></tr>
<tr><td>汇报展示</td><td colspan="4">能准确表达、汇报工作成果</td><td>10</td><td></td></tr>
<tr><td colspan="7">合计</td><td>100</td><td></td></tr>
<tr><td colspan="3" rowspan="2">综合评价</td><td colspan="2">学生评价（50%）</td><td colspan="2">教师评价（50%）</td><td colspan="2">综合得分</td></tr>
<tr><td colspan="2"></td><td colspan="2"></td><td colspan="2"></td></tr>
<tr><td colspan="3">综合评语</td><td colspan="6">（作业过程中存在的问题及改进建议）</td></tr>
</table>

项目六　功能指令的编程及应用

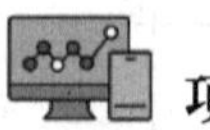

项目导入

西门子 1200 PLC 作为一款性能卓越、功能强大的控制器，其丰富的功能指令为实现复杂的控制任务提供了有力支持。本项目旨在深入探讨西门子 1200 PLC 功能指令的编程及应用，通过实际案例帮助学习者掌握这些指令的使用方法和技巧。

在工业生产中，常常面临各种各样的控制需求，例如精确的运动控制、复杂的数据处理、高效的通信等。西门子 1200 PLC 的功能指令恰能满足这些需求。如运动控制，通过使用相关指令，可以精确地控制电机的速度、位置和加速度，实现高精度的自动化生产流程。再如数据处理指令，能够对大量的生产数据进行快速运算、筛选和转换，为生产决策提供准确的依据。而在通信方面，凭借 PLC 特定的功能指令，可实现其与其他设备之间稳定、高效的数据交互。

学习目标

（1）掌握传送指令和交换指令的用法。

（2）掌握比较指令和算数指令的用法。

（3）掌握移位指令、循环移位指令和移动操作指令的用法。

（4）了解高速计数器、高速脉冲输出、运动控制参数设置和运动控制指令的相关内容。

（5）能应用功能指令设计简单的 PLC 控制程序。

任务一　基于传送指令的彩灯闪烁控制

任务描述

本任务将利用传送指令、比较指令实现彩灯闪烁控制。随着社会经济的不断繁荣和发展，各种装饰彩灯、广告彩灯越来越多地出现在城市中。在大型晚会的现场，彩灯更是不可缺少的一道景观。针对 PLC 得到广泛应用的现状，本项目介绍 PLC 在不同变化类型的彩灯控制中的应用，灯的亮灭、闪烁时间及流动方向的控制均通过 PLC 达到控制要求。

任务分析

本次项目以常见的循环彩灯控制为例，了解、学习 S7-1200 型 PLC 程序块的应用。选用 5 个点动按键 S0~S4 作为 PLC 的输入信号，8 个发光二极管 LED0~LED7 作为 PLC 的输出信号，编写程序实现 8 个发光二极管闪烁花样的切换显示。

一、传送指令

传送指令也叫移动指令，用于将 IN 输入端的源数据传送（复制）到 OUT1 输出端的目的地址，并将其转换为 OUT1 指定的数据类型，源数据保持不变。见表 6-1。

PLC 的传送指令

表 6-1 传送指令

MOVE EN ENO IN OUT1	MOVE 可将存储在指定地址的数据元素复制到新地址
MOVE_BLK EN ENO IN OUT COUNT	MOVE_BLK（可中断移动）可将数据元素块复制到新地址
UMOVE_BLK EN ENO IN OUT COUNT	UMOVE_BLK（不可中断移动）可将数据元素块复制到新地址

IN 和 OUT1 可以是 Bool 之外的所有基本数据类型和 DTL、Struct、Array 等数据类型。IN 还可以是常数。

MOVE 传送指令对存储器进行赋值，或者将一个存储器的数据复制到另一个存储器，还具有清零功能，传送指令梯形图及监控效果如图 6-1 所示。

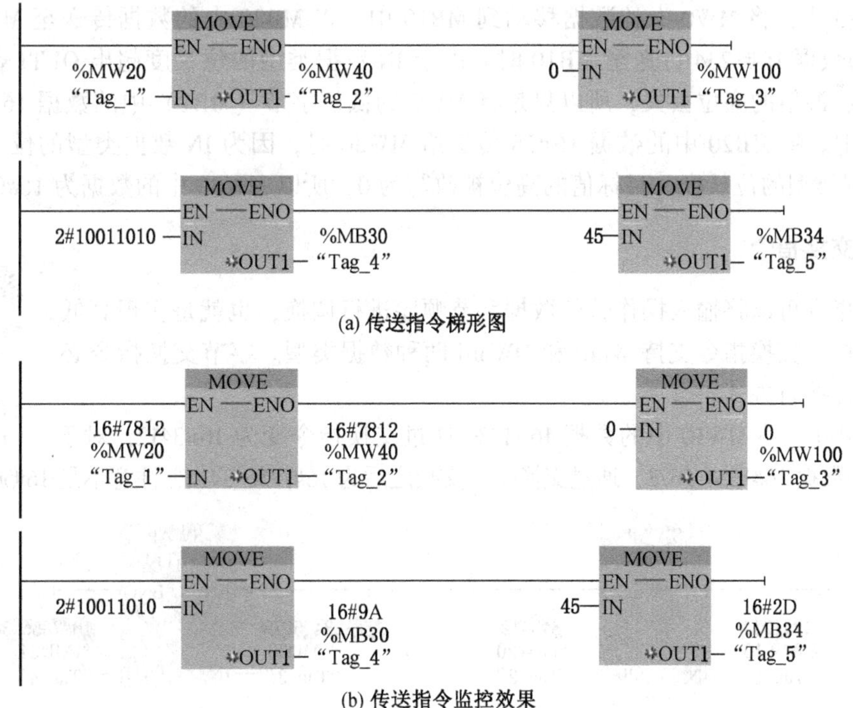

图 6-1 传送指令梯形图及监控效果

图 6-1 网络 1 中，将存储器 MW20 中的数值传递到 MW40 中，同时为 MW100 存储器赋值 0。图 6-1 网络 2 中，将二进制数值传送到 MB30 中，同时为 MB34 存储器赋值 45。

利用传送指令也可设定定时值或计数值到存储器，使定时或计数控制更灵活，这对于根据实际情况改变定时值或计数值的控制是十分有用的。例如，图 6-2 将定时值 15000（15 s）传送至 MD20（MD20 为 32 位），将计数值 10 传送至 MW30。

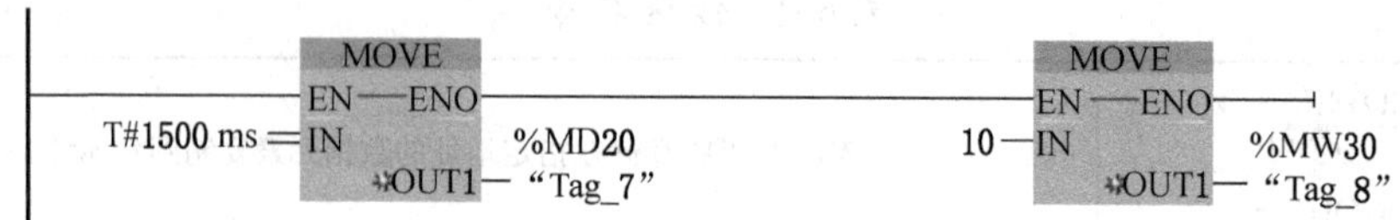

图 6-2　传送指令设定定时器值

如果 IN 数据类型的位长度超出 OUT1 数据类型的位长度，则源值的高位丢失。如果 IN 数据类型的位长度小于 OUT1 数据类型的位长度，则目标值的高位被改写为 0。数据长度不同时的传送效果如图 6-3 所示。

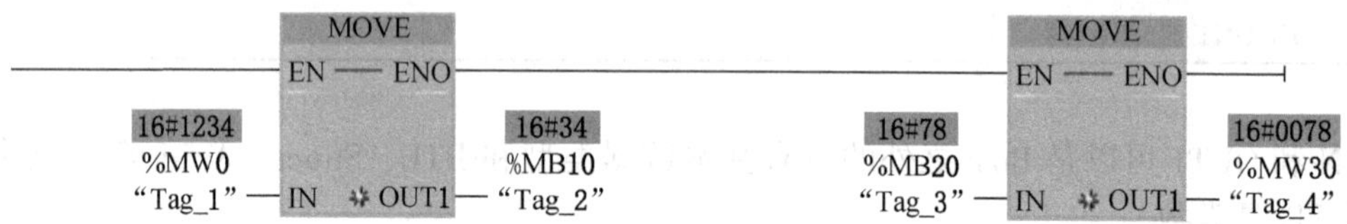

图 6-3　数据长度不同时的传送效果

图 6-3 中，将 MW0 中的数据移动到 MB10 中，将 MB20 中的数据传送至 MW30。将 MW0 中的数据 16#1234 传送至 MB10 时，由于 IN 数据类型的位长度超出 OUT1 数据类型的位长度，源值的高位丢失，所以只是将 MW0 的低位字节（MB1）中的数据 16#34 传送到 MB10 中。将 MB20 中的数据 16#78 传送给 MW30 时，因为 IN 数据类型的位长度小于 OUT1 数据类型的位长度，目标值的高位被改写为 0，所以 MW30 中的数据为 16#0078。

二、交换指令

交换指令可以将输入操作数的数据字节顺序进行调换，也就是实现高低字节的交换。交换指令支持 Word 和 DWord 两种数据类型。字节交换指令必须采用脉冲执行方式。

PLC 传送指令的使用练习

图 6-4 中，将 MW10 中的数据 16#1234 通过交换指令变为 16#3412；对于 MD30 中的数据 16#1234_5678，通过交换指令交换之后为 16#7856_3412，注意不是 16#5678_1234。

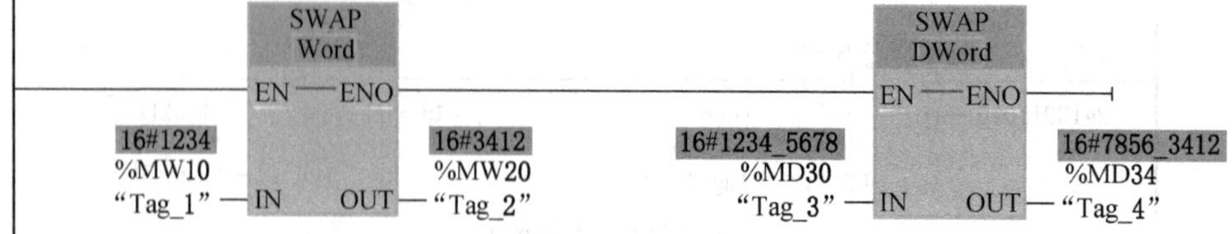

图 6-4　交换指令使用效果

三、移位指令

移位与循环移位指令

移位指令分为左移指令、右移指令、循环左移指令、循环右移指令 4 种，如图 6-5 所示。使用移位指令时，应分清移位的数据类型。

(a) 右移指令　(b) 左移指令　(c) 循环右移指令　(d) 循环左移指令

图 6-5　移位指令

1. 移位指令

移位指令包括左移指令（SHL）和右移指令（SHR），将输入单元 IN 的值左移或右移 *N* 位，移位的结果保存到 OUT 单元中。对于无符号数，移位后空出位填 0；对于有符号数，左移后空出位填 0，右移后空出位用符号位填空，正数的符号位为 0，负数的符号位为 1。移位指令的数据类型包括 SInt、Int、DInt、USInt、UInt、UDInt、Word、DWord、Byte。移位指令 IN、OUT 的数据类型包括 Byte、Word、DWord，N 的数据类型为 UInt。

右移指令 SHR 分为字节右移、字右移、双字右移 3 种。右移移位过程如图 6-6 所示。执行前 MW10=16#9228，右移 4 位后，将 MW10 的 16 位数由高往低移 4 位，空位补 0，存入 MW10 中。执行结果为 MW10=16#0922。

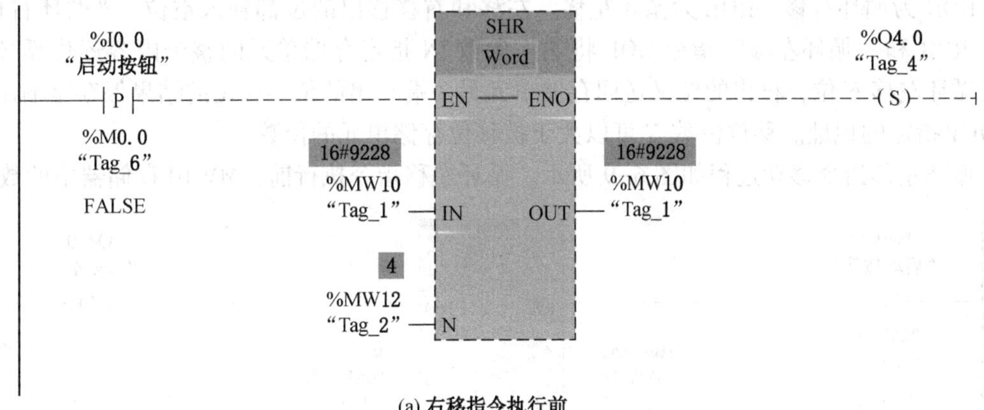

(a) 右移指令执行前

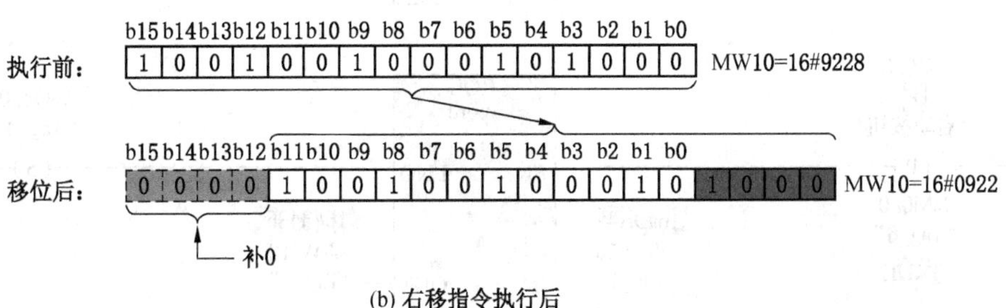

(b) 右移指令执行后

图 6-6　右移移位过程

右移指令 SHR 举例如图 6-7 所示。当 10.0 信号为 1 时，执行右移操作，变量 MW10 的值右移 3 位，结果放入 MW40。如移位过程中无错，Q4.0 置 1。

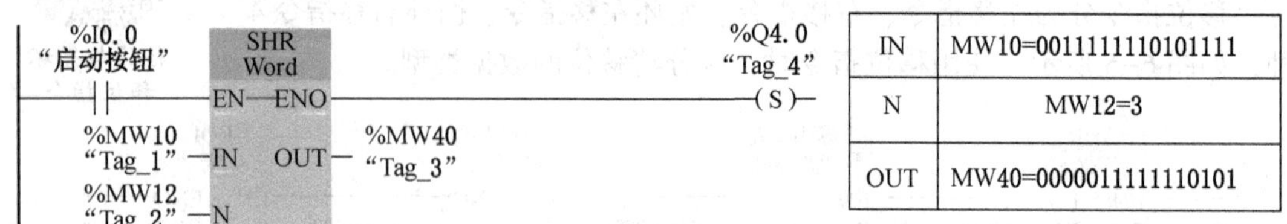

IN	MW10=0011111110101111
N	MW12=3
OUT	MW40=0000011111110101

图 6-7　右移指令 SHR 举例

左移指令 SHL 举例如图 6-8 所示。当 I0.0 信号为 1 时，执行左移操作，变量 MW10 的值左移 4 位，结果放入 MW40。如左移位过程中无错，Q4.0 置 1。

IN	MW10-0011111110101111
N	MW12=4
OUT	MW40-1111101011110000

图 6-8　左移指令 SHL 举例

2. 循环移位指令

ROR 为循环右移。ROL 为循环左移。左移和右移移出的位都补入空位。“循环右移”指令 ROR 和“循环左移”指令 ROL 将输入参数 IN 指定存储单元的整个内容逐位循环右移或循环左移 N 位，移出的位又送回存储单元另一端空出的位。移位的结果保存至输出参数 OUT 指定的地址。移位位数 N 可以大于被移位存储单元的位数。

循环左移指令移动过程如图 6-9 所示。循环左移指令执行前，MW10 存储器中的数据

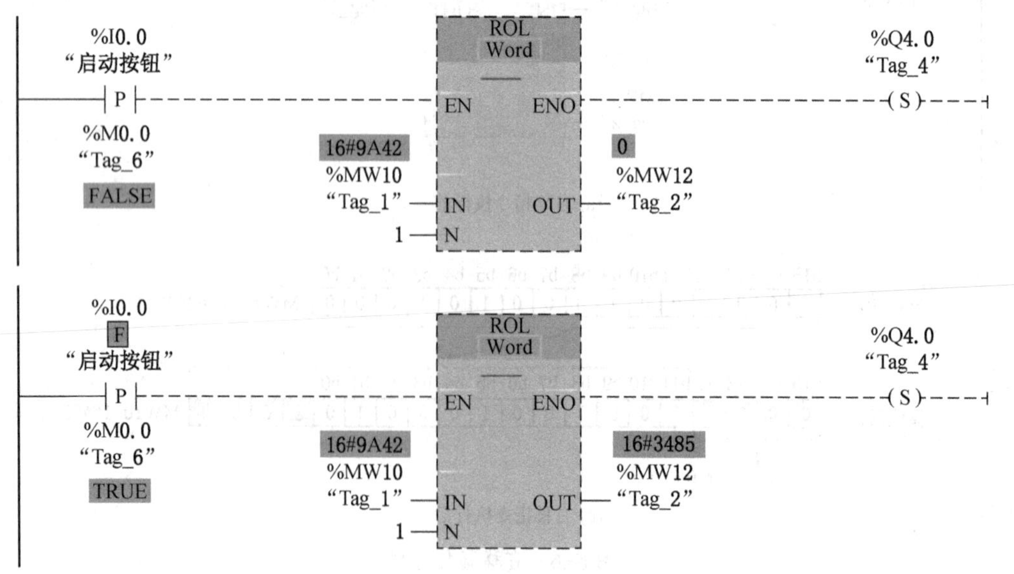

图 6-9　循环左移指令移位过程

为 16#9A42，当 10.0 启动按钮按下提供上升沿的瞬间，MW10 中的数据循环左移 1 位，结果放入 MW12，循环移位的结果为 16#3485。如移位过程中无错，Q4.0 置 1。

循环右移过程举例如图 6-10 所示。如 I0.0 信号为 1，执行循环右移操作，变量 MW10 的值右移 5 位，结果放入 MW40。如移位过程中无错，Q4.0 置 1。

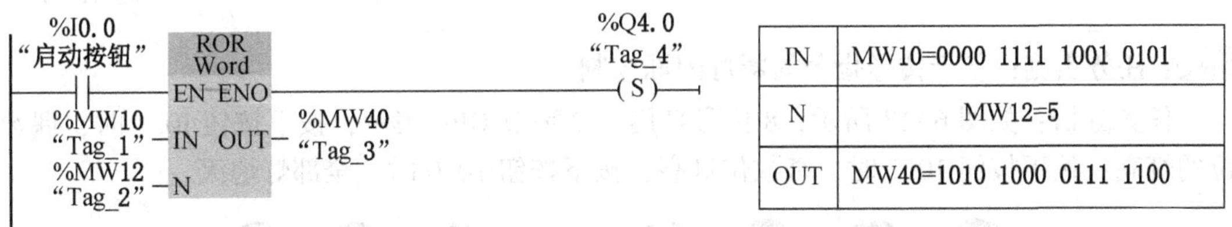

IN	MW10=0000 1111 1001 0101
N	MW12=5
OUT	MW40=1010 1000 0111 1100

图 6-10　循环右移过程举例

循环右移过程举例如图 6-11 所示。如 I0.0 信号为 1，执行循环左移操作，变量 MW10 的值左移 5 位，结果放入 MW40。如移位过程中无错，Q4.0 置 1。

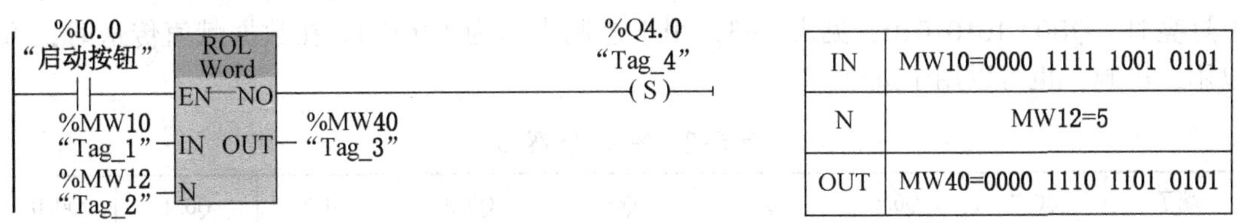

IN	MW10=0000 1111 1001 0101
N	MW12=5
OUT	MW40=0000 1110 1101 0101

图 6-11　循环左移过程举例

【例】　系统存储器字节和时钟存储器字节分别设为 MB1 和 MB0。M1.0 为首次扫描常开触点接通的信号，M1.5 为周期为 1 s 的时钟存储器位。要求按下开关 I0.0，使 QB0 字节连接的 8 盏灯按照 L0、L1～L7 的顺序点亮，每隔 1 s 亮一盏灯，如此循环。关闭开关 I0.0，停止工作。其程序设计如图 6-12 所示。

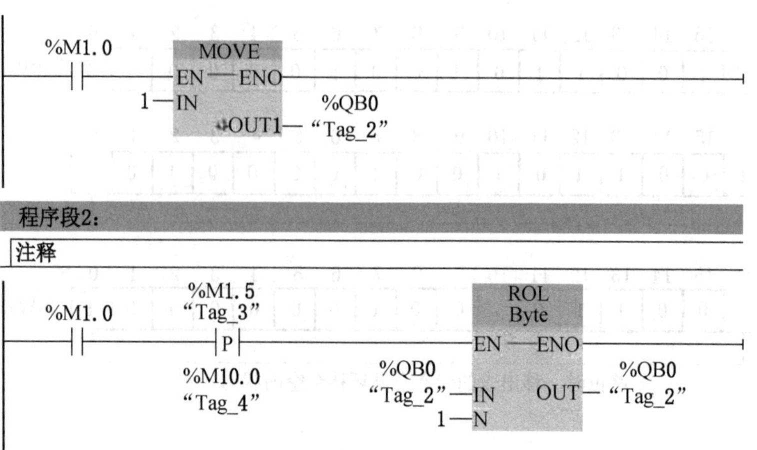

图 6-12　八盏灯循环点亮梯形图程序设计

实现的功能如下：按下 I0.0 时，程序段 1 为 QB0 赋初值 1，使最低位灯点亮。程序段 2，由于 M1.5 可提供周期为 1 s 的脉冲信号，QB0 中的输出位每秒钟向左循环移动 1 位，即每隔 1 s 亮一盏灯往复循环。

移位指令的使用练习

任务实施：基于传送指令的彩灯闪烁控制

任务分析：如图 6-13 所示，8 位彩灯用一个字节 QB0 表示，按下按钮 I0.1 时，偶数位的灯亮；按下按钮 10.2 时，奇数位灯亮；按下按钮 10.0 时，全部灯熄灭。

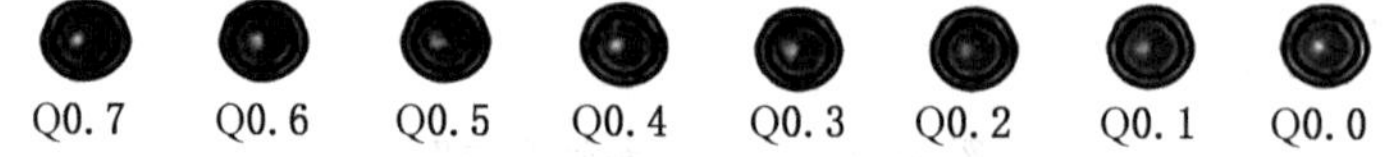

图 6-13　8 位彩灯示意图

任务实施：偶数位灯亮时，QB0=01010101，见表 6-2，用十进制表示为 10#55。奇数位灯亮时，QB0=10101010，见表 6-3，用十进制表示为 10#170。在数据赋值传送时，可以用二进制，也可以用十进制。

表 6-2　字节分解位

端子	Q0.7	Q0.6	Q0.5	Q0.4	Q0.3	Q0.2	Q0.1	Q0.0
值	0	1	0	1	0	1	0	1

表 6-3　字节分解位

端子	Q0.7	Q0.6	Q0.5	Q0.4	Q0.3	Q0.2	Q0.1	Q0.0
值	1	0	1	0	1	0	1	0

彩灯闪烁控制程序梯形图如图 6-14 所示。

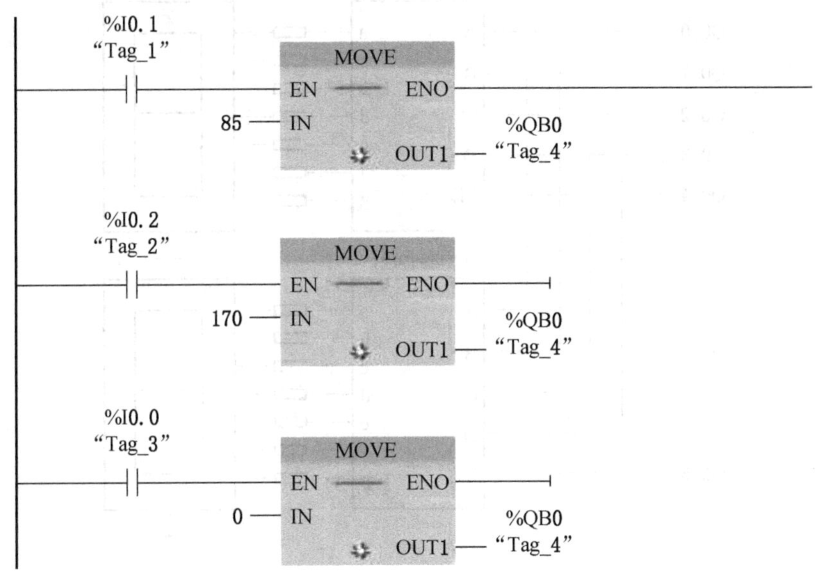

图 6-14　彩灯闪烁控制程序梯形图

任务拓展：9 s 倒计时控制

1. 任务要求

使用 S7-1200 PLC 实现 9 s 倒计时控制，要求按下启动按钮后，数码管上显示 9，松开启动按钮后数码管上显示值每秒递减，减到 0 时停止。无论何时按下停止按钮，数码管都显示 0，再次按下启动按钮，数码管上的显示值依然从数字 9 开始递减。

2. 任务分析

多位数码管的显示如果需要将 N 位数通过数码管显示，若每个数码管都占用 PLC 的 7 个或 8 个（8 段数码管）输出端，那么需要扩展 PLC 的数字量模块，系统成本较高，可通过以下方法解决。先将要显示的数据除以 10 以分离最高位（商），再将余数除以 10 以分离出次高位（商），如此往下分离。这时如果仍用数码管显示，则必然占用很多输出点。一方面可以扩展 PLC 的输出，另一方面可采用 CD4513 芯片。扩展 PLC 的输出必然增加系统硬件成本，还会增大系统的故障率，采用 CD4513 芯片为首选。CD4513 驱动多个数码管的电路图如图 6-15 所示。

2 个 CD4513 的数据输入端 A～D 分别连接到 PLC 的 Q0.0、Q0.1、Q0.2、Q0.3，共用 4 个输出端，其中 A 为最低位，D 为最高位。LE 为高电平时，显示的数不受数据输入信号的影响。显然 N 个显示器占用的输出点可降至 $4+N$ 点。如果使用继电器输出模块，则最好在与 CD4513 相连的 PLC 各输出端与"地"之间分别接上一个几千欧的电阻，避免在输出继电器输出触点断开时 CD4513 的输入端悬空。输出继电器的状态变化时，其触点可能会抖动，因此应先输出数据，待信号稳定后，再用 LE 信号的上升沿将数据锁存在 CD4513 中。

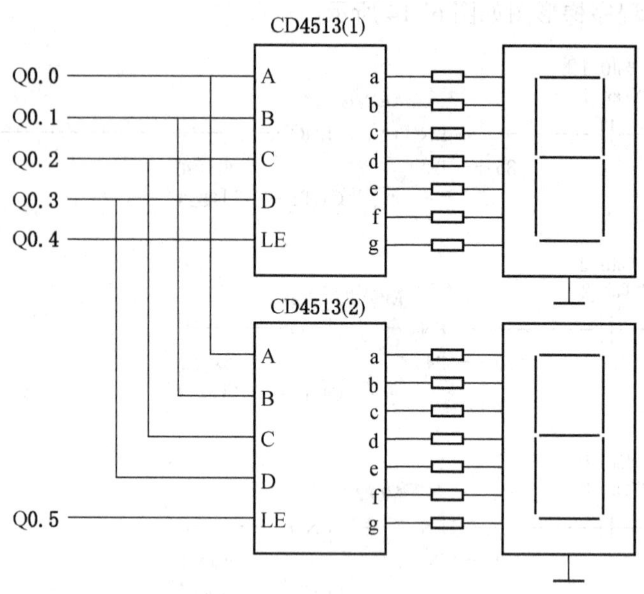

图 6-15　CD4513 驱动多个数码管的电路图

3. I/O 分配

根据 PLC 输入/输出点分配原则及本案例控制要求，可知本案例的输入点为启动和停止按钮，输出为 1 个数码管，在此使用七段共阴极数码管，因此可对本案例进行 I/O 地址分配，见表 6-4。

表 6-4　I/O 地址分配

输　入		输　出	
输入继电器	元器件	输出继电器	说明
I0.0	启动按钮 SB_1	Q0.0	数码管显示 a 段
I0.1	停止按钮 SB_2	Q0.1	数码管显示 b 段
		Q0.2	数码管显示 c 段
		Q0.3	数码管显示 d 段
		Q0.4	数码管显示 e 段
		Q0.5	数码管显示 f 段
		Q0.6	数码管显示 g 段

4. I/O 接线图

根据控制要求及 I/O 地址分配表，9 s 倒计时 PLC 控制的 I/O 接线图如图 6-16 所示。

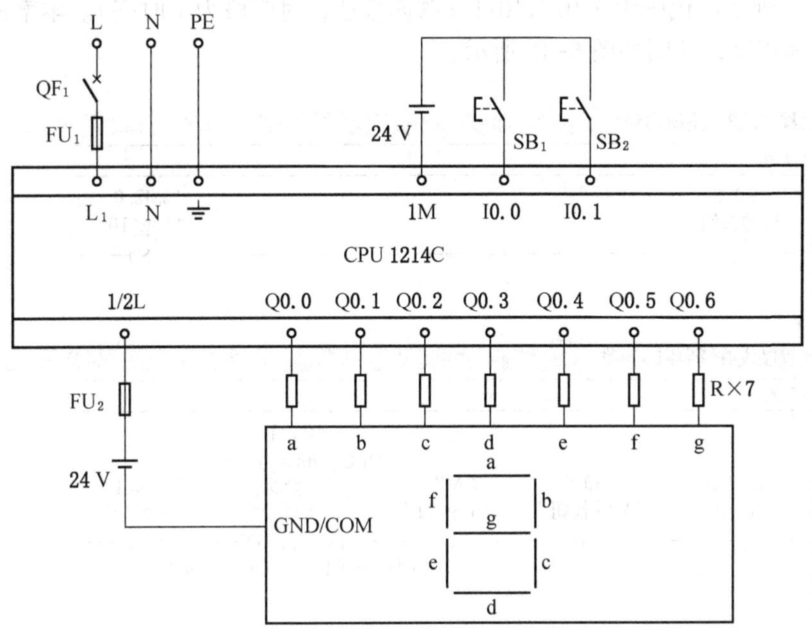

图 6-16　9 s 倒计时 PLC 控制的 I/O 接线图

5. 创建工程项目

双击桌面上的图标，打开博途编程软件，在 Portal 视图中选择“创建新项目”，输入项目名称“D_djs”，选择项目保存路径，然后点击“创建”按钮，完成项目的创建，并进行项目的硬件组态。

6. 编辑变量表

本案例变量如图 6-17 所示。

PLC 变量

名称	变量表	数据类型	地址	保持	从 H...	从 H...	在 H...
启动按钮SB1	默认变量表	Bool	%I0.0	☐	☑	☑	☑
停止按钮SB2	默认变量表	Bool	%I0.1	☐	☑	☑	☑
数码管显示a段	默认变量表	Bool	%Q0.0	☐	☑	☑	☑
数码管显示b段	默认变量表	Bool	%Q0.1	☐	☑	☑	☑
数码管显示c段	默认变量表	Bool	%Q0.2	☐	☑	☑	☑
数码管显示d段	默认变量表	Bool	%Q0.3	☐	☑	☑	☑
数码管显示e段	默认变量表	Bool	%Q0.4	☐	☑	☑	☑
数码管显示f段	默认变量表	Bool	%Q0.5	☐	☑	☑	☑
数码管显示g段	默认变量表	Bool	%Q0.6	☐	☑	☑	☑

图 6-17　PLC 变量

7. 编写程序

S7-1200 PLC 中没有段译码指令，在数码显示时只能采用按字符驱动或按段驱动。按段驱动数码管就是待显示的数字需要点亮数码管的哪几段，就直接以点动的形式驱动相应数码管连接的 PLC 输出端。所谓按字符驱动，即需要显示什么字符就送相应的显示代码，如显示“2”，则驱动代码为 2#01011011（共阴接法，对应段为 1 时亮）。本案例采用按字符驱动，具体程序设计图如图 6-18 所示。

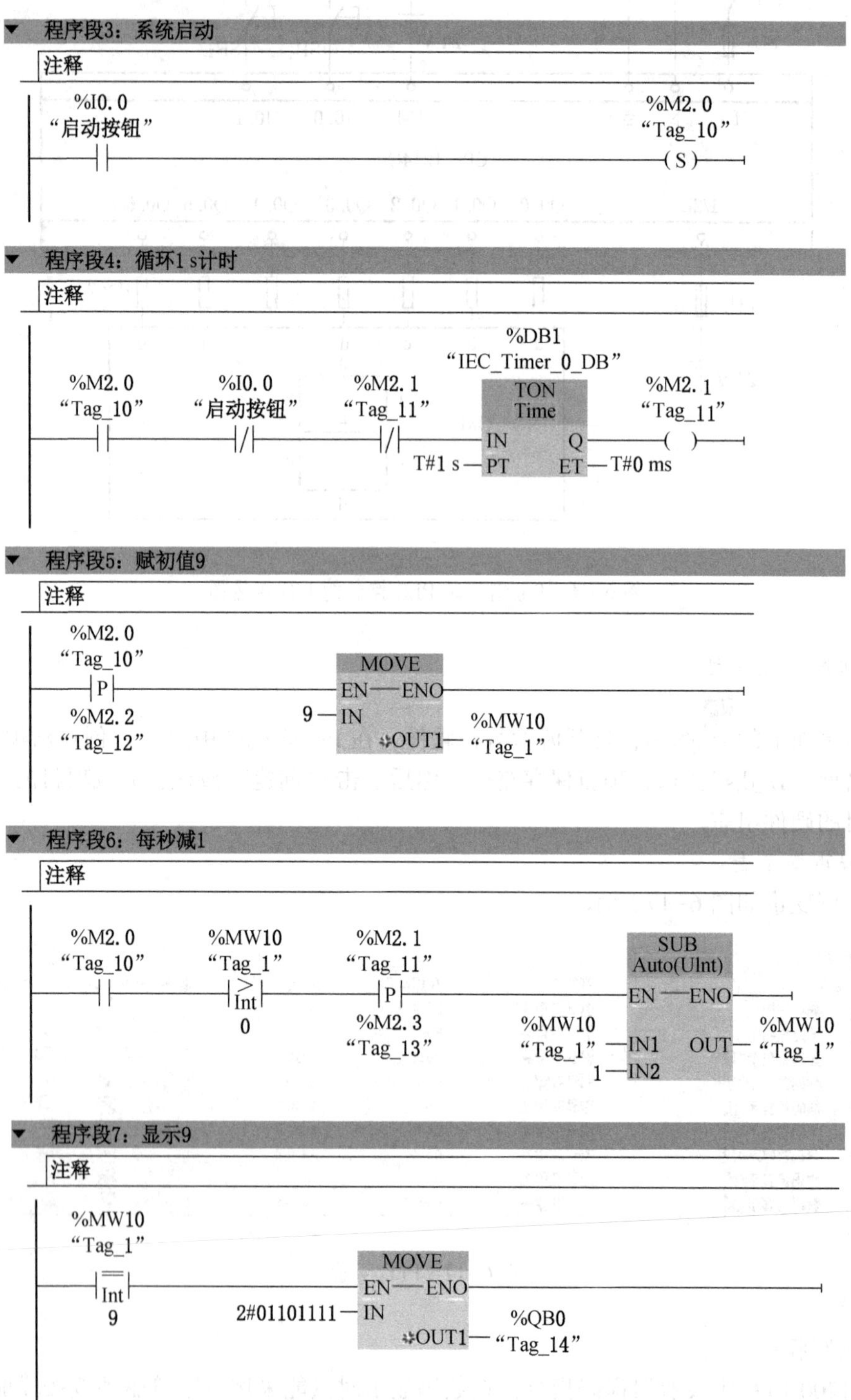

▼ 程序段8：显示8

注释

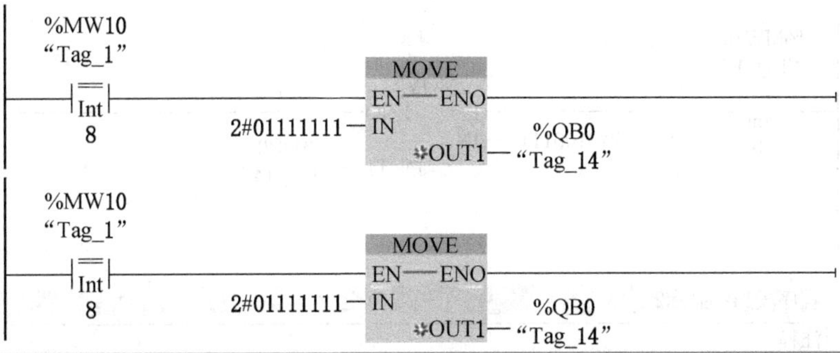

%MW10
"Tag_1"
==
Int
8

MOVE
EN — ENO
2#01111111 — IN
OUT1 — %QB0 "Tag_14"

%MW10
"Tag_1"
==
Int
8

MOVE
EN — ENO
2#01111111 — IN
OUT1 — %QB0 "Tag_14"

▼ 程序段9：显示7

注释

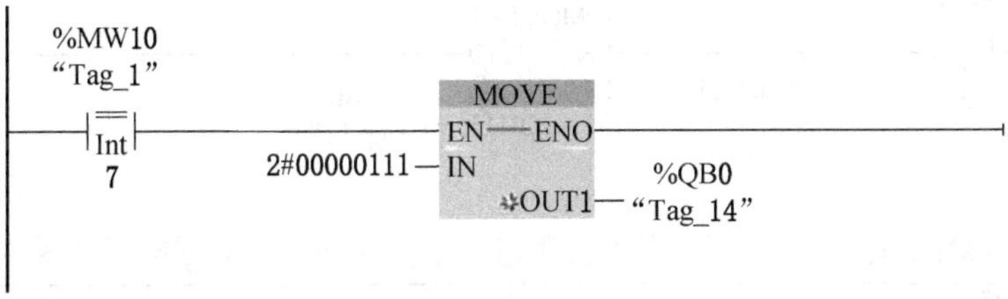

%MW10
"Tag_1"
==
Int
7

MOVE
EN — ENO
2#00000111 — IN
OUT1 — %QB0 "Tag_14"

▼ 程序段10：显示6

注释

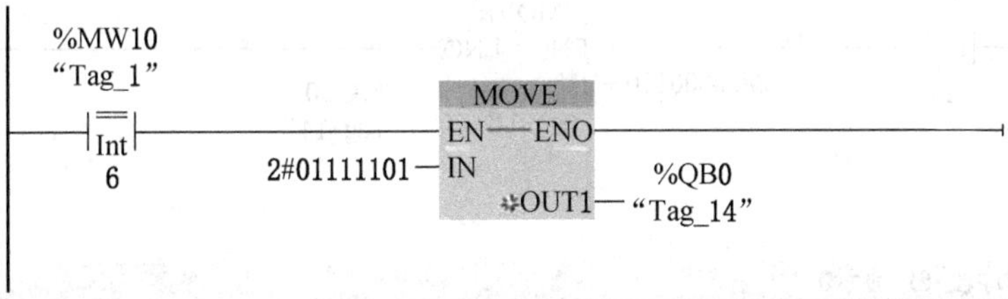

%MW10
"Tag_1"
==
Int
6

MOVE
EN — ENO
2#01111101 — IN
OUT1 — %QB0 "Tag_14"

▼ 程序段11：显示5

注释

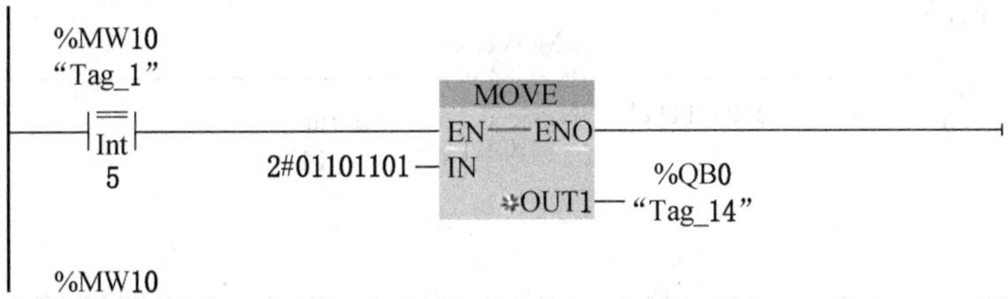

%MW10
"Tag_1"
==
Int
5

MOVE
EN — ENO
2#01101101 — IN
OUT1 — %QB0 "Tag_14"

%MW10

▼ 程序段12：显示4

注释

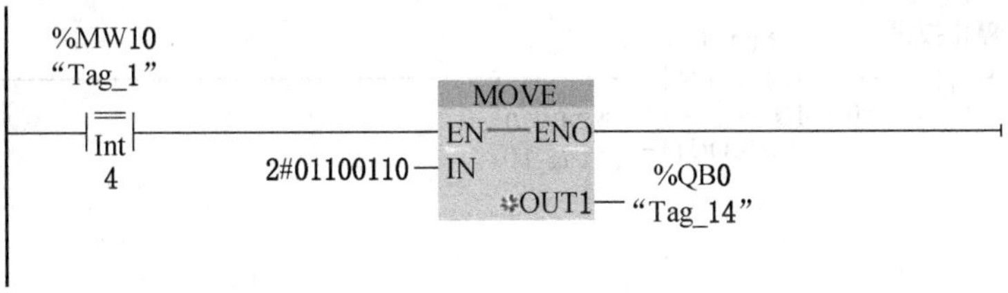

%MW10
"Tag_1"
==
Int
4

MOVE
EN — ENO
2#01100110 — IN
OUT1 — %QB0 "Tag_14"

▼ 程序段13：显示3

注释

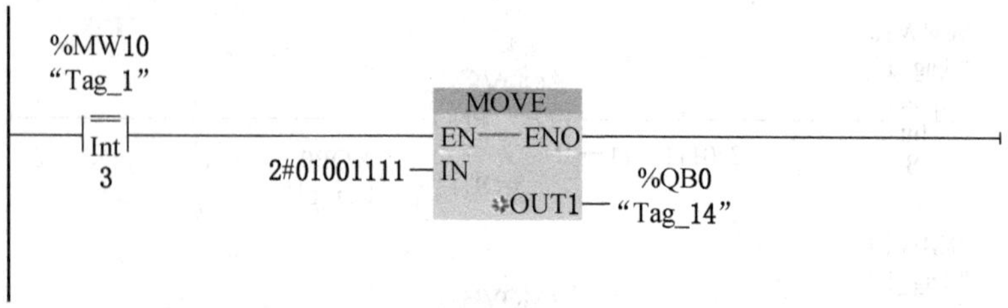

%MW10 "Tag_1" ==Int 3 —— MOVE: EN—ENO; 2#01001111 — IN; OUT1 — %QB0 "Tag_14"

▼ 程序段14：显示2

注释

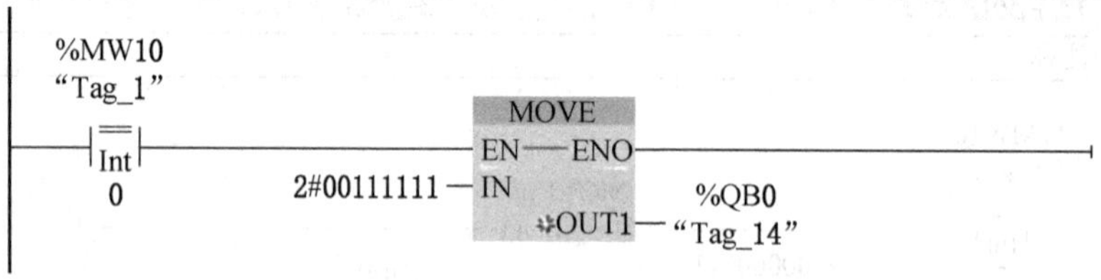

%MW10 "Tag_1" ==Int 0 —— MOVE: EN—ENO; 2#00111111 — IN; OUT1 — %QB0 "Tag_14"

▼ 程序段15：显示1

注释

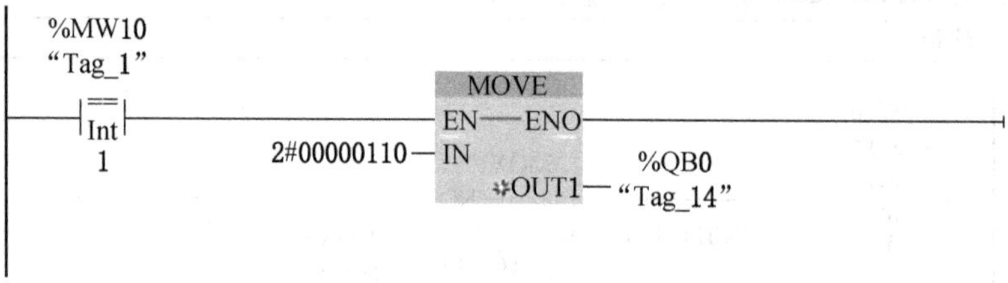

%MW10 "Tag_1" ==Int 1 —— MOVE: EN—ENO; 2#00000110 — IN; OUT1 — %QB0 "Tag_14"

▼ 程序段16：显示0

注释

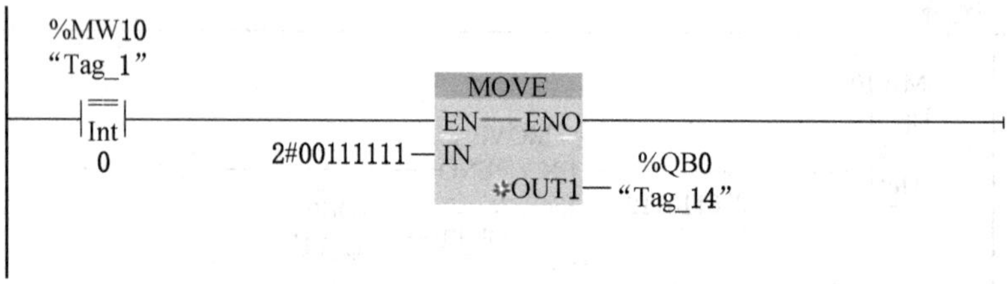

%MW10 "Tag_1" ==Int 0 —— MOVE: EN—ENO; 2#00111111 — IN; OUT1 — %QB0 "Tag_14"

▼ 程序段17：系统停止

注释

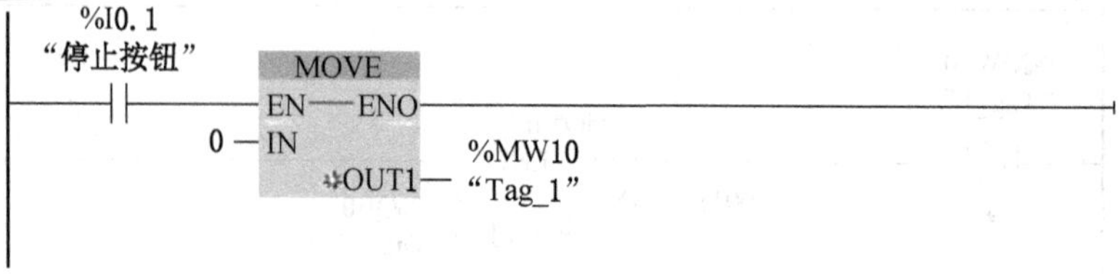

%I0.1 "停止按钮" —| |— MOVE: EN—ENO; 0 — IN; OUT1 — %MW10 "Tag_1"

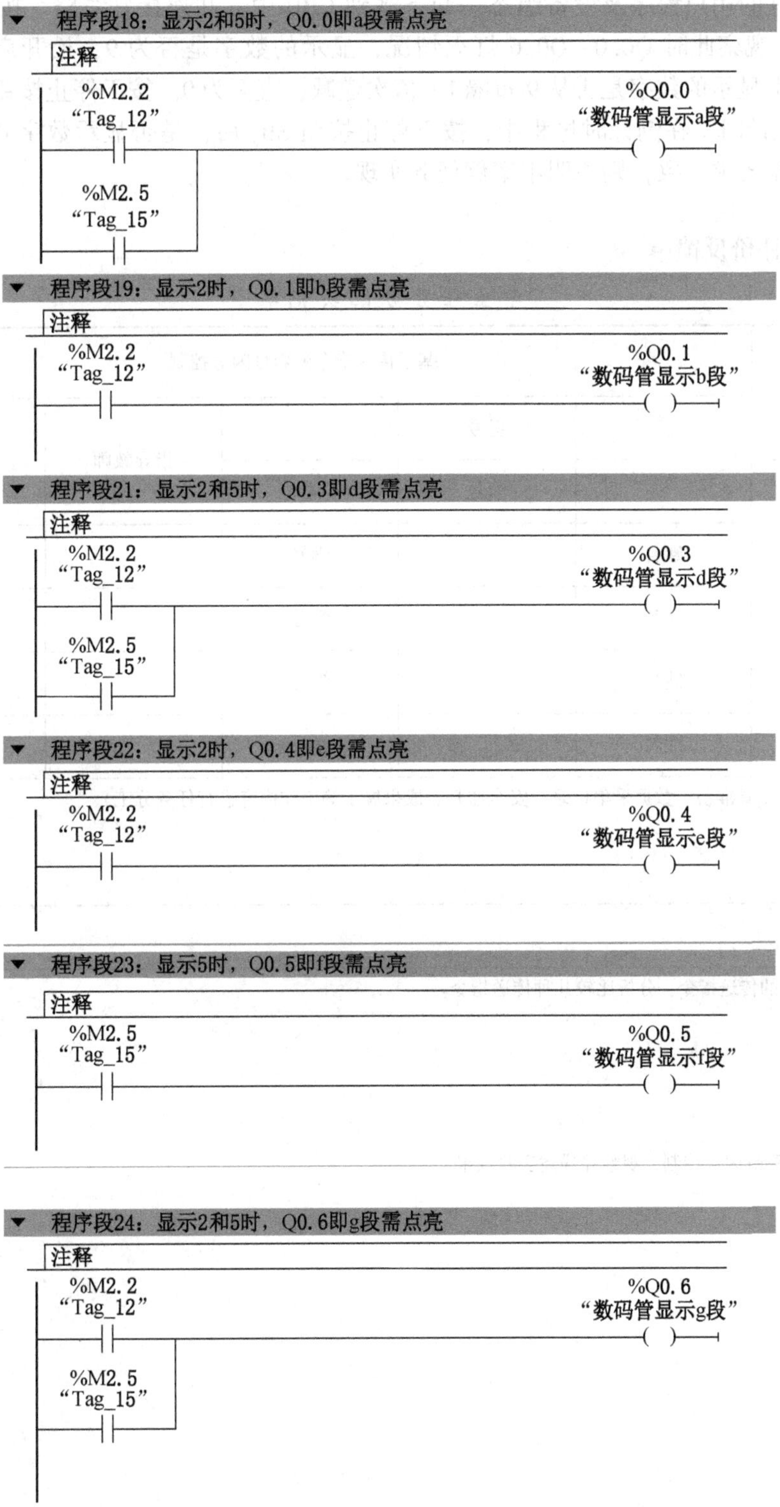

▼ 程序段18：显示2和5时，Q0.0即a段需点亮

注释

%M2.2 "Tag_12"
%M2.5 "Tag_15"
%Q0.0 "数码管显示a段"

▼ 程序段19：显示2时，Q0.1即b段需点亮

注释

%M2.2 "Tag_12"
%Q0.1 "数码管显示b段"

▼ 程序段21：显示2和5时，Q0.3即d段需点亮

注释

%M2.2 "Tag_12"
%M2.5 "Tag_15"
%Q0.3 "数码管显示d段"

▼ 程序段22：显示2时，Q0.4即e段需点亮

注释

%M2.2 "Tag_12"
%Q0.4 "数码管显示e段"

▼ 程序段23：显示5时，Q0.5即f段需点亮

注释

%M2.5 "Tag_15"
%Q0.5 "数码管显示f段"

▼ 程序段24：显示2和5时，Q0.6即g段需点亮

注释

%M2.2 "Tag_12"
%M2.5 "Tag_15"
%Q0.6 "数码管显示g段"

图 6-18　9 s 倒计时控制程序设计图

将调试好的用户程序及设备组态一起下载到 CPU 中，并连接好线路。按下启动按钮 SB_1 不松开，观察此时 Q0.0～Q0.6 灯灭情况，显示的数字是否为 9，松开启动按钮 SB_1 后，数码管上显示的数字是否从 9 每隔 1 s 依次递减，直至为 0。按下停止按钮 SB_2 后，再次启动 9 s 倒计时，在倒计时过程中，按下停止按钮 SB_2 后，是否显示数字 0。若上述调试现象与控制要求一致，则说明本案例任务实现。

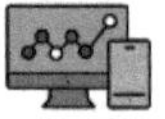 任务评价反馈单

学生任务分配实施单

任务名称	基于传送指令的彩灯闪烁控制				
班级		组号		指导教师	
组长		学号			
组员	姓名		学号		
	姓名		学号		
	姓名		学号		
	姓名		学号		

（就组织讨论、工具准备、数据采集记录、安全监督、成果展示等工作内容进行任务分工）

实施步骤

（1）简述 PLC 的传送指令，分析比较几种传送指令。

（2）编程实现彩灯闪烁控制，观察并描述实验效果。

经验记录单

任务名称	基于传送指令的彩灯闪烁控制				
班级		姓名		指导教师	
学号		组号			

总结与经验

实验过程中，出现了哪些问题？你是如何解决的？

问题 1：
解决方法：

问题 2：
解决方法：

问题 3：
解决方法：

各小组互评打分表

<table>
<tr><td>姓名</td><td></td><td colspan="2">学号</td><td colspan="2"></td><td colspan="2">班级</td><td colspan="2"></td><td colspan="2">组别</td><td colspan="2"></td></tr>
<tr><td colspan="2">实训任务</td><td colspan="12">基于传送指令的彩灯闪烁控制</td></tr>
<tr><td rowspan="2">评价项目</td><td rowspan="2">分值</td><td colspan="4">等级</td><td colspan="8">评价对象（组别）</td></tr>
<tr><td>A</td><td>B</td><td>C</td><td>D</td><td>1</td><td>2</td><td>3</td><td>4</td><td>5</td><td>6</td><td>7</td><td>8</td></tr>
<tr><td>方案合理</td><td>20</td><td>20</td><td>15</td><td>10</td><td>5</td><td></td><td></td><td></td><td></td><td></td><td></td><td></td><td></td></tr>
<tr><td>团队合作</td><td>20</td><td>20</td><td>15</td><td>10</td><td>5</td><td></td><td></td><td></td><td></td><td></td><td></td><td></td><td></td></tr>
<tr><td>工作质量</td><td>20</td><td>20</td><td>15</td><td>10</td><td>5</td><td></td><td></td><td></td><td></td><td></td><td></td><td></td><td></td></tr>
<tr><td>工作规范</td><td>20</td><td>20</td><td>15</td><td>10</td><td>5</td><td></td><td></td><td></td><td></td><td></td><td></td><td></td><td></td></tr>
<tr><td>PPT/演示展示</td><td>20</td><td>20</td><td>15</td><td>10</td><td>5</td><td></td><td></td><td></td><td></td><td></td><td></td><td></td><td></td></tr>
<tr><td>合计</td><td>100</td><td colspan="4">各组得分</td><td></td><td></td><td></td><td></td><td></td><td></td><td></td><td></td></tr>
</table>

总结与反思

（如：在本次任务实施过程中遇到了什么问题→如何解决的/解决不了的原因→本次任务心得体会）

教师评价打分表

姓名		学号		班级		组别	

实训任务			基于传送指令的彩灯闪烁控制		
评价项目			评价标准	分值	得分
考勤（10%）			未出现无故迟到、早退和旷课的现象	10	
工作过程（60%）	知识目标	获取信息	掌握工作相关知识	10	
		进行表决	制订工作方案，方案合理可行	10	
	技能目标	任务实施	能够熟练操作博途软件	5	
			能够利用博途软件完成程序的编写与调试	5	
			能够利用博途软件进行程序的仿真与监控	5	
			软硬件结合，完成任务的控制与讲解演示	5	
	素养目标	工作态度	认真严谨、积极主动、安全生产、文明施工	5	
		团队合作	与小组成员、同学之间合作交流、协作工作	5	
		工作质量	能按照工作方案操作，按计划完成工作任务	10	
项目成果（30%）		工作完整	能按时完成工作任务的所有环节	10	
		工作规范	过程中规范操作，避免意外事故发生	10	
		汇报展示	能准确表达、汇报工作成果	10	
合计				100	

综合评价	学生评价（50%）	教师评价（50%）	综合得分
综合评语	（作业过程中存在的问题及改进建议）		

任务二　基于比较指令的交通信号灯控制

任务描述

十字路口交通灯控制是生活中常见的控制项目。交通信号灯常用于十字路口，控制车辆的流量，提高交叉路口车辆的通行能力，减少交通事故。要求按下启动开关 I0.0 后，交通信号灯系统开始工作。十字路口东西方向：要求按照东西方向绿灯亮 28 s、东西方向黄灯闪烁 3 s、东西方向红灯亮 31 s 的方式工作；十字路口南北方向：按照南北红灯亮 31 s、南北绿灯亮 28 s、南北黄灯闪烁 3 s 的方式工作。一个完整的循环周期为 62 s。

任务分析

十字路口交通灯控制是生活中常见的控制项目，同一项目控制要求，可用不同方法实现。本教材 1.7 任务拓展中介绍了如何利用定时器指令法实现交通灯的控制，基于定时器指令法的交通灯控制，程序可读性较低，新手不易上手，程序后期的修改过程，难度较大。本节将学习利用比较指令法进行十字路口交通灯的程序设计。基于比较指令的编程思路更清晰，程序的可读性更强，程序设计更简单、方便。

一、关系比较指令

比较指令用于比较数据类型相同的两个数 IN1 与 IN2 的大小，比较指令实质上是关系运算，包括=（等于）、<>（不等于）、>（大于）、<（小于）、>=（大于或等于）和<=（小于或等于）6 种，见表 6-5。比较结果为 TRUE 时，触点将被激活或功能框输出为 TRUE。

PLC 的数据比较指令及应用

表 6-5　比较指令关系类型

关系类型	满足条件时比较结果为真
==	IN1 等于 IN2
<>	IN1 不等于 IN2
>=	IN1 大于或等于 IN2
<=	IN1 小于或等于 IN2
>	IN1 大于 IN2
<	IN1 小于 IN2

比较指令需要设置数据类型，包括 SInt、Int、DInt、USInt、UInt、UDInt、LReal、String、Char、Time、DTL 和常数等数据类型。比较结果是一个逻辑值 TRUE 或 FALSE。如字 MW20 比较时用 Int，双字 MD40 比较时用 Real 或 DInt。若 LAD 中的触点比较结果为 TRUE，则该触点会被激活，有能流流过；若 LAD 中的触点比较结果为 FALSE，则该触点不能被激活，没有能流流过。比较指令的数据类型如图 6-19 所示。在程序编辑器中单击该指令后，可从下拉菜单中选择比较关系类型和数据类型。

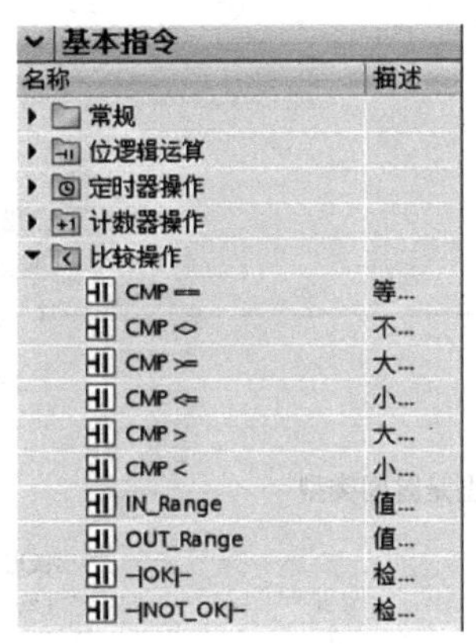

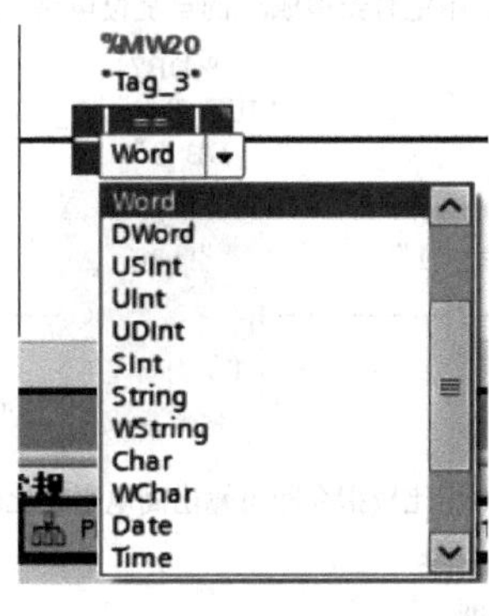

图 6-19　比较指令的数据类型

二、范围内和范围外指令

范围内指令 IN_RANGE 和范围外指令 OUT_RANGE 可以等效为一个触点，用于测试输入值在指定值的范围之内还是之外。如果比较结果为 TRUE，则功能框输出为 TRUE。输入参数 MIN、VAL 和 MAX 的数据类型必须相同。范围内和范围外指令的符号如图 6-20 所示。

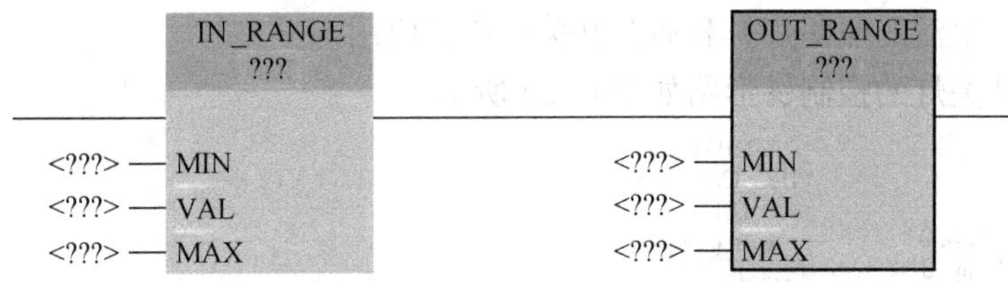

图 6-20　范围内和范围外指令的符号

满足以下条件时 IN_RANGE 比较结果为真：MIN <= VAL <= MAX。

满足以下条件时 OUT_RANGE 比较结果为真：VAL < MIN 或 VAL > MAX。见表 6-6。

表 6-6　范围内和范围外指令关系类型

关系类型	满足条件时比较结果为 TRUE
IN_RANGE	MIN <= VAL <= MAX
OUT_RANGE	VAL < MIN 或 VAL > MAX

比较的数据类型可以为 SInt、Int、Dint、USint、UDInt、Real、LReal 和常数。

【例】　脉冲发生器程序设计

用接通延时定时器和比较指令组成占空比可调的脉冲发生器，其梯形图如图 6-21 所示。当已消耗的时间大于 1 s 时，输出 Q0.2 为 1，改变定时器的设定时间，即可改变周期；改变比较指令的时间常量，即可改变输出高电平的宽度。

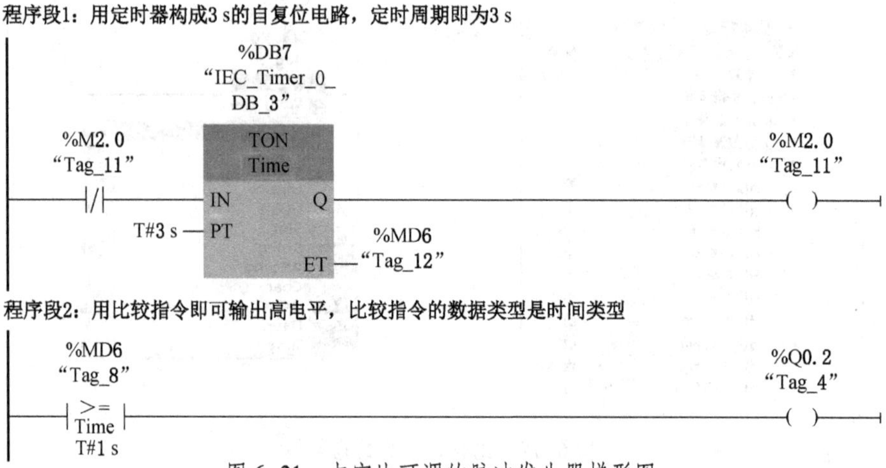

程序段1：用定时器构成3 s的自复位电路，定时周期即为3 s
%DB7
“IEC_Timer_0_
DB_3”
%M2.0
“Tag_11”
TON
Time
IN
Q
T#3 s
PT
ET
%MD6
“Tag_12”
%M2.0
“Tag_11”
程序段2：用比较指令即可输出高电平，比较指令的数据类型是时间类型
%MD6
“Tag_8”
>=
Time
T#1 s
%Q0.2
“Tag_4”

图 6-21　占空比可调的脉冲发生器梯形图

【例】　用比较指令和计数器指令编写开关灯控制程序，要求灯控按钮 I0.0 按下一次，灯 Q4.0 亮；按下两次，灯 Q4.0、Q4.1 全亮；按下三次灯全灭。如此循环。

控制要求分析：常规的开关控制方式在控制周期内，其控制量只有两种状态：要么接通，为一个固定常数值；要么断开，控制量为零。这种固定不变的控制模式缺乏灵活性，不能满足现代智能开关的控制要求。智能开关是指利用控制器智能编程或电子元器件的组合，实现电路的智能开关控制。基于 PLC 的智能开关控制方式简单且易于实现，因此在许多工业、民用、生活的照明灯具和通路开关中广泛应用。

解　智能开关灯的控制梯形图如图 6-22 所示。

%DB15
“IEC_Counter_
0_DB”
%I0.0
“Tag_3”
CTU
Int
CU
Q
%M0.0
“Tag_34”
R
CV
%MW2
“Tag_43”
10
PV
%MW2
“Tag_43”
==
Int
1
%Q4.0
“Tag_44”
%MW2
“Tag_43”
==
Int
2
%Q4.0
“Tag_44”
S
%Q4.1
“Tag_45”
S
%MW2
“Tag_43”
==
Int
3
%M0.0
“Tag_34”
%Q4.0
“Tag_44”
RESET_BF
2

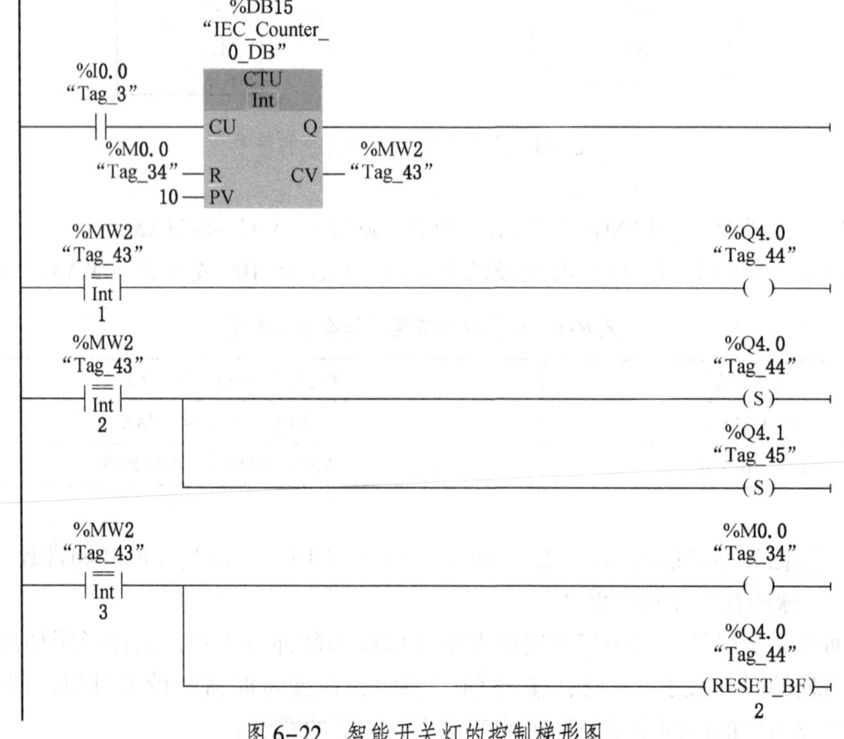

图 6-22　智能开关灯的控制梯形图

任务实施：基于比较指令的交通灯控制程序设计

十字路口交通灯控制是生活中常见的控制项目，本节我们采用比较指令实现该控制效果。交通灯控制要求如图 6-23 所示。

1. 控制要求

按下启动开关 I0.0，交通信号灯系统开始工作，东西方向，按照东西绿灯亮 28 s、东西黄灯闪烁 3 s、东西红灯亮 31 s 的方式工作；南北方向，按照南北红灯亮 31 s、南北绿灯亮 28 s、南北黄灯闪烁 3 s 的方式工作。一个完整的循环周期为 62 s。

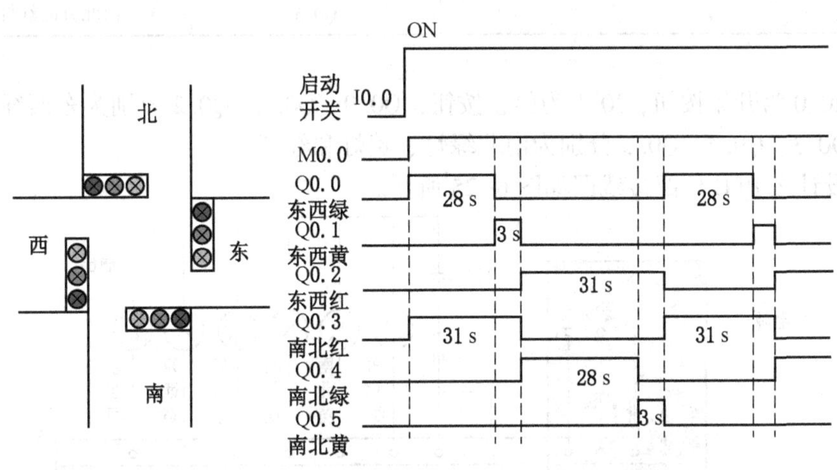

图 6-23　交通灯控制要求

2. 控制要求分析

控制要求分析如图 6-24 所示。南北方向，在 0~28 s 时，绿灯亮，28~31 s 黄灯闪烁；31~62 s 红灯亮；东西方向，0~31 s 时，红灯亮，31~59 s 绿灯亮，59~62 s 黄灯闪烁。工作周期为 62 s。

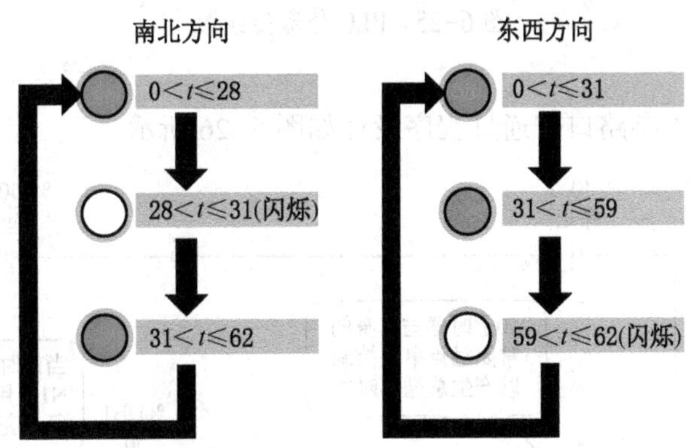

图 6-24　控制要求分析

3. 硬件设计

硬件设计，首先进行交通灯控制 I/O 分配，见表 6-7。

表 6-7　交通灯控制 I/O 分配

输　　入		输　　出	
输入继电器	输入元件	输出继电器	输出元件
I0.0	开始按钮 SB_1	Q0.0	东西方向绿灯 HL_1
I0.1	停止按钮 SB_2	Q0.1	东西方向黄灯 HL_2
		Q0.2	东西方向红灯 HL_3
		Q0.3	南北方向绿灯 HL_4
		Q0.4	南北方向黄灯 HL_5
		Q0.5	南北方向红灯 HL_6

分配 I0.0 为开始按钮，I0.1 为停止按钮，Q0.0、Q0.1、Q0.2 分别为东西绿灯、黄灯和红灯；Q0.3、Q0.4、Q0.5 分别为南北绿灯、黄灯和红灯。

硬件设计之 PLC 外部接线图如图 6-25 所示。

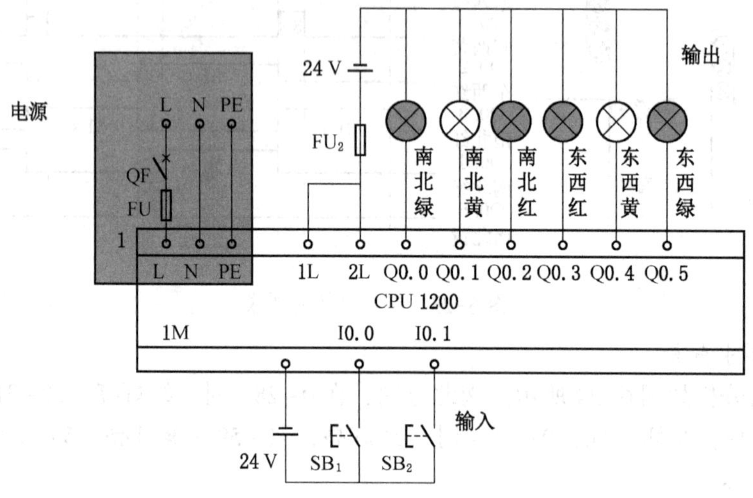

图 6-25　PLC 外部接线图

4. 软件设计

根据控制要求，十字路口交通灯程序设计如图 6-26 所示。

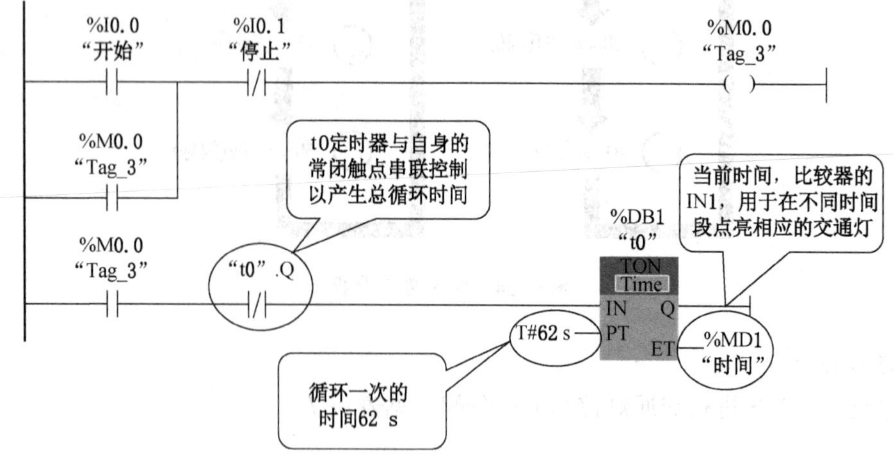

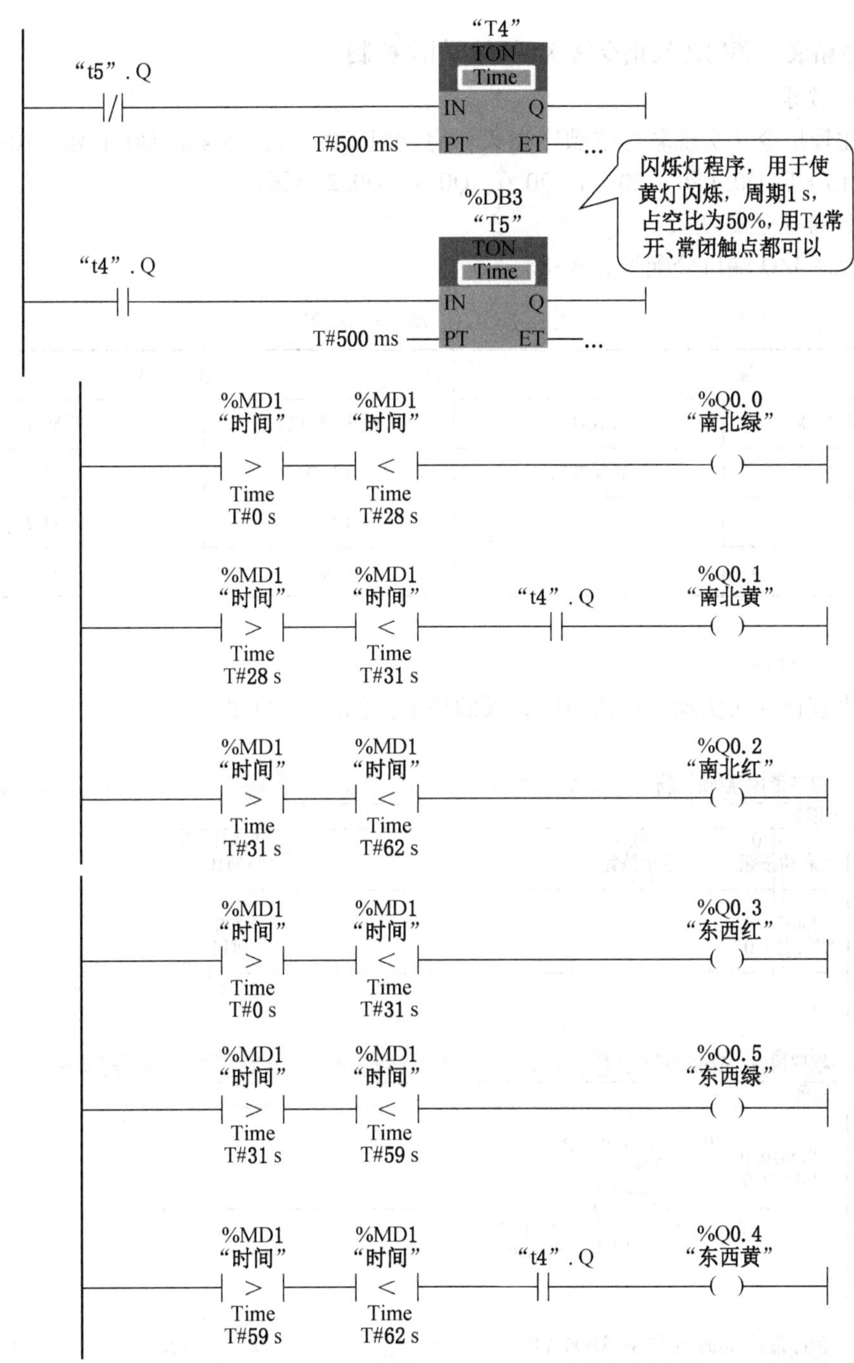

图 6-26　基于比较指令法的交通灯程序设计

对于十字路口交通信号灯项目，可以采用定时器法、比较指令法等多种方法。在交通信号灯控制项目中，采用定时器法，需注意多个定时器的应用；基于比较指令法的编程思路更清晰，可增强程序的可读性，使程序设计更简单、方便。

任务拓展：利用比较指令法实现彩灯顺序控制

1. 任务要求

利用比较指令法实现彩灯按顺序亮灭：启动时 Q0.0 亮，5 s 后 Q0.1 亮，10~15 s 后 Q0.2 亮，15 s 后 Q0.1 灭，20 s 后 Q0.0、Q0.1、Q0.2 全灭。

2. I/O 端口分配

彩灯控制 I/O 端口分配见表 6-8。

表 6-8 I/O 端口分配

输入		输出	
输入继电器	元器件	输出继电器	元器件
I0.0	启动按钮	Q0.0	彩灯 1
		Q0.1	彩灯 2
		Q0.2	彩灯 3

3. 梯形图程序

利用比较指令法实现彩灯按顺序亮灭的梯形图如图 6-27 所示。

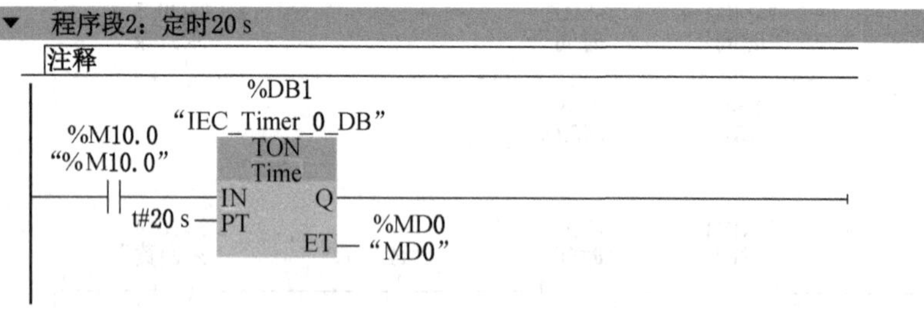

程序段3：定时到达5 s，灯Q0.1亮

注释

%MD0
“%MD0”
>=
Time
T#5 s
%Q0.1
“灯2”
S

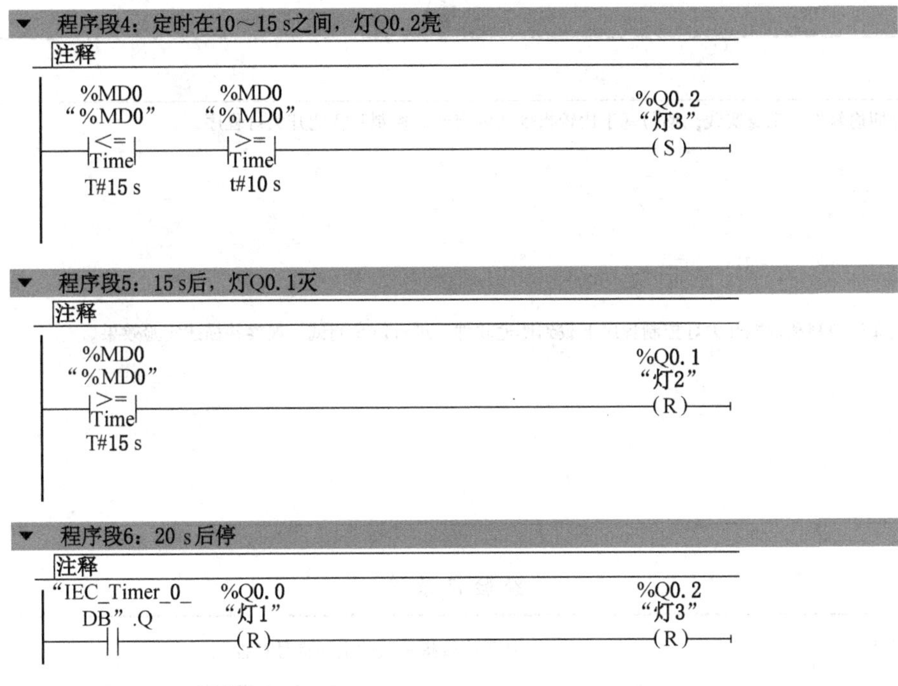

图 6-27　利用比较指令法实现彩灯按顺序亮灭的梯形图

任务评价反馈单

学生任务分配实施单

任务名称	基于比较指令法的交通信号灯控制				
班级		组号		指导教师	
组长		学号			
组员	姓名		学号		
	姓名		学号		
	姓名		学号		
	姓名		学号		

（就组织讨论、工具准备、数据采集记录、安全监督、成果展示等工作内容进行任务分工）

（续）

实施步骤
（1）打开博途软件，亲身实践，编写基于比较指令法的交通灯控制和智能开关灯程序。
（2）将交通灯控制和智能开关灯控制程序下载到博途软件，进行仿真调试，观察并描述实验效果。

经验记录单

任务名称	基于比较指令法的交通信号灯控制				
班级		姓名		指导教师	
学号		组号			

总结与经验

实验过程中，出现了哪些问题？你是如何解决的？
问题 1： 解决方法： 问题 2： 解决方法： 问题 3： 解决方法：

各小组互评打分表

<table>
<tr><td>姓名</td><td></td><td colspan="2">学号</td><td colspan="2"></td><td colspan="2">班级</td><td colspan="2"></td><td colspan="2">组别</td><td colspan="2"></td></tr>
<tr><td colspan="2">实训任务</td><td colspan="12">基于比较指令法的交通信号灯控制</td></tr>
<tr><td rowspan="2">评价项目</td><td rowspan="2">分值</td><td colspan="4">等级</td><td colspan="8">评价对象（组别）</td></tr>
<tr><td>A</td><td>B</td><td>C</td><td>D</td><td>1</td><td>2</td><td>3</td><td>4</td><td>5</td><td>6</td><td>7</td><td>8</td></tr>
<tr><td>方案合理</td><td>20</td><td>20</td><td>15</td><td>10</td><td>5</td><td></td><td></td><td></td><td></td><td></td><td></td><td></td><td></td></tr>
<tr><td>团队合作</td><td>20</td><td>20</td><td>15</td><td>10</td><td>5</td><td></td><td></td><td></td><td></td><td></td><td></td><td></td><td></td></tr>
<tr><td>工作质量</td><td>20</td><td>20</td><td>15</td><td>10</td><td>5</td><td></td><td></td><td></td><td></td><td></td><td></td><td></td><td></td></tr>
<tr><td>工作规范</td><td>20</td><td>20</td><td>15</td><td>10</td><td>5</td><td></td><td></td><td></td><td></td><td></td><td></td><td></td><td></td></tr>
<tr><td>PPT/演示展示</td><td>20</td><td>20</td><td>15</td><td>10</td><td>5</td><td></td><td></td><td></td><td></td><td></td><td></td><td></td><td></td></tr>
<tr><td>合计</td><td>100</td><td colspan="4">各组得分</td><td></td><td></td><td></td><td></td><td></td><td></td><td></td><td></td></tr>
</table>

总结与反思

（如：在本次任务实施过程中遇到了什么问题→如何解决的/解决不了的原因→本次任务心得体会）

教师评价打分表

姓名		学号		班级		组别	

<table>
<tr><td colspan="3">实训任务</td><td colspan="3">基于比较指令法的交通信号灯控制</td></tr>
<tr><td colspan="3">评价项目</td><td>评价标准</td><td>分值</td><td>得分</td></tr>
<tr><td colspan="3">考勤（10%）</td><td>未出现无故迟到、早退和旷课的现象</td><td>10</td><td></td></tr>
<tr><td rowspan="9">工作过程（60%）</td><td rowspan="2">知识目标</td><td>获取信息</td><td>掌握工作相关知识</td><td>10</td><td></td></tr>
<tr><td>进行表决</td><td>制订工作方案，方案合理可行</td><td>10</td><td></td></tr>
<tr><td rowspan="4">技能目标</td><td rowspan="4">任务实施</td><td>能够熟练操作博途软件</td><td>5</td><td></td></tr>
<tr><td>能够利用博途软件完成程序的编写与调试</td><td>5</td><td></td></tr>
<tr><td>能够利用博途软件进行程序的仿真与监控</td><td>5</td><td></td></tr>
<tr><td>软硬件结合，完成任务的控制与讲解演示</td><td>5</td><td></td></tr>
<tr><td rowspan="3">素养目标</td><td>工作态度</td><td>认真严谨、积极主动、安全生产、文明施工</td><td>5</td><td></td></tr>
<tr><td>团队合作</td><td>与小组成员、同学之间合作交流、协作工作</td><td>5</td><td></td></tr>
<tr><td>工作质量</td><td>能按照工作方案操作，按计划完成工作任务</td><td>10</td><td></td></tr>
<tr><td colspan="2" rowspan="3">项目成果（30%）</td><td>工作完整</td><td>能按时完成工作任务的所有环节</td><td>10</td><td></td></tr>
<tr><td>工作规范</td><td>过程中规范操作，避免意外事故发生</td><td>10</td><td></td></tr>
<tr><td>汇报展示</td><td>能准确表达、汇报工作成果</td><td>10</td><td></td></tr>
<tr><td colspan="4">合计</td><td>100</td><td></td></tr>
</table>

<table>
<tr><td rowspan="2">综合评价</td><td>学生评价（50%）</td><td>教师评价（50%）</td><td>综合得分</td></tr>
<tr><td></td><td></td><td></td></tr>
<tr><td>综合评语</td><td colspan="3">（作业过程中存在的问题及改进建议）</td></tr>
</table>

任务三　基于数据运算指令的压力数值转换

任务描述

本任务将利用数据运算指令，实现恒压供水系统中压力数值采集和转换。为满足需求实现过程控制、数据处理等，需要运用算术运算、逻辑运算和转换等特殊功能。某恒压供水系统的压力监测示意图如图 6-28 所示。该供水系统远程压力变送器的量程为 0~10 MPa，输出信号为 0~10 V 电压信号，被 PLC 模拟量通道 IW64 转换为 0~27648 的数字量 N，试求以 kPa 为单位的压力值。

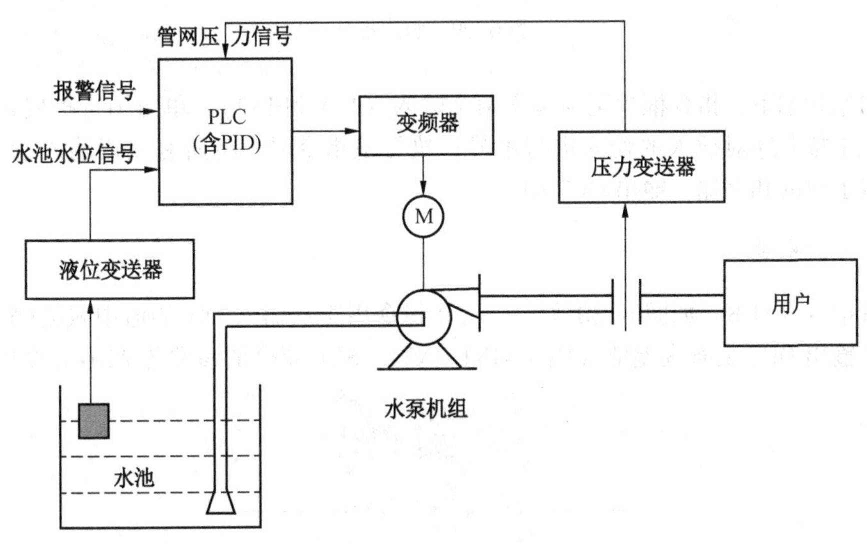

图 6-28　恒压供水系统的压力监测示意图

任务分析

在 PLC 的学习过程中，是否能够熟练应用各种指令至关重要。对指令掌握的熟练度决定了编程的准确性、可靠性及编程效率。即将介绍的数学函数指令，在工业生产中应用非常广泛，如模拟量转换为数字量的公式、编码器编码值的计算、位置计算等。最常用的还是四则运算指令，主要包括加法、减法指令，乘法、除法指令，取余数指令和计算指令（可自定义公式）。

一、加法指令

PLC 的算术运算指令及应用

加法指令（ADD）如图 6-29 所示。S7-1200 的 ADD 指令可以从 TIA 博途软件右边指令窗口“基本指令”下的“数学函数”中直接添加，使用 ADD 指令，选择数据类型，将输入 IN1 的值与输入 IN2 的值相加，并在输出 OUT（OUT=IN1+IN2）处查询总和。

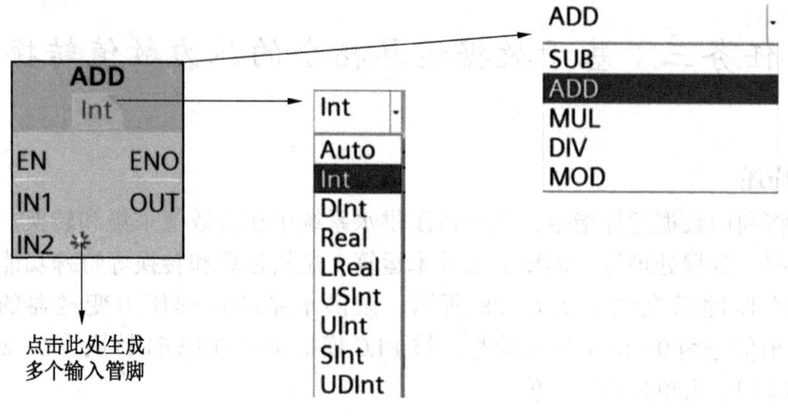

图 6-29 加法指令

在初始状态下，指令框中至少包含两个输入（IN1 和 IN2），单击图符扩展输入数目，在功能框中按升序对插入的输入进行编号，执行该指令时，将所有可用输入参数的值相加，并将求得的和存储在输出 OUT 中。

二、减法指令

减法指令（SUB）如图 6-30 所示。SUB 指令用于从输入 IN1 的值中减去输入 IN2 的值，并在输出 OUT 处查询差值（OUT=IN1-IN2）。SUB 指令的参数与 ADD 指令的相同。

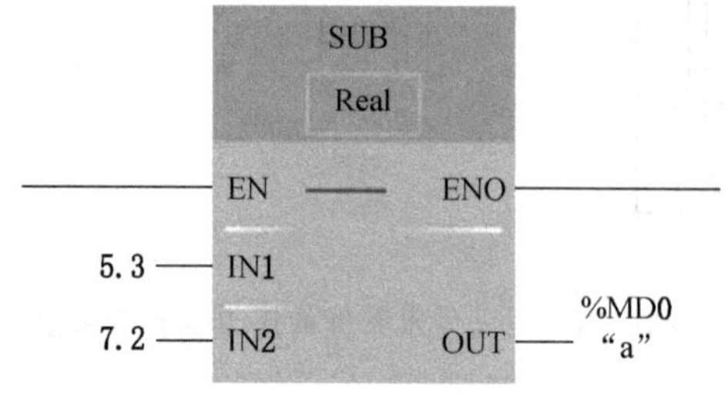

图 6-30 减法指令

三、乘法指令

乘法指令（MUL）如图 6-31 所示。MUL 指令用于将输入 IN1 的值乘以输入 IN2 的值，并在输出 OUT 处查询乘积（OUT=IN1 * IN2）。与 ADD 指令一样，可以在指令功能框

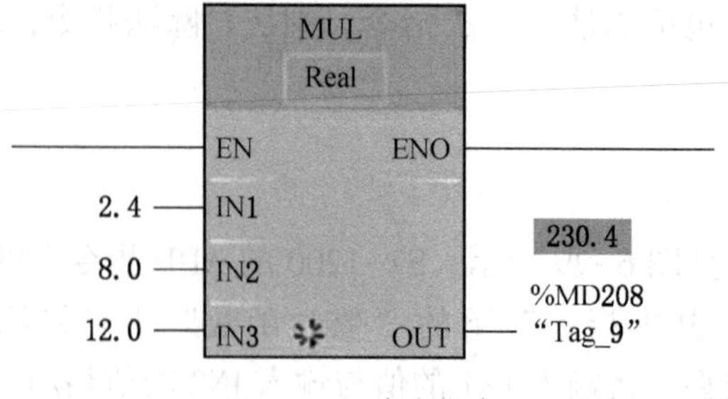

图 6-31 乘法指令

中展开输入的数字，并在功能框中按照升序对插入的输入进行编号。

四、除法指令

除法指令（DIV）如图 6-32 所示。除法指令 DIV 用于将输入 IN1 的值除以输入 IN2 的值，并将除得的商保存在输出 OUT 指定的寄存器中，余数被省略不显示。如果需要求余数，则需使用 MOD 指令。

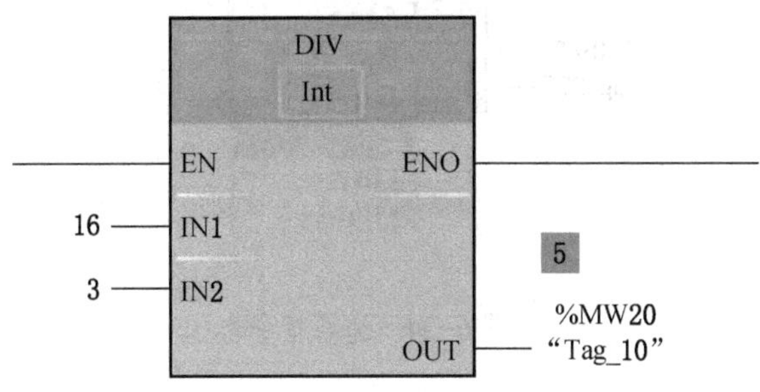

图 6-32　除法指令

【例】　温度传感器将采集的温度值转换为电压信号输入 PLC，温度测量范围为 0~100 ℃，数值经过模拟量通道 0（地址为 IW64）A/D 转换为 0~27648 的数值。假设转换后的数字量为 *T*，试求其对应的温度值。

解　在编辑指令时，为保证运算精度，应先乘后除，转换公式为

$$T=\frac{\text{IW64}}{27648}\times 100$$

因为公式中 IW64 乘以 100 的运算结果可能大于 16 位整数的最大值 32767（IW64 为 16 位存储器），因此应先将 IW64 中的数值数据类型转换为实数，再进行乘除运算。其程序设计如图 6-33 所示。

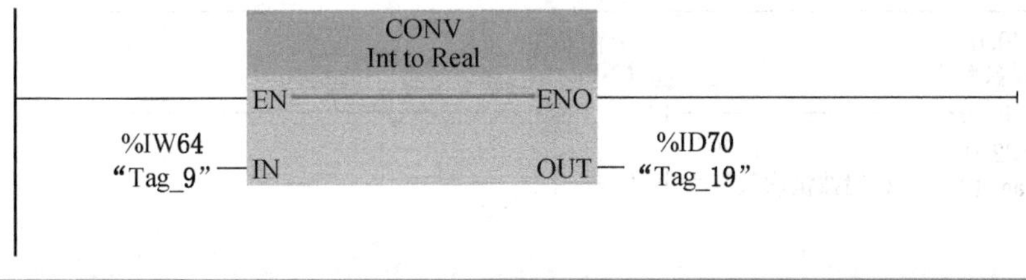

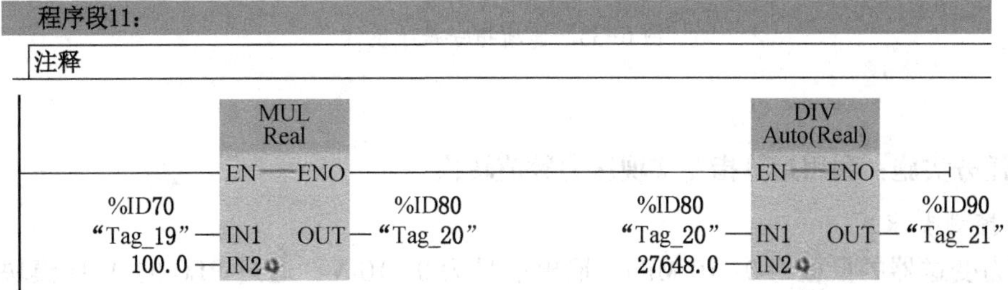

图 6-33　运算指令程序设计

五、递增指令

递增指令如图 6-34 所示。执行递增指令时，参数 IN/OUT 的值加 1。

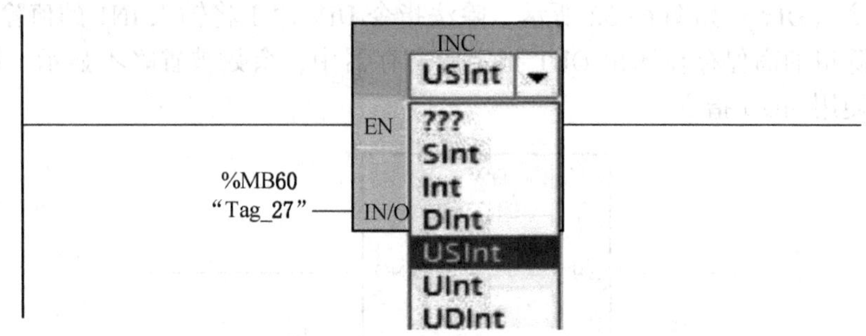

图 6-34 递增指令

【例】 用一个点动按键作为 PLC 的输入信号，记录按键点动的次数并存储在 MB20 地址中。INC 指令可用于检测 I0.0 按键动作的次数，应在 INC 的使能输入端接检测能流上升沿的 P_TRIG 指令，否则在 I0.0 状态为 1 的每个循环扫描周期，MB20 都要累加 1。其程序设计如图 6-35 所示。

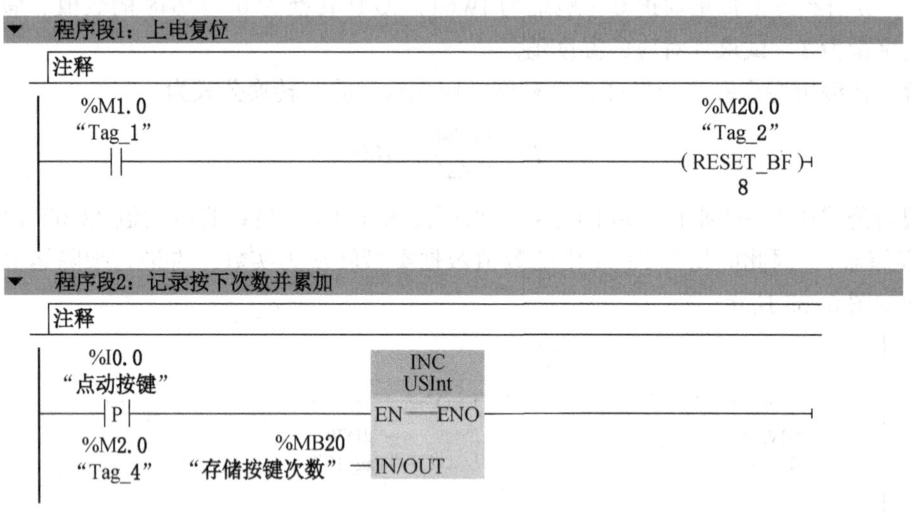

图 6-35 递增指令程序设计

任务实施：利用运算指令实现压力数值转换

1. 控制要求

压力变送器的量程为 0~10 MPa，输出信号为 0~10 V，通过 PLC 的 A/D 模块转换为 0~27648 的数字量 N，试求以 kPa 为单位的压力值。压力与电压关系如图 6-36a 所示，数字量与电压关系如图 6-36b 所示。

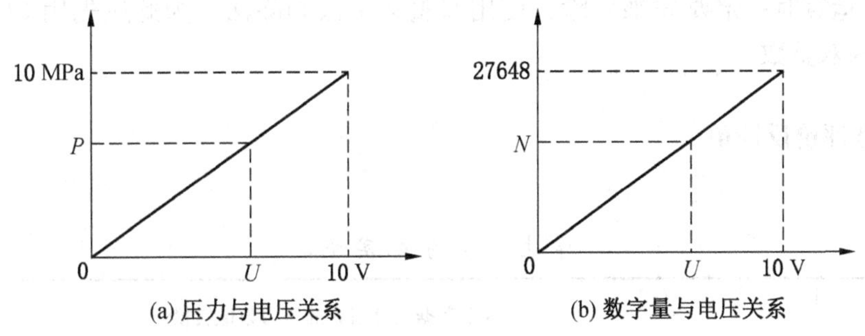

(a) 压力与电压关系　　(b) 数字量与电压关系

图 6-36　压力、电压与数字量的关系

2. 任务分析

模拟量信号是自动化过程控制系统中最基本的过程信号（压力、温度、流量等）输入形式。系统中的过程信号通过变送器，将这些检测信号转化为统一的电压、电流信号，并将这些信号实时传送至 PLC，PLC 通过计算转换，将这些模拟量信号转化为内部的数值信号，从而实现系统的监控及控制。

从图 6-36 中，可得出下列转换公式：

$$P=(10000\ N)/27648(\mathrm{kPa})$$

3. I/O 接线图

压力变送器 I/O 接线图如图 6-37 所示，注意压力变送器接在模拟量输入通道中，其地址是 IW64，这个地址是组态时设定的地址。

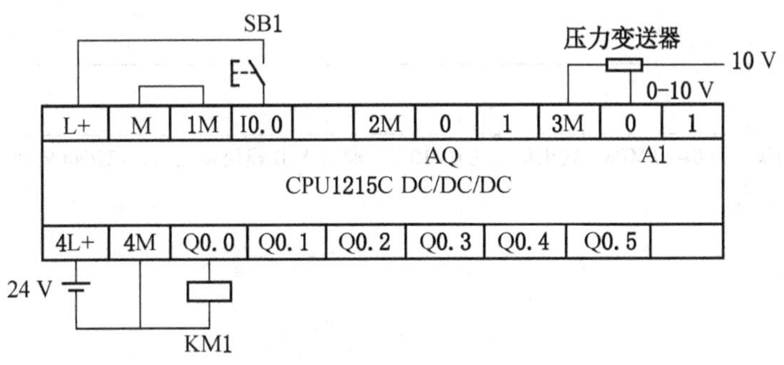

图 6-37　压力变送器 I/O 接线图

4. 程序设计

利用运算指令实现模拟量数值梯形图如图 6-38 所示。临时变量“#Temp”的数据类

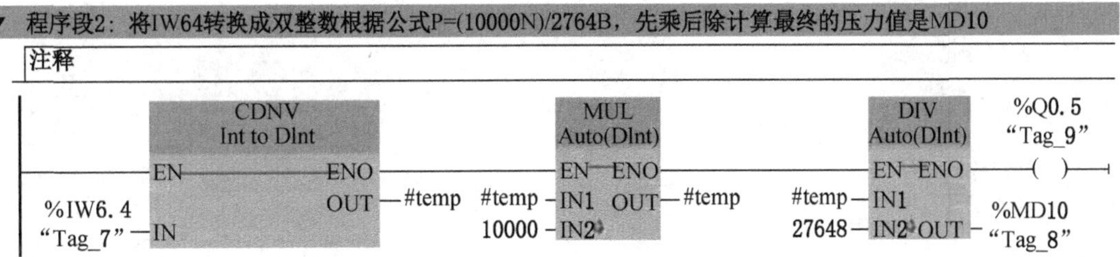

图 6-38　利用运算指令实现模拟量数值梯形图

型为 DInt，运算时一定要先乘后除，使用双整数乘法和除法。为此应先用 CONV 指令将 IW64 转化为双整数。

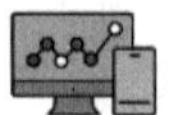

任务评价反馈单

学生任务分配实施单

<table>
<tr><td>任务名称</td><td colspan="5">基于数据运算指令的压力数值转换</td></tr>
<tr><td>班级</td><td></td><td>组号</td><td></td><td rowspan="2">指导教师</td><td rowspan="2"></td></tr>
<tr><td>组长</td><td></td><td>学号</td><td></td></tr>
<tr><td rowspan="4">组员</td><td>姓名</td><td></td><td>学号</td><td></td><td></td></tr>
<tr><td>姓名</td><td></td><td>学号</td><td></td><td></td></tr>
<tr><td>姓名</td><td></td><td>学号</td><td></td><td></td></tr>
<tr><td>姓名</td><td></td><td>学号</td><td></td><td></td></tr>
</table>

（就组织讨论、工具准备、数据采集记录、安全监督、成果展示等工作内容进行任务分工）

实施步骤

（1）压力变送器的量程为 0~10 MPa，输出信号为 0~10 V，通过 A/D 模块转换为 0~27648 的数字 N，写出以 kPa 为单位的压力值转换公式。

（2）在博途软件中，利用运算指令编程实现压力数值转化程序，将程序下载到 PLC 硬件中，软硬件联合调试，观察并描述实验效果。

经验记录单

任务名称	基于数据运算指令的压力数值转换				
班级		姓名		指导教师	
学号		组号			

打开博途软件，亲身实践，写出基于运算指令的 9 s 倒计时控制程序。

将基于运算指令的 9 s 倒计时程序下载到博途软件，进行仿真调试，观察并描述实验效果。

实验过程中，出现了哪些问题？你是如何解决的？

问题 1：
解决方法：

问题 2：
解决方法：

问题 3：
解决方法：

各小组互评打分表

<table>
<tr><td>姓名</td><td></td><td colspan="2">学号</td><td colspan="2"></td><td colspan="2">班级</td><td colspan="2"></td><td colspan="2">组别</td><td colspan="2"></td></tr>
<tr><td colspan="2">实训任务</td><td colspan="12">基于数据运算指令的压力数值转换</td></tr>
<tr><td rowspan="2">评价项目</td><td rowspan="2">分值</td><td colspan="4">等级</td><td colspan="8">评价对象（组别）</td></tr>
<tr><td>A</td><td>B</td><td>C</td><td>D</td><td>1</td><td>2</td><td>3</td><td>4</td><td>5</td><td>6</td><td>7</td><td>8</td></tr>
<tr><td>方案合理</td><td>20</td><td>20</td><td>15</td><td>10</td><td>5</td><td></td><td></td><td></td><td></td><td></td><td></td><td></td><td></td></tr>
<tr><td>团队合作</td><td>20</td><td>20</td><td>15</td><td>10</td><td>5</td><td></td><td></td><td></td><td></td><td></td><td></td><td></td><td></td></tr>
<tr><td>工作质量</td><td>20</td><td>20</td><td>15</td><td>10</td><td>5</td><td></td><td></td><td></td><td></td><td></td><td></td><td></td><td></td></tr>
<tr><td>工作规范</td><td>20</td><td>20</td><td>15</td><td>10</td><td>5</td><td></td><td></td><td></td><td></td><td></td><td></td><td></td><td></td></tr>
<tr><td>PPT/演示展示</td><td>20</td><td>20</td><td>15</td><td>10</td><td>5</td><td></td><td></td><td></td><td></td><td></td><td></td><td></td><td></td></tr>
<tr><td>合计</td><td>100</td><td colspan="4">各组得分</td><td></td><td></td><td></td><td></td><td></td><td></td><td></td><td></td></tr>
</table>

总结与反思

（如：在本次任务实施过程中遇到了什么问题→如何解决的/解决不了的原因→本次任务心得体会）

教师评价打分表

<table>
<tr><td>姓名</td><td colspan="2"></td><td>学号</td><td></td><td>班级</td><td></td><td>组别</td><td></td></tr>
<tr><td colspan="3">实训任务</td><td colspan="6">基于数据运算指令的压力数值转换</td></tr>
<tr><td colspan="3">评价项目</td><td colspan="4">评价标准</td><td>分值</td><td>得分</td></tr>
<tr><td colspan="3">考勤（10%）</td><td colspan="4">未出现无故迟到、早退和旷课的现象</td><td>10</td><td></td></tr>
<tr><td rowspan="9">工作过程（60%）</td><td rowspan="2">知识目标</td><td>获取信息</td><td colspan="4">掌握工作相关知识</td><td>10</td><td></td></tr>
<tr><td>进行表决</td><td colspan="4">制订工作方案，方案合理可行</td><td>10</td><td></td></tr>
<tr><td rowspan="4">技能目标</td><td rowspan="4">任务实施</td><td colspan="4">分配 PLC 变量</td><td>5</td><td></td></tr>
<tr><td colspan="4">完成 PLC 外部硬件接线图</td><td>5</td><td></td></tr>
<tr><td colspan="4">编写 PLC 程序</td><td>5</td><td></td></tr>
<tr><td colspan="4">下载程序并调试运行</td><td>5</td><td></td></tr>
<tr><td rowspan="3">素养目标</td><td>工作态度</td><td colspan="4">认真严谨、积极主动、安全生产、文明施工</td><td>5</td><td></td></tr>
<tr><td>团队合作</td><td colspan="4">与小组成员、同学之间合作交流、协作工作</td><td>5</td><td></td></tr>
<tr><td>工作质量</td><td colspan="4">能按照工作方案操作，按计划完成工作任务</td><td>10</td><td></td></tr>
<tr><td colspan="2" rowspan="3">项目成果（30%）</td><td>工作完整</td><td colspan="4">能按时完成工作任务的所有环节</td><td>10</td><td></td></tr>
<tr><td>工作规范</td><td colspan="4">过程中规范操作，避免意外事故发生</td><td>10</td><td></td></tr>
<tr><td>汇报展示</td><td colspan="4">能准确表达、汇报工作成果</td><td>10</td><td></td></tr>
<tr><td colspan="7">合计</td><td>100</td><td></td></tr>
<tr><td colspan="3" rowspan="2">综合评价</td><td colspan="2">学生评价（50%）</td><td colspan="2">教师评价（50%）</td><td colspan="2">综合得分</td></tr>
<tr><td colspan="2"></td><td colspan="2"></td><td colspan="2"></td></tr>
<tr><td colspan="3">综合评语</td><td colspan="6">（作业过程中存在的问题及改进建议）</td></tr>
</table>

任务四　伺服电机运动控制

任务描述

伺服电机（Servo Motor）是指在伺服系统中控制机械元件运转的发动机，是一种补助马达间接变速装置。伺服电机可以控制速度，位置精度非常准确，可以将电压信号转化为转矩和转速以驱动控制对象。伺服电机转子转速受输入信号控制，并能快速反应，在自动控制系统中，用作执行元件，且具有机电时间常数小、线性度高等特性，可把收到的电信号转化为电动机轴上的角位移或角速度输出。

伺服电机的应用领域非常广泛。只要是对控制精度和工作可靠性等要求相对较高的控制对象，都可能涉及伺服电机，如机床、印刷设备、包装设备、纺织设备、激光加工设备、机器人、自动化生产线等。

任务分析

伺服系统由伺服驱动装置和驱动元件（或称执行元件，伺服电机）组成，高性能的伺服系统还包括检测装置，反馈实际的输出状态。伺服电机是利用伺服驱动器实现控制的，电机是一个执行机构，伺服驱动是一个发出命令的机构。伺服电机控制器是数控系统及其他相关机械控制领域的关键器件，一般通过位置、速度和力矩 3 种方式对伺服马达进行控制，实现高精度的传动系统定位。

一、高速脉冲与高速计数器计数

1. 高速脉冲输出设置

高速计数器能计算比普通扫描频率更快的脉冲信号，它的工作原理与普通计数器类似，只是计数通道的响应时间更短。在越来越多的控制过程中需要对高速脉冲信号进行处理，而普通的计数方式远远不能满足要求，为此需要用到高速计数器。

S7-1200 PLC 晶体管输出型有 4 个 PTO/PWM 发生器，其中脉冲列输出（PTO）提供占空比为 50% 的方波脉冲列输出，脉冲宽度调制（PWM）提供连续的、脉冲宽度可用程序控制的脉冲列输出。4 个 PTO/PWM 发生器分别通过 CPU 集成的 Qa. 0～Qa. 3 输出。

在设备组态界面，选中相应的 CPU，选择“属性”选项卡中的“脉冲发生器”，在“常规”栏中选择“启用该脉冲发生器”复选项，在“参数分配”栏中选择“信号类型”是“PTO”输出还是“PWM”输出。如果选择“PWM”输出，则可以选择“时基”是 ms 还是 μs，“脉宽格式”是百分之一、千分之一、万分之一还是模拟量格式，再设置“循环时间”及“初始脉冲宽度”。如果选择“PTO”输出，则“参数分配”栏中采用系统默认值（图 6-39）。“硬件输出”栏均采用系统默认值。设置脉冲输出地址如图 6-40 所示。

2. 高速计数器功能设置

由于普通计数器指令受扫描周期的影响，计数频率小于扫描频率的 1/2，为实现高频计数，必须采用高速计数器指令。S7-1200 PLC 最多集成了 6 个高速计数器 HSC1～HSC6。

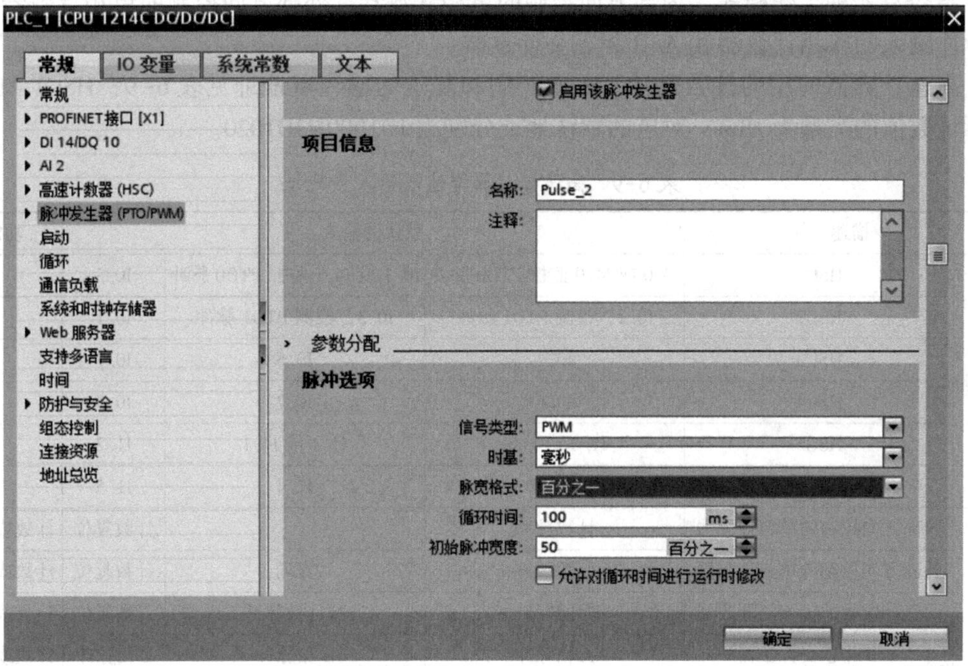

图 6-39　脉冲发生器参数设置

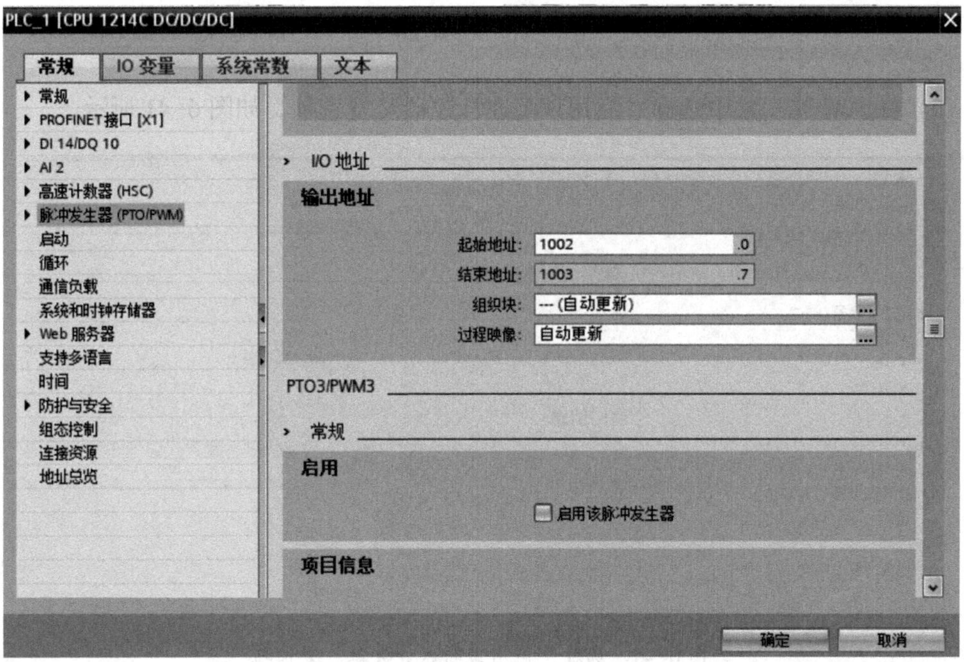

图 6-40　脉冲输出地址设置

HSC 指令有 4 种工作模式：内部方向控制的单相计数器、外部方向控制的单相计数器、两路脉冲输入的双相计数器和 A/B 相正交计数器。

高速计数器使用的计数脉冲、方向控制和复位的输入点地址见表 6-9，HSC1～HSC6 实际计数值的类型为 DInt，对应的默认地址分别为 ID1000～ID1020。

表 6-9　高速计时器描述及输入点地址

描述		默认的输入			功能
HSC	HSC1	I0.0 或 I4.0 监控 PTO0 脉冲	I0.1 或 I4.1 监控 PTO0 脉冲	I0.3	
	HSC2	I0.2，检测 PTO1 脉冲	I0.3，检测 PTO1 脉冲	I0.1	
	HSC3	I0.4	I0.5	I0.7	
	HSC4	I0.6	I0.7	I0.5	
	HSC5	I1.0 或 I4.0	I1.1 或 I4.1	I1.2	
	HSC6	I1.3	I1.4	I1.5	
模式	内部方向控制的单相计数器	计数脉冲		计数复位	计数或测频
	外部方向控制的单相计数器	计数脉冲	方向	计数复位	计数或测频
	两路计数脉冲输入的计数器	加计数脉冲	减计数脉冲	计数复位	计数或测频
	A/B 相正交计数器	A 相脉冲	B 相脉冲	Z 相脉冲	计数或测频
	监控脉冲输入（PTO）	计数脉冲	方向		计数

高速计数器的组态步骤如下。

（1）在设备组态界面，选择 CPU 的“属性”选项卡，并选择某一高速计数器，如“HSC1”。

（2）在“常规”栏中选择“启用该高速计数器”复选项，如图 6-41 所示。

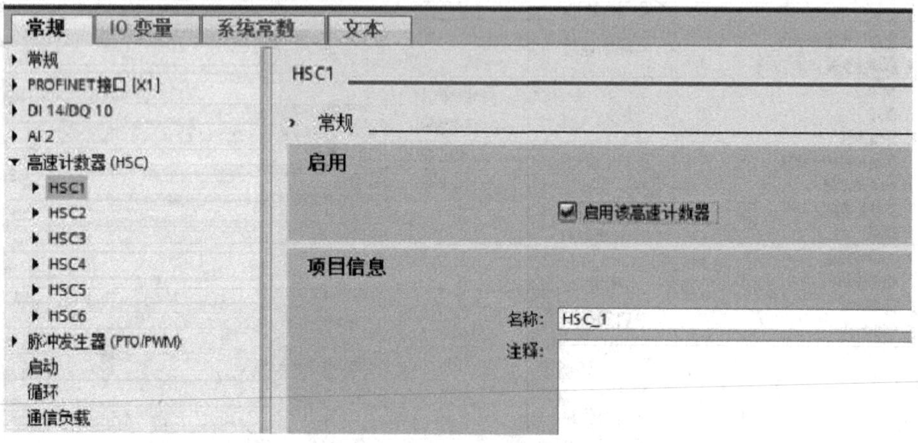

图 6-41　选择“启用该高速计数器”复选项

（3）在“功能”栏（图 6-42）中，可设置“计数类型”为“计数”“频率”和“轴”。

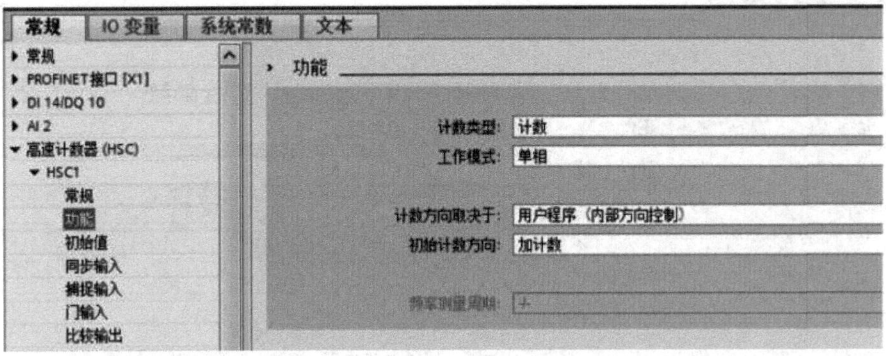

图 6-42　高速计数器功能设置

（4）在“初始值”栏中，可以设置“初始计数器值”和“初始参考值”，如图 6-43 所示。

（5）在“同步输入”栏中，若选用“使用外部同步输入”复选项，“同步输入的信号电平”可以选择“高电平有效”和“低电平有效”，如图 6-44 所示。

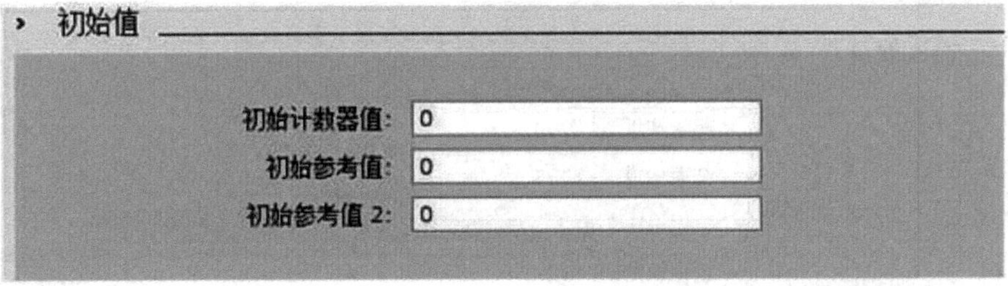

图 6-43　“初始值”设置

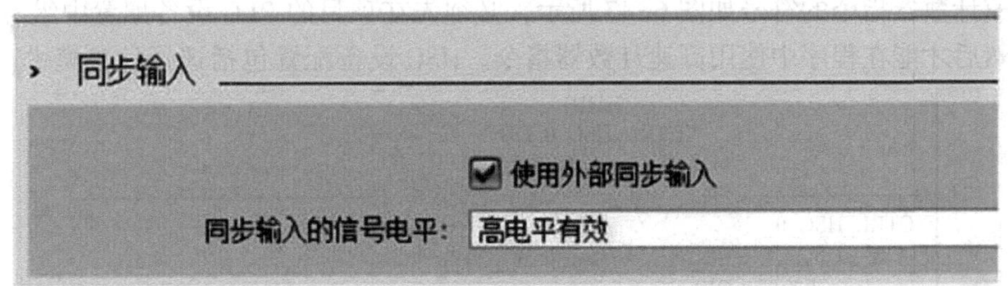

图 6-44　“同步输入”设置

（6）在“事件组态”栏中，可以启用“为计数器值等于参考值这一事件生成中断”“为同步事件生成中断”“外部复位事件生成中断”“方向变化事件生成中断”复选项，如图 6-45 所示。

（7）在“I/O 地址”栏中，可以设定输入起始地址，系统提供默认值如图 6-46 所示。

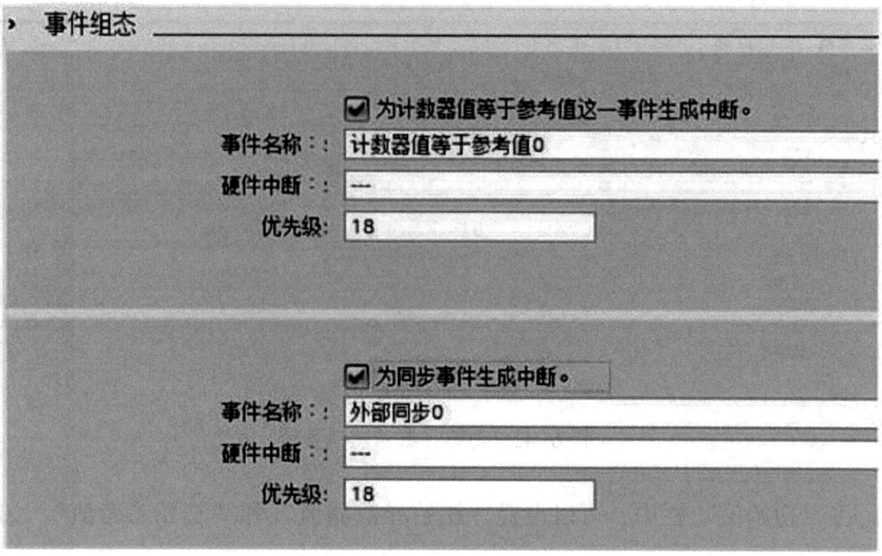

事件组态
为计数器值等于参考值这一事件生成中断。
事件名称：计数器值等于参考值0
硬件中断：---
优先级：18
为同步事件生成中断。
事件名称：外部同步0
硬件中断：---
优先级：18

图 6-45 “事件组态”设置

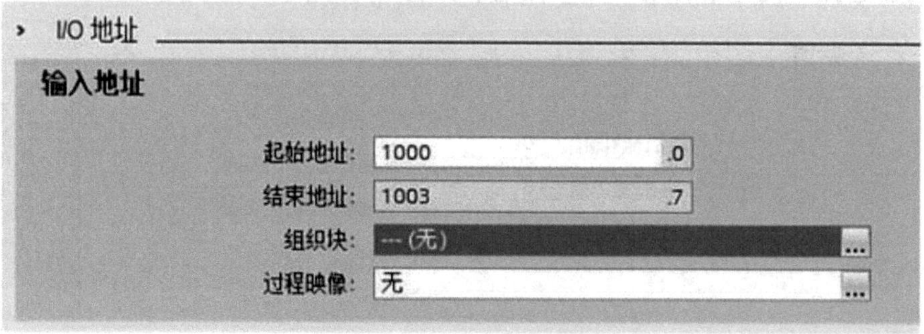

I/O 地址
输入地址
起始地址：1000 .0
结束地址：1003 .7
组织块：--- (无)
过程映像：无

图 6-46 “I/O 地址”设置

高速计数器指令的符号如图 6-47 所示，必须先在项目的 PLC 设备配置中组态高速计数器，然后才能在程序中使用高速计数器指令。HSC 设备配置包括选择计数模式、I/O 连

%DB1
“CTRL_HSC_0_DB”
CTRL_HSC
EN
ENO
BUSY
STATUS
“CTRL_HSC_0_DB”.HSC
HSC
False DIR
False CV
False RV
False PERIOD
0 NEW_DIR
0 NEW_CV
0 NEW_RV
0 NEW_PERIOD

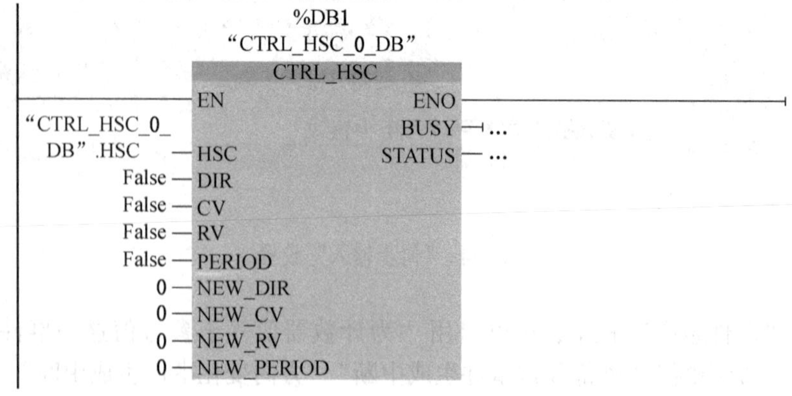

图 6-47 高速计数器指令的符号

接、中断分配，以及作为高速计数器还是设备来测量脉冲频率。无论是否采用程序控制，均可操作高速计数器，其指令各参数功能说明见表 6-10。

表 6-10　高速计数器指令各参数功能说明

参数	参数类型	数据类型	说　明
HSC	IN	HW_HSC	高速计数器硬件标识符
DIR	IN	Bool	I=使能新方向请求
CV	IN	Bool	I=使能新的计数器值
RV	IN	Bool	I=使能新的参考值
PERIOD	IN	Bool	I=使能新的频率测量周期值（仅限频率测量模式）
NEW_DIR	IN	Int	新方向：I=正方形，-I=反方向
NEW_CV	IN	DInt	新计数器值
NEW_RV	IN	DInt	新参考值
NEW_PERIOD	IN	Int	以秒为单位的新频率测量周期值：0.01、0.1 或 1（仅限频率测量模式）
BUSY	OUT	Bool	功能忙
STATUS	OUT	Word	执行条件代码

二、运动控制功能设置

S7-1200 PLC 在运动控制中使用了轴的概念，通过对轴的组态，包括硬件接口、位置定义、动态特性、机械特性等相关指令块的组合使用，实现绝对位置、相对位置、点动、速度控制、转速控制及自动寻找参考点等功能。

1. 运动控制基本配置

CPU 输出脉冲和方向信号给步进或伺服电动机驱动设备，驱动设备再将 CPU 的输出信号处理后传送给步进或伺服电动机，从而控制电动机运动到指定位置。电动机轴上的编码器输入信号，再反馈到驱动器，形成闭环控制，计算速度与位置。

S7-1200 PLC 的 DC/DC/DC 型提供了直接控制驱动器的板载输出，继电器型输出需要信号板控制驱动器。两个控制信号中，一个输出脉冲信号，为驱动器提供脉冲数；一个输出方向信号，用于控制驱动器的行进方向。脉冲信号输出和方向信号输出具有特定的分配关系。板载输出和信号板输出可用作脉冲输出和方向输出，在设备组态的“属性”选项中可以选择板载输出或信号板输出。运动控制的基本配置如图 6-48 所示。

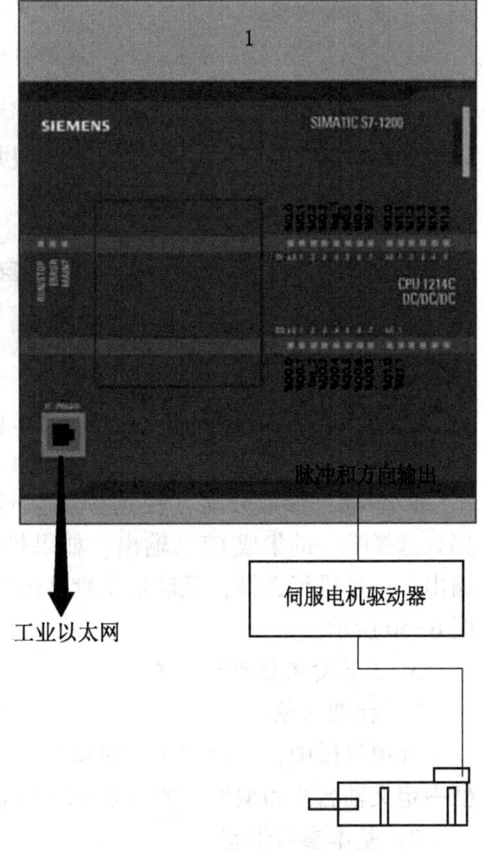

图 6-48　运动控制的基本配置

2. 脉冲输出配置

S7-1200 PLC 通过板载或信号板上的输出点，可以输出占空比为 50% 的 PTO 信号。其组态步骤如下。

（1）在项目树中选择“设备组态”，选择“属性”选项卡中的“脉冲发生器”，在“常规”栏选择“启用该脉冲发器”，使能脉冲输出，如图 6-49 所示。

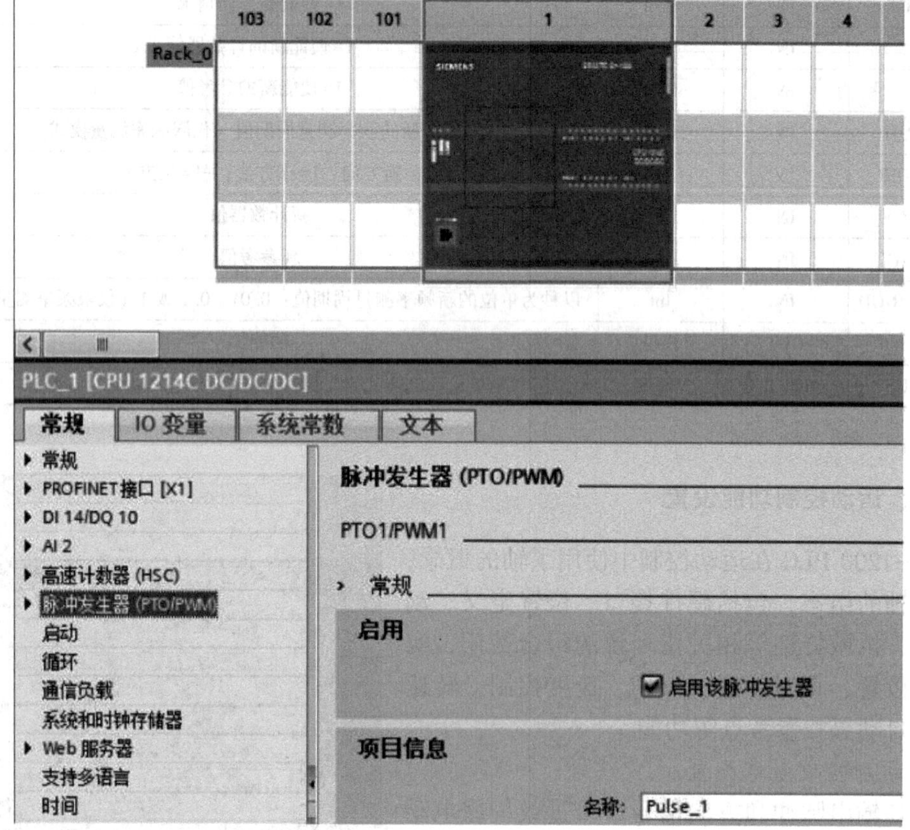

图 6-49 使能脉冲输出

（2）在“参数分配”栏选择“信号类型”为“PTO”输出。如果没有扩展信号板，那么选择唯一的集成 CPU 输出；如果扩展了信号板，则可以选择信号板输出或集成 CPU 输出。一旦进行选择，就确定了默认的硬件输出点。“参数分配”与“硬件输出”设置如图 6-50 所示。

3. 工艺对象轴参数设置

1）新增对象

在项目树中，选择“工艺对象”→“新增对象”项，如图 6-51 所示。在打开的对话框中定义轴名称和编号，如图 6-52 所示。

2）基本参数组态

在完成轴添加后，可以在项目树中看到已添加的工艺对象“轴_1”，双击“组态”图

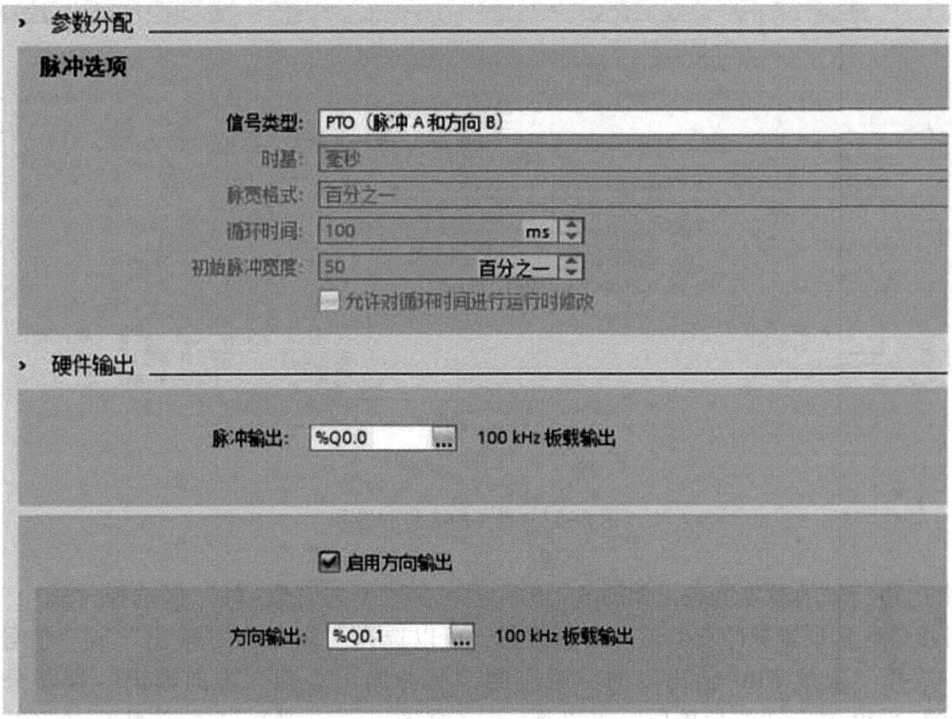

图 6-50 “参数分配”与“硬件输出”设置

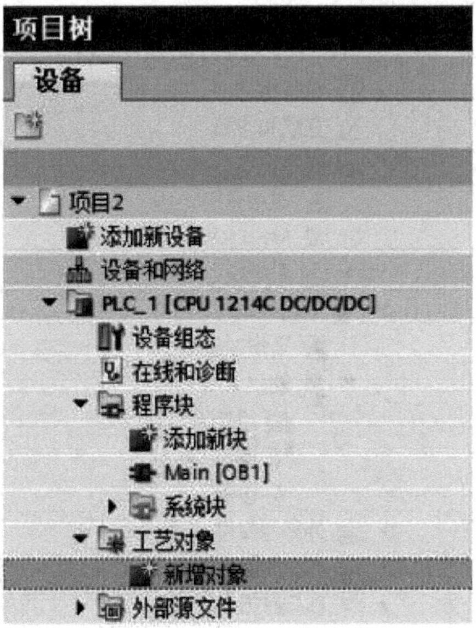

图 6-51 新增对象

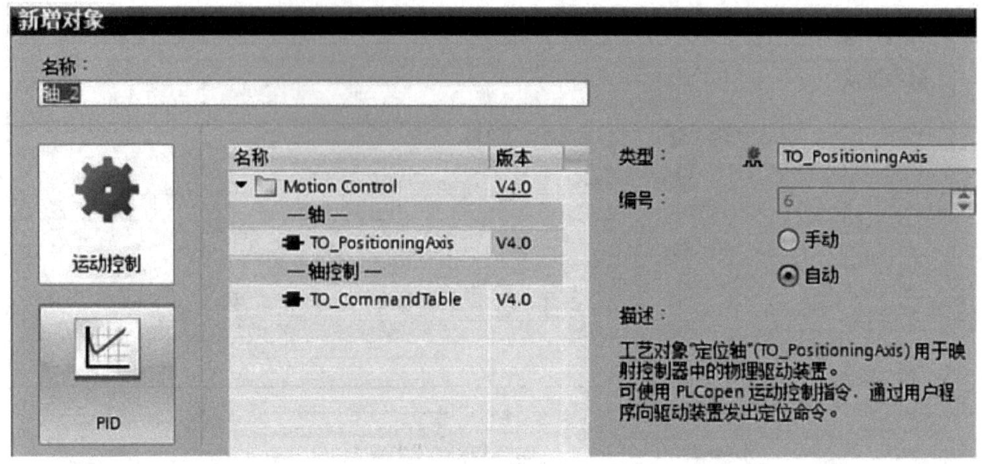

图 6-52　定义轴名称和编号

标按钮，进行轴的参数组态，如图 6-53 所示。在“工艺对象-轴”区选择“轴_1”，在“硬件接口”区设置脉冲发生器的输出位置，可以选择“集成 CPU 输出”或“信号板输出”。选择“集成 CPU 输出”时，对应的“脉冲输出”和“方向输出”端子分别为“Q0.0”“Q0.1”；“测量单位”可以是 mm（毫米）、m（米）、in（英寸）、ft（英尺）、pulse（脉冲数），如图 6-54 所示。

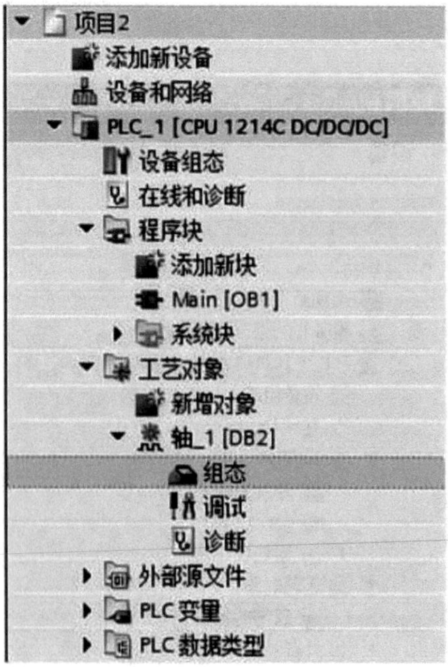

项目2
添加新设备
设备和网络
PLC_1 [CPU 1214C DC/DC/DC]
设备组态
在线和诊断
程序块
添加新块
Main [OB1]
系统块
工艺对象
新增对象
轴_1 [DB2]
组态
调试
诊断
外部源文件
PLC 变量
PLC 数据类型

图 6-53　轴的组态

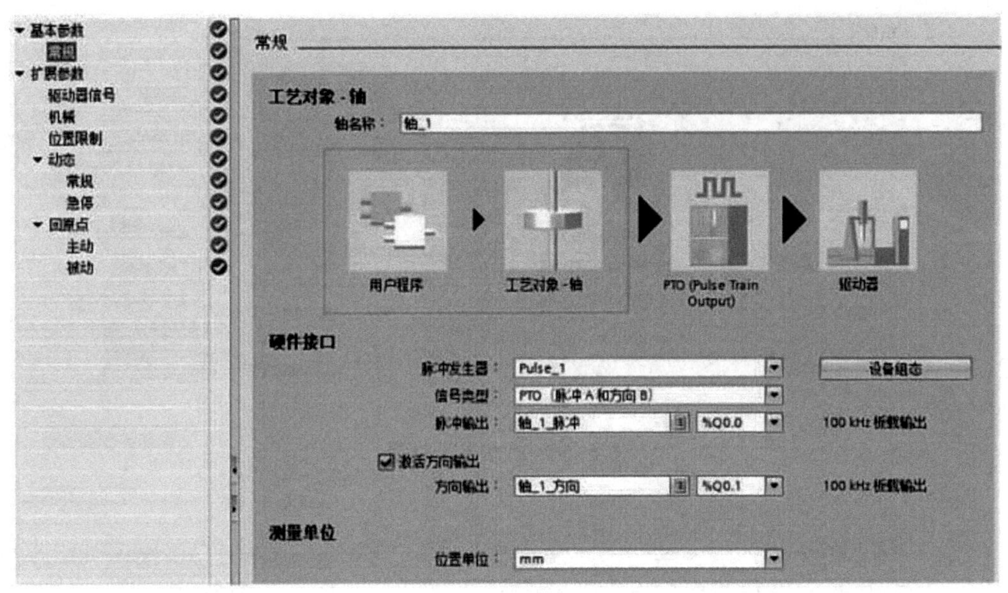

图 6-54　轴的基本参数设置

3）扩展参数设置

（1）扩展参数中的驱动器信号：在“驱动器信号”栏选择“启用驱动器”，设置使能驱动器的输出点。选择“就绪输入”，当驱动设备正常时会给一个开关量输出，此信号可接入 CPU，告知运动控制驱动器正常。如果驱动器不提供这种接口，此项设置为“TRUE”，如图 6-55 所示。

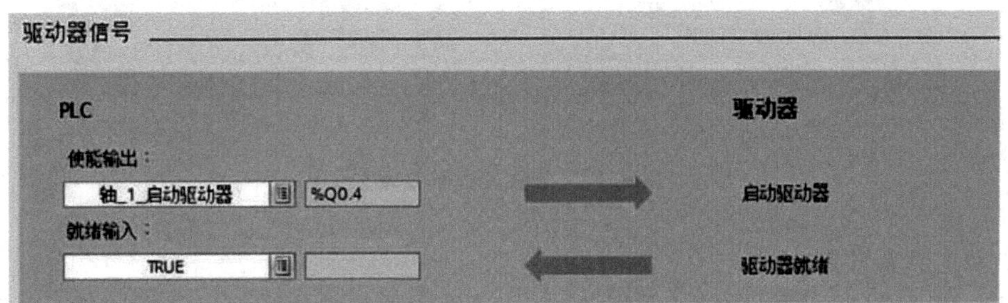

图 6-55　驱动器信号设置

（2）扩展参数中的机械参数：在“机械”栏设置电动机每旋转一周的脉冲数及负载位移，如图 6-56 所示。

（3）扩展参数中的位置监视参数：一旦在“位置限制”栏选择“启用硬限位开关”复选项，就可以设置“硬件下限位开关输入”和“硬件上限位开关输入”；限位点的有效电平可以设置为高电平有效和低电平有效。选择“启用软限位开关”复选项后就可以设置“软限位开关下限位置”和“软限位开关上限位置”的值，如图 6-57 所示。

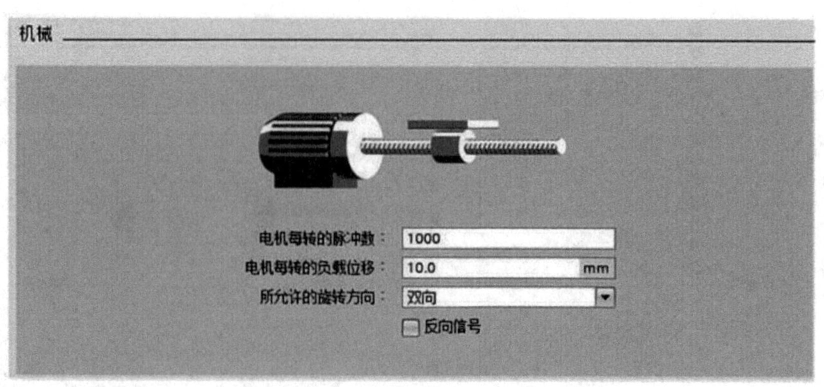

图 6-56　机械参数设置

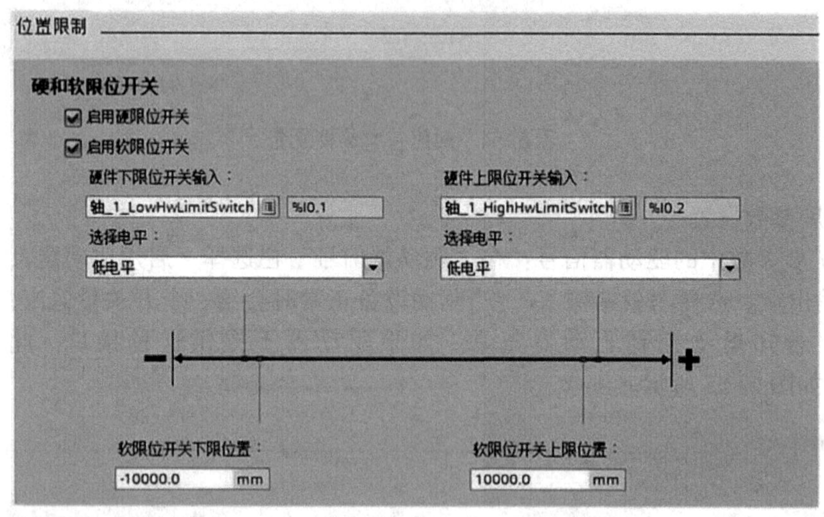

图 6-57　位置监视参数设置

4. 动态参数设置

（1）在“常规”栏设置轴的常规参数。“速度限值的单位”可以选择“转/min”“脉冲/s”“mm/s”3 种；“最大转速”为系统运行的最大速度值；“启动停止速度”为系统运行的启停速度及加速度、减速度值（或加速时间、减速时间），如图 6-58 所示。

（2）在“急停”栏设置轴的急停参数。设置“最大转速”和“启动/停止速度”的值，如图 6-59 所示。

（3）在“回原点”栏设置回原点参数：包括设置“参考点开关一侧”、选择“允许硬限位开关处自动反转”项。在选择前述第二项功能后，若轴在碰到参考点前碰到了限位点，此时系统认为参考点在反方向，则会按组态好的斜坡减速曲线停车并反转；若该功能没有被选择，并且轴到达硬件限位，则回参考点的过程会因错误而被取消，并紧急停止，如图 6-60 所示。

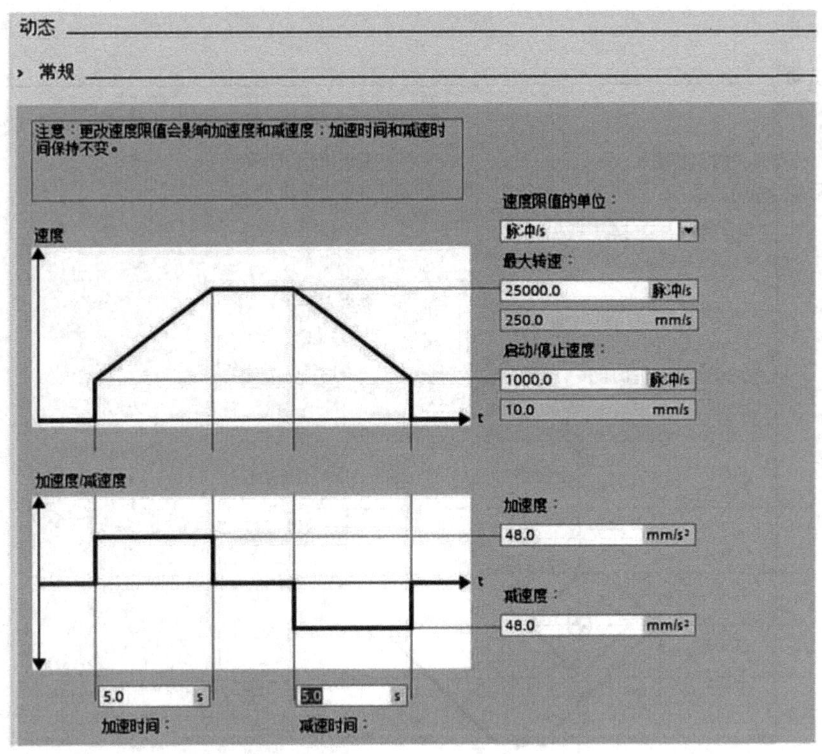

图 6-58　常规动态参数设置

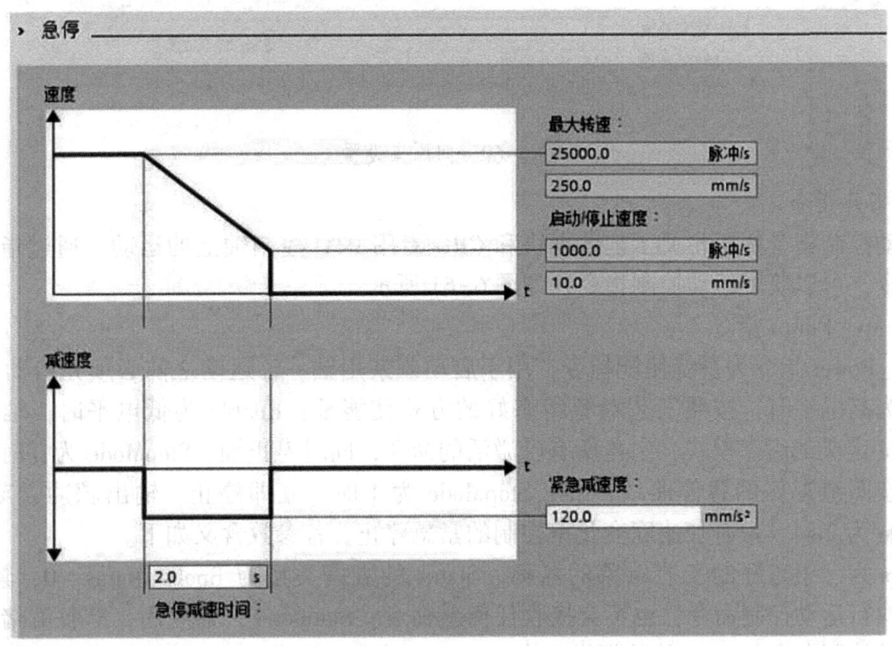

图 6-59　急停参数设置

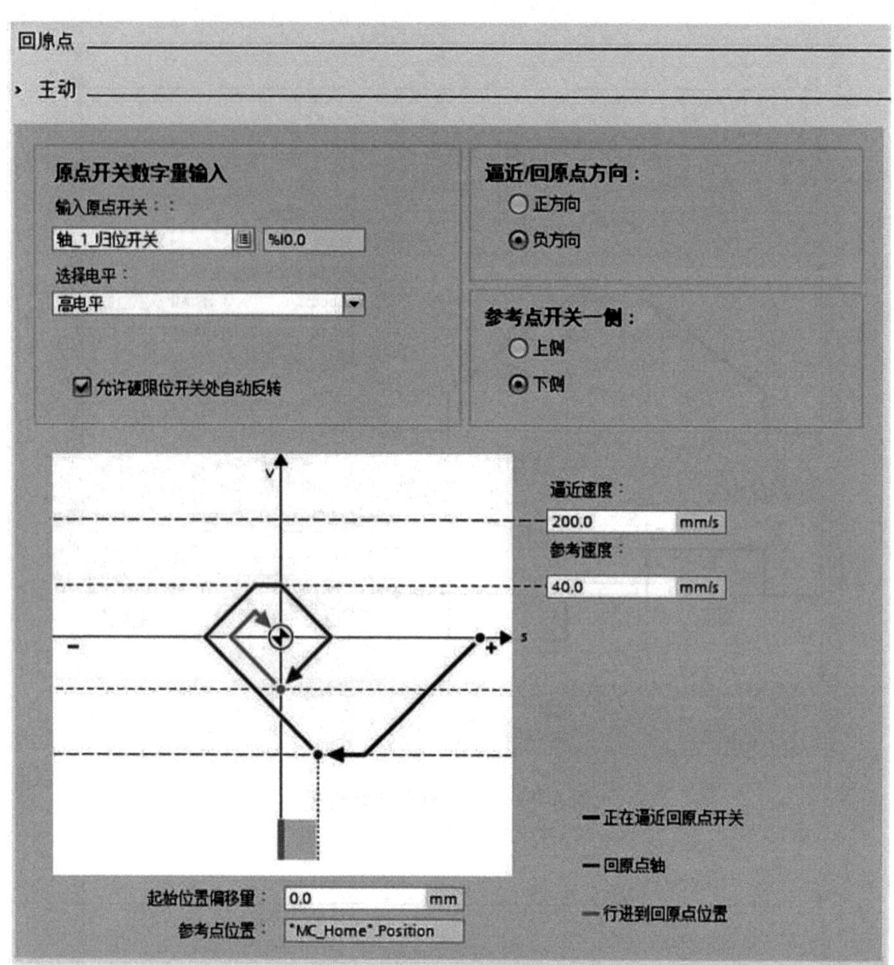

图 6-60　回原点设置

5. 相关指令

运动控制指令使用相关工艺数据块和 CPU 专用 PTO 控制轴上的运动，通过指令库的工艺指令，可以获得运动控制指令，如图 6-61 所示。

1）MC_Power 指令

MC_Power 指令为系统使能指令，用于启动或禁用轴。轴运动之前必须先启动（用），Enable 为高电平时，按照工艺对象组态好的方式使能轴；Enable 为低电平时，轴将按照 StopMode 定义的组态模式，中止所有已激活的命令，同时停止轴。StopMode 为 0 时，紧急停止，按照组态好的急停曲线停止；StopMode 为 1 时，立即停止，输出脉冲立刻封锁；StopMode 为 2 时，带有加速度变化率控制的紧急停止。各参数含义如下。

Axis 为已组态好的工艺对象的名称。Status 的数据类型为 Bool，Status = 0，禁用轴，轴不会执行运动控制命令，也不会接收任何新命令；Status = 1，轴启用，准备就绪，可以执行运动控制命令。Error 的数据类型为 Bool，运动控制指令 MC_Power 或相关工艺对象发生错误时为 1，否则为 0。MC_Power 指令需要生成对应的背景数据块。其指令的符号如图 6-62 所示。

> 扩展指令

∨ 工艺

名称	描述	版本
▸ 计数		V1.1
▸ PID 控制		
▾ Motion Control		V4.0
MC_Power	启动/禁用轴	V4.0
MC_Reset	确认错误，重新启动...	V4.0
MC_Home	归位轴，设置起始位置	V4.0
MC_Halt	暂停轴	V4.0
MC_MoveAbsolute	以绝对方式定位轴	V4.0
MC_MoveRelative	以相对方式定位轴	V4.0
MC_MoveVelocity	以预定义速度移动轴	V4.0
MC_MoveJog	以"点动"模式移动轴	V4.0
MC_CommandTable	按移动顺序运行轴作业	V4.0
MC_ChangeDynamic	更改轴的动态设置	V4.0
MC_WriteParam	写入工艺对象的参数	V4.0
MC_ReadParam	读取工艺对象的参数	V4.0

图 6-61　运动控制指令

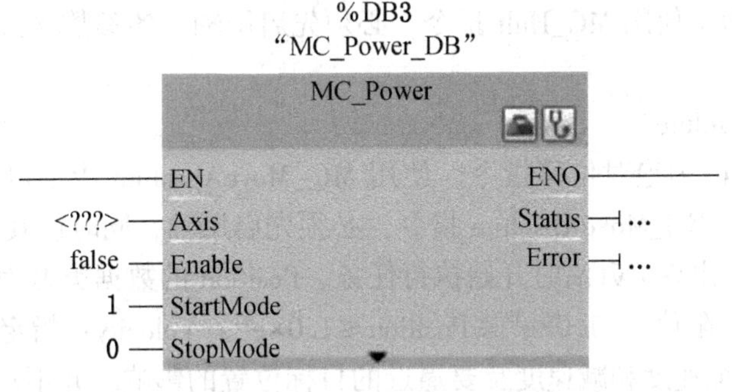

图 6-62　MC_Power 指令的符号

2）MC_Reset

MC_Reset 指令可复位所有运动控制错误，所有可确认的运动控制错误都会被确认。使用 MC_Reset 指令前，必须将需要确认的未解决组态错误的原因消除。其指令的符号如图 6-63 所示。

其中，Axis 已定义的轴工艺对象。Execute 出现上升沿时开始任务。Done 的数据类型为 Bool，TRUE 表示错误已确认。Error 的数据类型为 Bool，TRUE 表示任务执行期间出错。

3）MC_Home

MC_Home 为回原点指令。使用 MC_Home 指令可将轴坐标与实际物理驱动器位置匹配。为了使用 MC Home 指令，必须先启用轴。其指令的符号如图 6-64 所示。

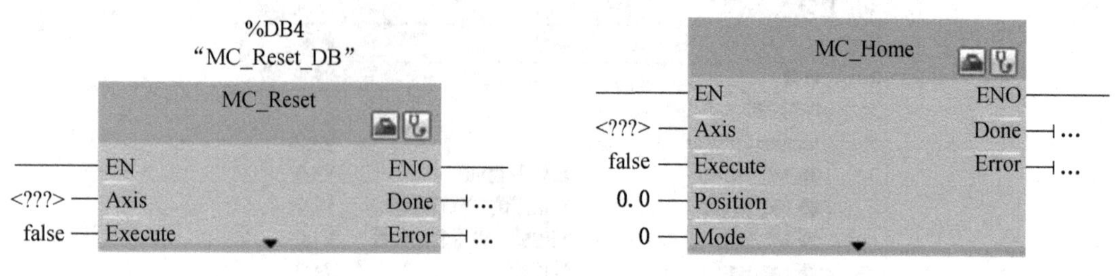

图 6-63　MC_Reset 指令的符号

图 6-64　MC_Home 指令的符号

其中，Execute：出现上升沿时开始任务。Mode：回原点模式，数据类型为 Int，0 为绝对式直接回原点，新的轴位置为参数 Position 的位置值；1 为相对式直接回原点，新的轴位置为当前轴位置加参数 Position 的位置值；2 为被动回原点，根据轴组态回原点，回原点后，参数 Position 的值被设置为新的轴位置；3 为主动回原点，按照轴组态进行参考点逼近，参数 Position 的值被设置为新的轴位置。Position 的数据类型为 Real，当 Mode 为 0、2 和 3 时，为完成回原点操作后轴的绝对位置；当 Mode = 1 时，为当前轴位置的校正值，Position 限值：$-1.0\times e^{12}\leqslant$Position$\leqslant 1.0\times e^{12}$。其他参数同上。

4）MC_Halt

MC_Halt 为暂停轴指令。使用 MC_Halt 指令可停止所有运动并将轴切换到停止状态，停止位置未定义。为了使用 MC_Halt 指令，必须先启用轴。各参数含义同上，其指令的符号如图 6-65 所示。

5）MC_MoveAbsolute

MC_MoveAbsolute 为绝对位移指令。使用 MC_MoveAbsolute 指令可启用轴到绝对位置的定位运动。为使用 MC_MoveAbsolute 指令，必须先启用轴，同时使其回原点。

其中，Execute：出现上升沿时开始执行任务。Position 的数据类型为 Real，绝对目标位置（默认值为 0.0），限值：$-1.0\times e^{12}\leqslant$Position$\leqslant 1.0\times e^{12}$；Velocity：指定轴的速度（默认值为 10.0），受组态的加速度和减速度及要逼近的目标位置的影响，并不总能达到此速度。限值：启动/停止速度≤Velocity≤最大速度。其他参数同上，其指令的符号如图 6-66 所示。

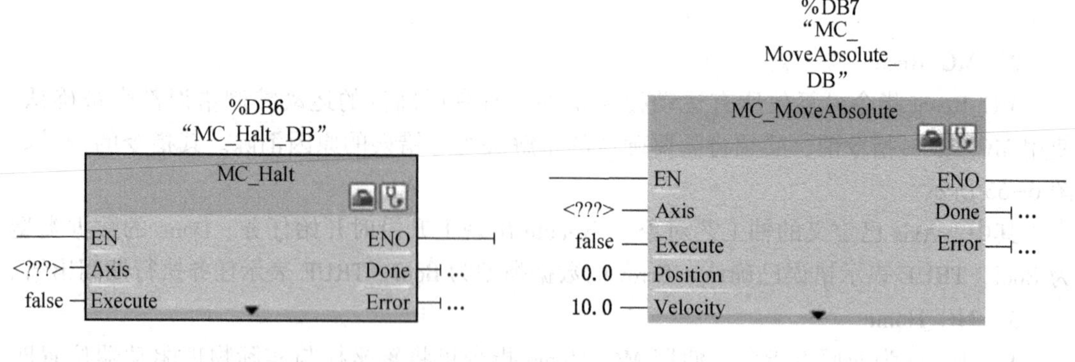

图 6-65　MC_Halt 指令的符号

图 6-66　MC_MoveAbsolute 指令的符号

6）MC_MoveRelative

MC_MoveRelative 相对位置指令的执行不需要建立参考点，只需定义运动距离、方向和速度。当上升沿 Execute 使能时，轴按照设定好的距离与速度运动，其方向由距离的符号决定。MC_MoveRelative 指令的符号如图 6-67 所示。

其中，Distance：运动的相对距离，限值：$-1.0\times e^{12}\leqslant$ Distance $\leqslant 1.0\times e^{12}$；Velocity：用户定义的运行速度，受组态的加速度和减速度及要行进距离的影响，并不总能达到此速度。限值：启动/停止速度≤Velocity≤最大速度。其他参数同上。

绝对位移指令与相对位移指令的主要区别在于：是否需要建立坐标系统（是否需要参考点）。绝对位移指令需要建立参考点，并根据坐标自动决定运动方向；相对位移指令不需要建立参考点，只需要当前点与目标点之间的距离，由程序决定方向。

7）MC_MoveVelocity

MC_MoveVelocity 为目标转速运动指令，可使轴按预先设定的速度运行，运行速度在 Velocity 中设定。MC_MoveVelocity 指令的符号如图 6-68 所示。

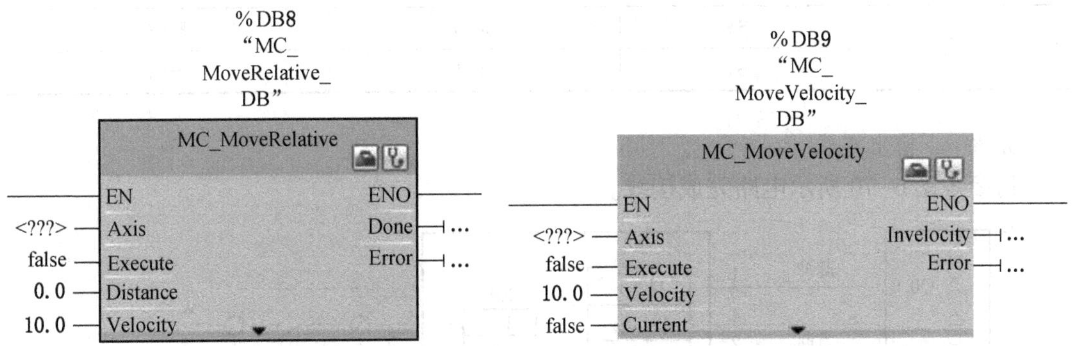

图 6-67　MC_MoveRelative 指令的符号　　　　图 6-68　MC_MoveVelocity 指令的符号

Velocity：指定轴运动的速度（默认值为 10.0），限值：启动/停止速度≤｜Velocity｜≤最大速度（允许 Velocity = 0.0）。Current 的数据类型为 Bool，当 Current 为 FALSE 时，禁用"保持当前速度"，使用参数"Velocity"和"Direction"的值（默认值）；当 Current 为 TRUE 时，激活"保持当前速度"，不考虑参数"Velocity"和"Direction"的值。

任务实施：伺服电动机运动控制

1. 控制要求

假定一伺服电动机带动一小车在轨道上从左（原点）向右（目标点）循环往复运动，左限位 I0.1，原点 I0.0，右限位 I0.2，其工作示意图如图 6-69 所示。从原点到目标点的距离为 30 cm，试编写程序。松下交流伺服电动机驱动器，电动机编码反馈脉冲为 2500 pule/rev；默认状态下，驱动器反馈脉冲电子齿轮分-倍频值设置为 10000/6000。

2. I/O 分配

伺服电机控制 I/O 分配见表 6-11。

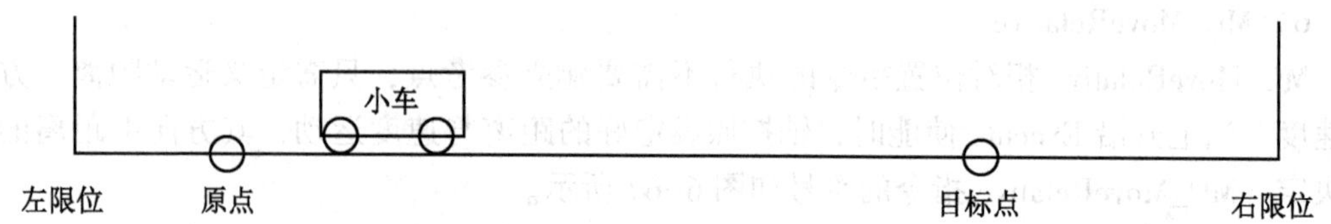

图 6-69 运动轨迹及工作示意图

表 6-11 I/O 分 配

类别	元件	I/O 编号	备注
输入	SQ_1	I0.0	原点开关
	SQ_2	I0.1	左限位
	SQ_3	I0.2	右限位
	SB_1	I0.3	激活 MC
	SB_2	I0.4	停止
	SB_3	I0.5	故障复位
输出	SM	Q0.0	脉冲
	SM	Q0.1	方向

3. 输入/输出接线

请参考图 6-70 所示电路完成接线。

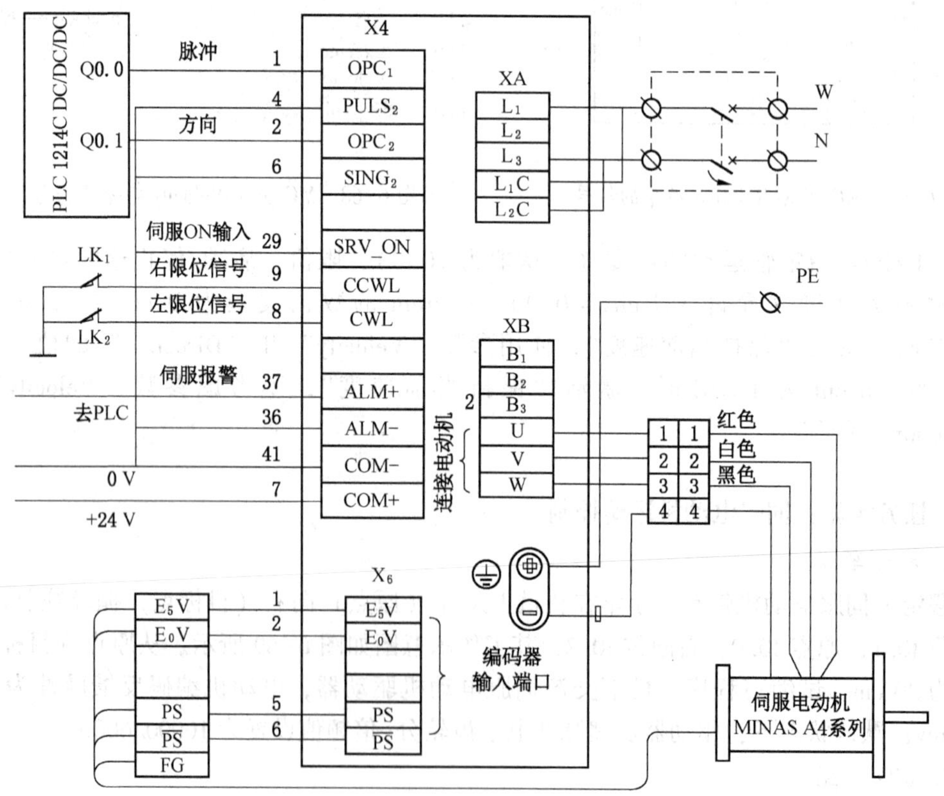

图 6-70 伺服电机 PLC 外部接线

4. 伺服参数设置

伺服参数设置见表 6-12。

表 6-12 伺服参数设置

序号	参数编号	参数名称	设置数值	功能和含义
1	Pr5. 28	LED 初始状态	1	显示电动机转速
2	Pr0. 01	控制模式	0	位置控制（相关代码 P）
3	Pr5. 04	驱动禁止输入设定	2	当左或右（POT 或 NOT）限位动作，则会发生 Err38 行程限位禁止输入信号出错报警。设置此参数值必须在控制电源断电重启后才能生效
4	Pr0. 04	惯量比	250	
5	Pr0. 02	实时自动增益设置	1	实时自动调整为标准模式
6	Pr0. 03	机械刚性选择	13	此参数设置越大，影响越快
7	Pr0. 06	1		
8	Pr0. 07	3		
9	Pr0. 08	6000		

5. 组态编程

1）组态 CPU 的脉冲输出

在设备组态界面，选中 CPU，在下部“属性”的“常规”选项卡中，选择“启用该脉冲发生器”复选项，启用脉冲发生器 1，则 Q0. 0 为脉冲输出，Q0. 1 为脉冲方向输出，HSC1 为 PTO1 的高速脉冲输出，信号类型为 PTO（脉冲 A 和方向 B），如图 6-71 所示。

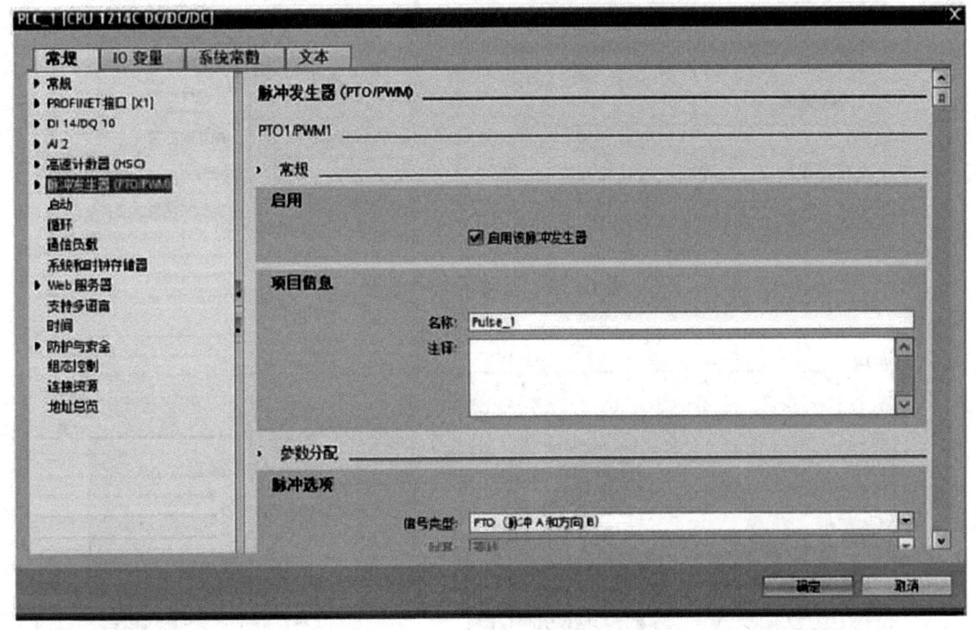

图 6-71 组态 CPU 的脉冲输出

2）组态工艺对象

组态工艺对象，轴的基本参数设置如图 6-72 所示，驱动器信号设置如图 6-73 所示，机械参数设置如图 6-74 所示，位置限制设置如图 6-75 所示，动态常规参数设置如图 6-76 所示，急停参数设置如图 6-77 所示，回原点设置如图 6-78 所示。

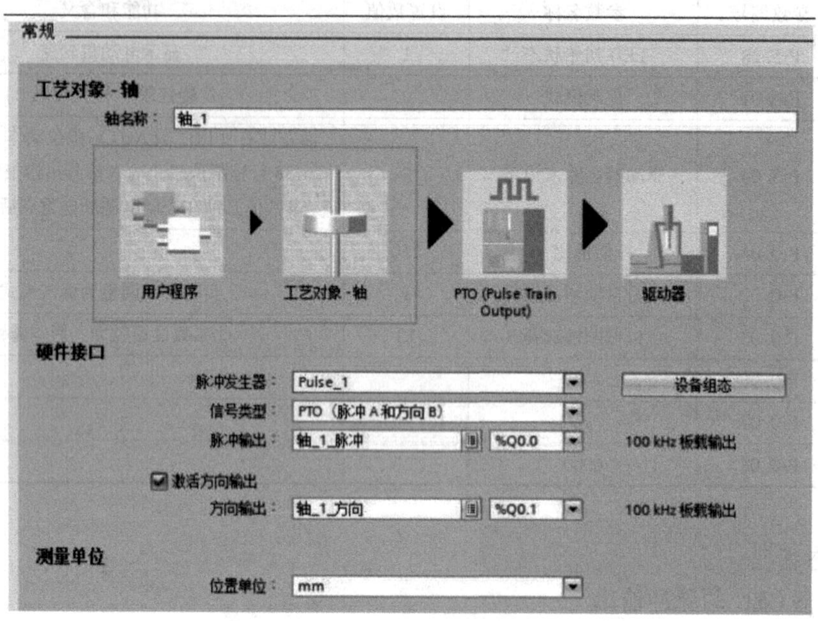

图 6-72　轴的基本参数设置

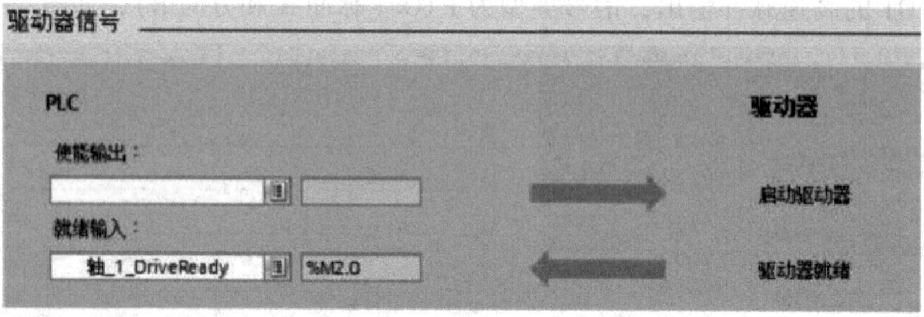

驱动器信号

PLC

驱动器

使能输出：

启动驱动器

就绪输入：

轴_1_DriveReady　%M2.0

驱动器就绪

图 6-73　驱动器信号设置

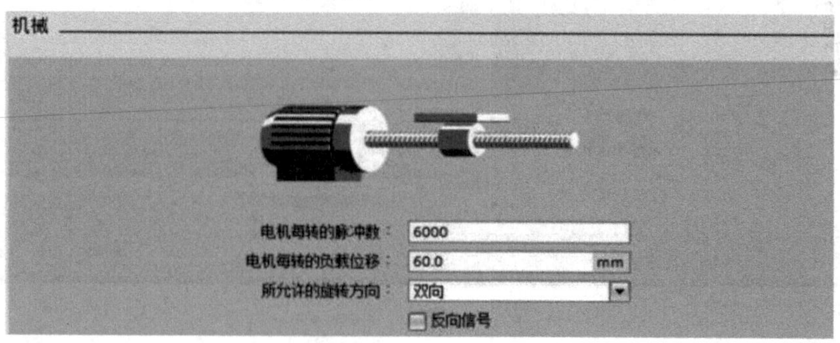

图 6-74　机械参数设置

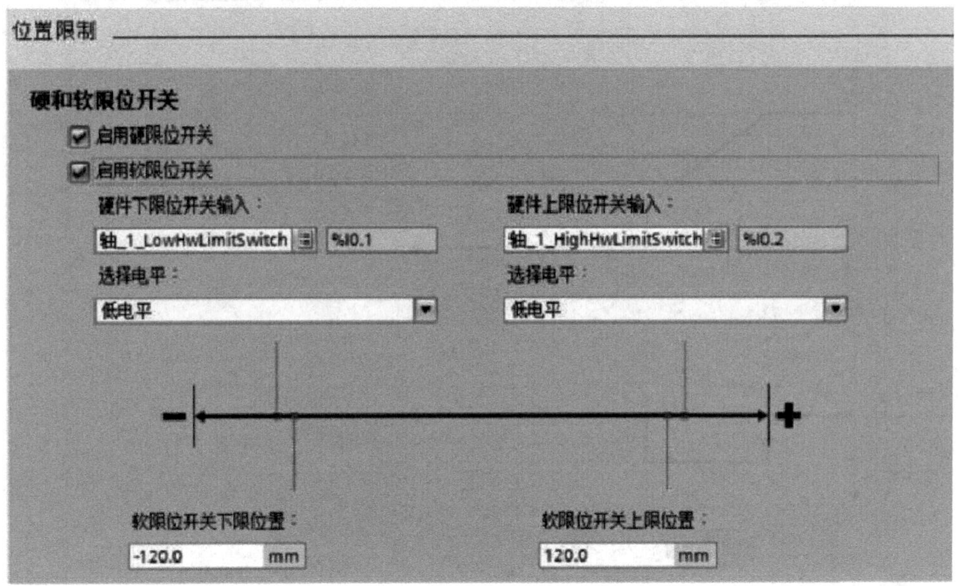

图 6-75 位置限制设置

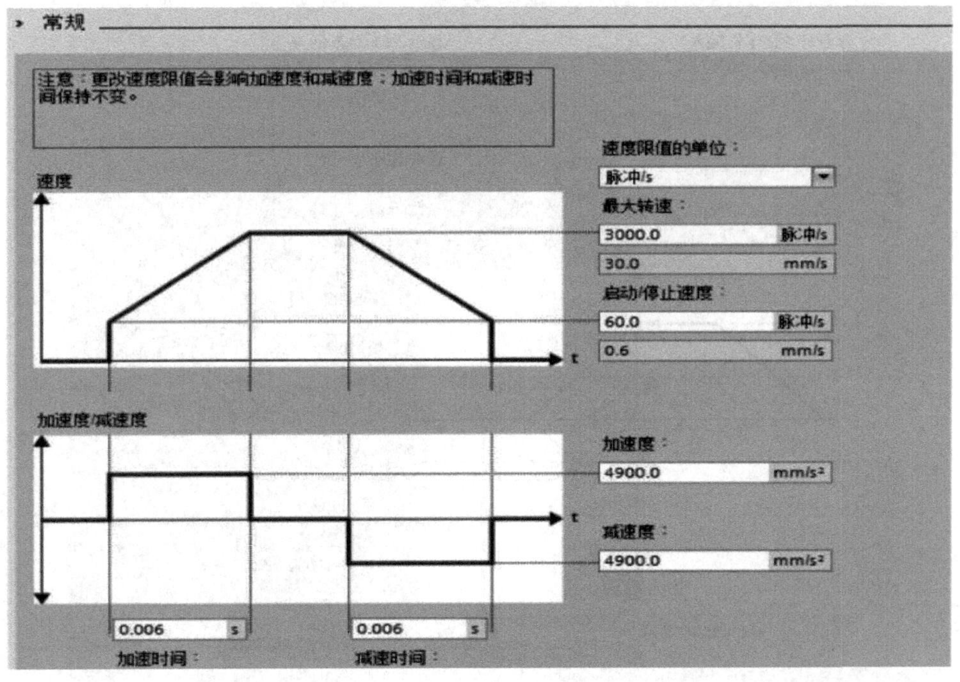

图 6-76 动态常规参数设置

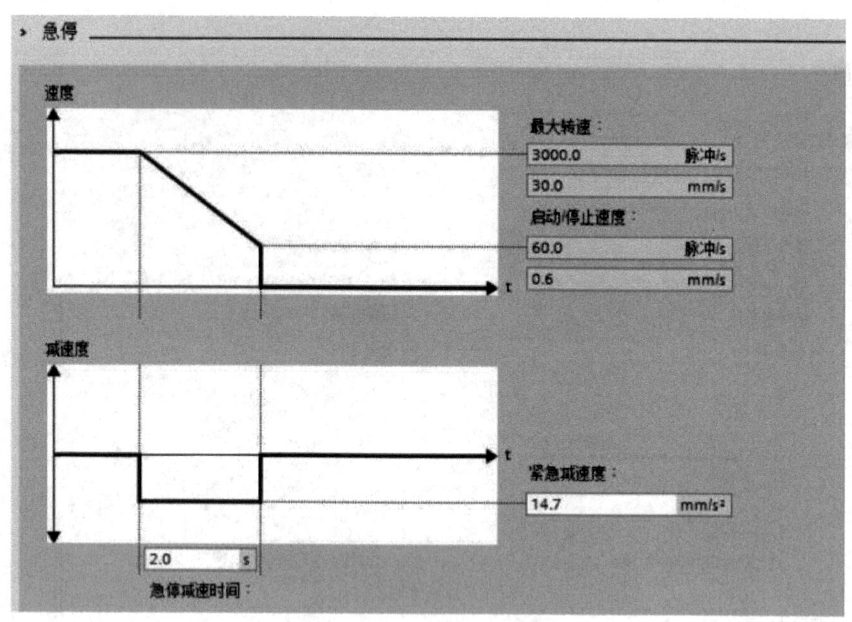

图 6-77　急停参数设置

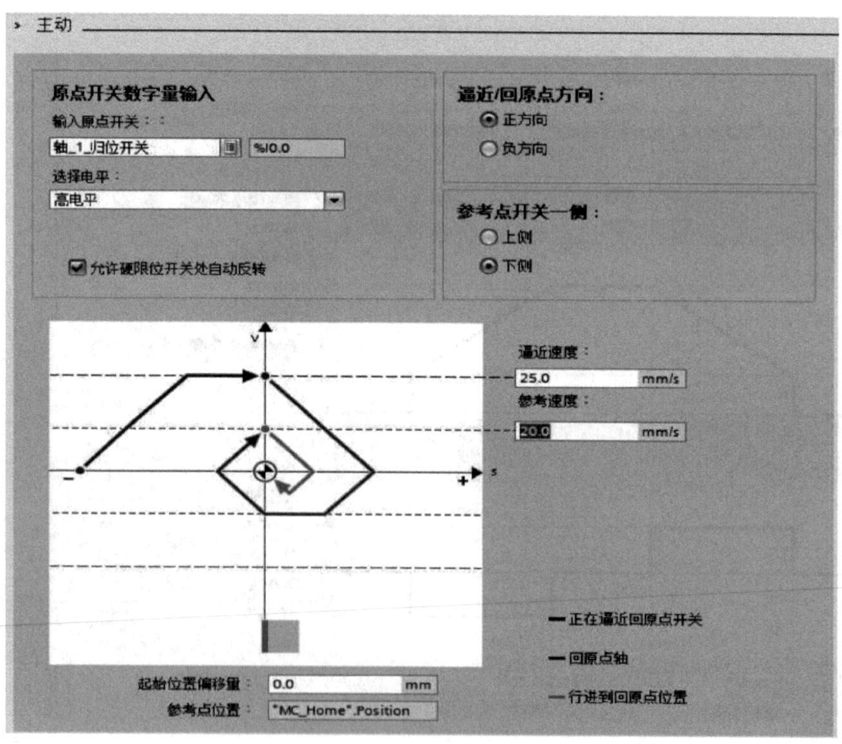

图 6-78　回原点设置

3）建立变量

轴组态生成后，生成的默认变量如图 6-79 所示。根据项目要求，变量的定义如图 6-80 所示。

PLC 变量										
		名称	变量表	数据类型	地址	保持	可从…	从 H…	在 H…	注释
1		轴_1_脉冲	默认变量表	Bool	%Q0.0	☐	☑	☑	☑	
2		轴_1_方向	默认变量表	Bool	%Q0.1	☐	☑	☑	☑	
3		轴_1_DriveReady	默认变量表	Bool	%M2.0	☐	☑	☑	☑	
4		轴_1_LowHwLimitSwitch	默认变量表	Bool	%I0.1	☐	☑	☑	☑	
5		轴_1_HighHwLimitSwitch	默认变量表	Bool	%I0.2	☐	☑	☑	☑	
6		轴_1_归位开关	默认变量表	Bool	%I0.0	☐	☑	☑	☑	

图 6-79　轴生成的默认变量

7		激活MC	默认变量表	Bool	%I0.3	☐	☑	☑	☑
8		停止	默认变量表	Bool	%I0.4	☐	☑	☑	☑
9		故障复位	默认变量表	Bool	%I0.5	☐	☑	☑	☑
10		目标点位置已达	默认变量表	Bool	%M100.0	☐	☑	☑	☑
11		Tag_1	默认变量表	Bool	%M100.1	☐	☑	☑	☑
12		原点位置已达	默认变量表	Bool	%M200.0	☐	☑	☑	☑
13		Tag_2	默认变量表	Bool	%M200.1	☐	☑	☑	☑
14		停止运动	默认变量表	Bool	%M3.0	☐	☑	☑	☑

图 6-80　变量的定义

4）程序设计

轴运动控制梯形图如图 6-81 所示。

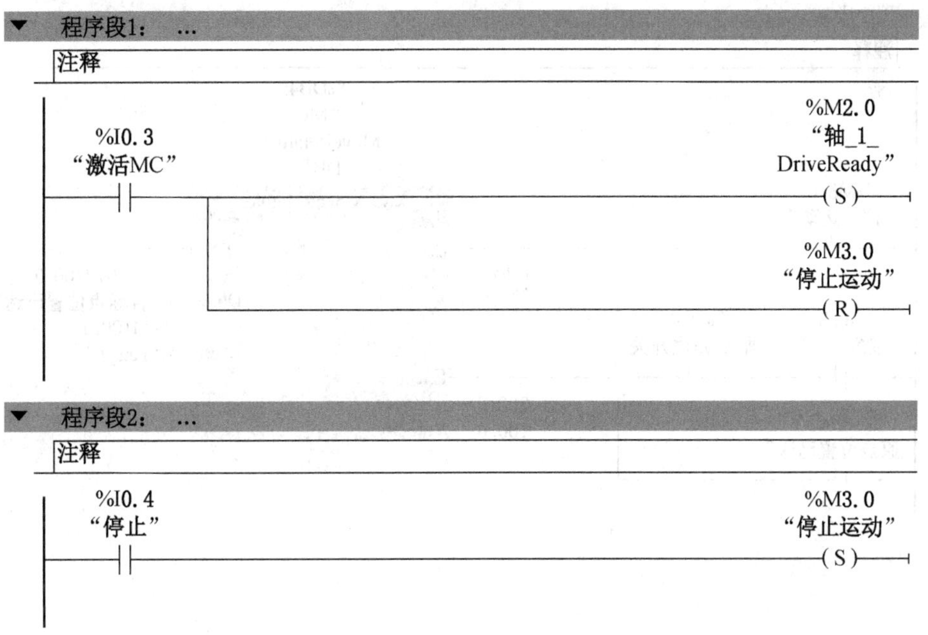

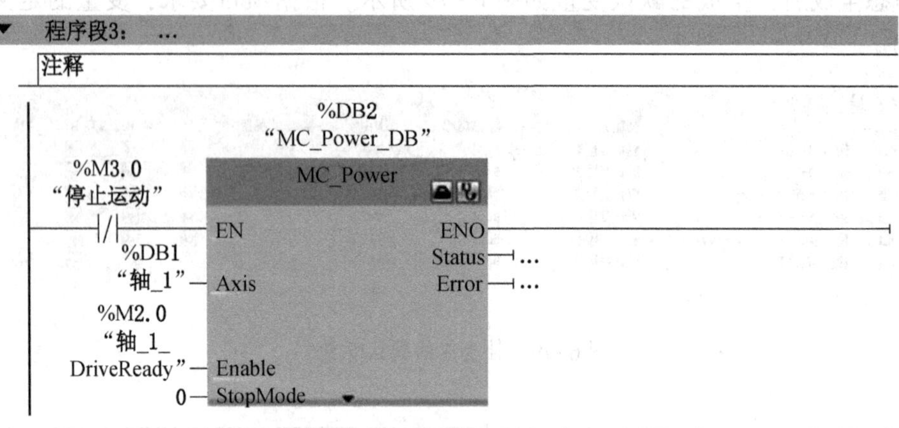

程序段3： ...
注释
%DB2
"MC_Power_DB"
%M3.0
"停止运动"
MC_Power
EN
ENO
Status
Error
%DB1
"轴_1"
Axis
%M2.0
"轴_1_
DriveReady"
Enable
0
StopMode

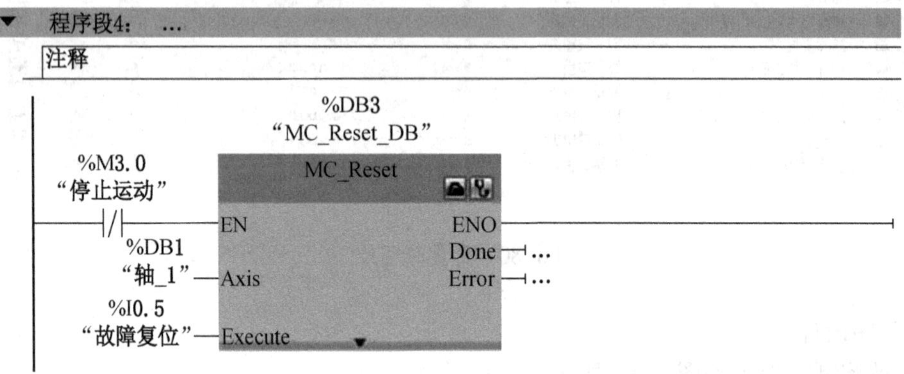

程序段4： ...
注释
%DB3
"MC_Reset_DB"
%M3.0
"停止运动"
MC_Reset
EN
ENO
Done
Error
%DB1
"轴_1"
Axis
%I0.5
"故障复位"
Execute

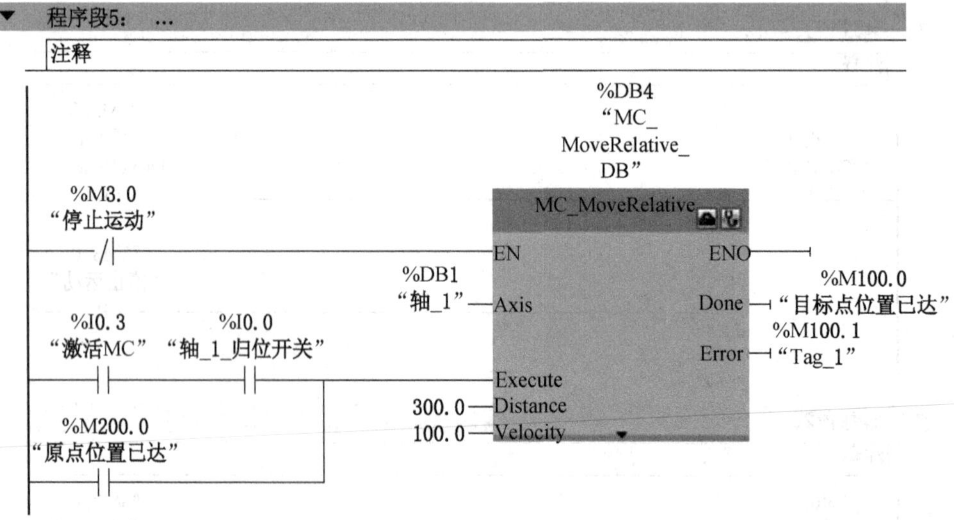

程序段5： ...
注释
%DB4
"MC_
MoveRelative_
DB"
%M3.0
"停止运动"
MC_MoveRelative
EN
ENO
%DB1
"轴_1"
Axis
Done
%M100.0
"目标点位置已达"
Error
%M100.1
"Tag_1"
%I0.3
"激活MC"
%I0.0
"轴_1_归位开关"
Execute
300.0
Distance
100.0
Velocity
%M200.0
"原点位置已达"

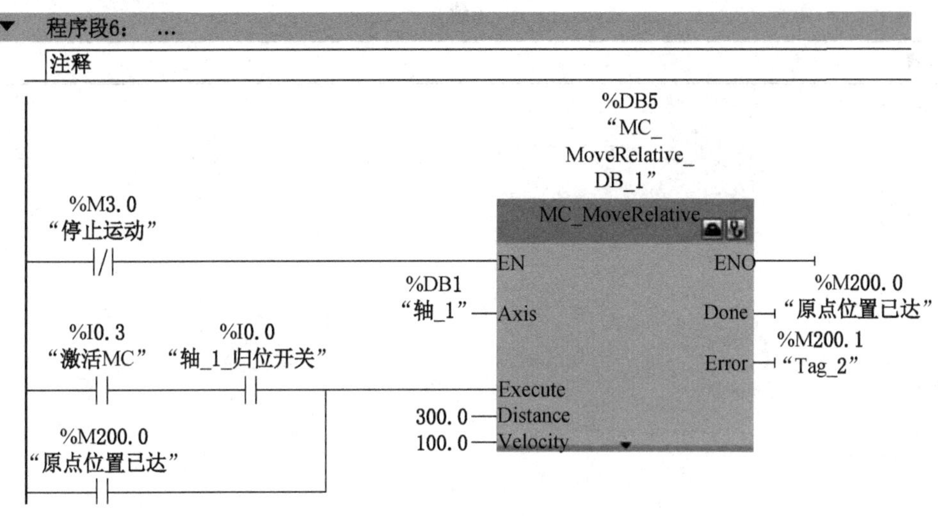

图 6-81　轴运动控制梯形图

程序段 1 中，轴使能控制位被置位；程序段 2 中，按下停止按钮，停止运动输出；程序段 3 中，系统使能块，该块调用并使能后，其他功能块才能正常使用；程序段 4 中，故障复位使能块，确认故障，重启工艺对象；程序段 5 中，相对位置使能块，据当前位置移动到相对位置 300.0 mm 处，速度为 100.0 mm/s，到达目标点；程序段 6 中，滑轮运动到相对位置-300.0 mm 处，速度为 100.0 mm/s，返回原点。

 评价反馈任务单

学生任务分配实施单

任务名称	伺服电机运动控制				
班级		组号		指导教师	
组长		学号			
组员	姓名		学号		
	姓名		学号		
	姓名		学号		
	姓名		学号		

（就组织讨论、工具准备、数据记录、安全监督、成果展示等工作内容进行任务分工）

（续）

实施步骤
步骤一：   步骤二：   步骤三：

经验记录单

<table>
<tr><td>任务名称</td><td colspan="5">伺服电机运动控制</td></tr>
<tr><td>班级</td><td></td><td>姓名</td><td></td><td rowspan="2">指导教师</td><td rowspan="2"></td></tr>
<tr><td>学号</td><td></td><td>组号</td><td></td></tr>
<tr><td colspan="6">打开博途软件，亲身实践，写出伺服电机运动控制程序。</td></tr>
<tr><td colspan="6"></td></tr>
<tr><td colspan="6">将伺服电机运动控制程序下载到博途软件，调试、观察并描述实验效果。</td></tr>
<tr><td colspan="6"></td></tr>
<tr><td colspan="6">实验过程中，出现了哪些问题？你是如何解决的？</td></tr>
<tr><td colspan="6">问题 1：
解决方法：

问题 2：
解决方法：</td></tr>
</table>

各小组互评打分表

<table>
<tr><td>姓名</td><td></td><td colspan="2">学号</td><td colspan="2"></td><td colspan="2">班级</td><td colspan="2"></td><td colspan="2">组别</td><td colspan="2"></td></tr>
<tr><td colspan="2">实训任务</td><td colspan="12">伺服电机运动控制程序</td></tr>
<tr><td rowspan="2">评价项目</td><td rowspan="2">分值</td><td colspan="4">等级</td><td colspan="8">评价对象（组别）</td></tr>
<tr><td>A</td><td>B</td><td>C</td><td>D</td><td>1</td><td>2</td><td>3</td><td>4</td><td>5</td><td>6</td><td>7</td><td>8</td></tr>
<tr><td>方案合理</td><td>20</td><td>20</td><td>15</td><td>10</td><td>5</td><td></td><td></td><td></td><td></td><td></td><td></td><td></td><td></td></tr>
<tr><td>团队合作</td><td>20</td><td>20</td><td>15</td><td>10</td><td>5</td><td></td><td></td><td></td><td></td><td></td><td></td><td></td><td></td></tr>
<tr><td>工作质量</td><td>20</td><td>20</td><td>15</td><td>10</td><td>5</td><td></td><td></td><td></td><td></td><td></td><td></td><td></td><td></td></tr>
<tr><td>工作规范</td><td>20</td><td>20</td><td>15</td><td>10</td><td>5</td><td></td><td></td><td></td><td></td><td></td><td></td><td></td><td></td></tr>
<tr><td>PPT/演示展示</td><td>20</td><td>20</td><td>15</td><td>10</td><td>5</td><td></td><td></td><td></td><td></td><td></td><td></td><td></td><td></td></tr>
<tr><td>合计</td><td>100</td><td colspan="4">各组得分</td><td></td><td></td><td></td><td></td><td></td><td></td><td></td><td></td></tr>
<tr><td colspan="14">总结与反思</td></tr>
</table>

（如：在任务实施过程中遇到了什么问题→如何解决的/解决不了的原因→本次任务心得体会）

教师评价打分表

<table>
<tr><td>姓名</td><td colspan="2"></td><td>学号</td><td></td><td>班级</td><td></td><td>组别</td><td></td></tr>
<tr><td colspan="3">实训任务</td><td colspan="6"></td></tr>
<tr><td colspan="3">评价项目</td><td colspan="4">评价标准</td><td>分值</td><td>得分</td></tr>
<tr><td colspan="3">考勤（10%）</td><td colspan="4">未出现无故迟到、早退和旷课的现象</td><td>10</td><td></td></tr>
<tr><td rowspan="9">工作过程（60%）</td><td rowspan="2">知识目标</td><td>获取信息</td><td colspan="4">掌握工作相关知识</td><td>10</td><td></td></tr>
<tr><td>进行表决</td><td colspan="4">制订工作方案，方案合理可行</td><td>10</td><td></td></tr>
<tr><td rowspan="4">技能目标</td><td rowspan="4">任务实施</td><td colspan="4">分配 PLC 变量</td><td>5</td><td></td></tr>
<tr><td colspan="4">完成 PLC 外部硬件接线图</td><td>5</td><td></td></tr>
<tr><td colspan="4">编写 PLC 程序</td><td>5</td><td></td></tr>
<tr><td colspan="4">下载程序并调试运行</td><td>5</td><td></td></tr>
<tr><td rowspan="3">素养目标</td><td>工作态度</td><td colspan="4">认真严谨、积极主动、安全生产、文明施工</td><td>5</td><td></td></tr>
<tr><td>团队合作</td><td colspan="4">与小组成员、同学之间合作交流、协作工作</td><td>5</td><td></td></tr>
<tr><td>工作质量</td><td colspan="4">能按照工作方案操作，按计划完成任务</td><td>10</td><td></td></tr>
<tr><td colspan="2" rowspan="3">项目成果（30%）</td><td>工作完整</td><td colspan="4">能按时完成工作任务的所有环节</td><td>10</td><td></td></tr>
<tr><td>工作规范</td><td colspan="4">过程中规范操作，避免意外事故发生</td><td>10</td><td></td></tr>
<tr><td>汇报展示</td><td colspan="4">能准确表达、汇报工作成果</td><td>10</td><td></td></tr>
<tr><td colspan="7">合计</td><td>100</td><td></td></tr>
<tr><td colspan="3" rowspan="2">综合评价</td><td colspan="2">学生评价（50%）</td><td colspan="2">教师评价（50%）</td><td colspan="2">综合得分</td></tr>
<tr><td colspan="2"></td><td colspan="2"></td><td colspan="2"></td></tr>
<tr><td colspan="3">综合评语</td><td colspan="6">（作业过程中存在的问题及改进建议）</td></tr>
</table>

附录　配套视频资源

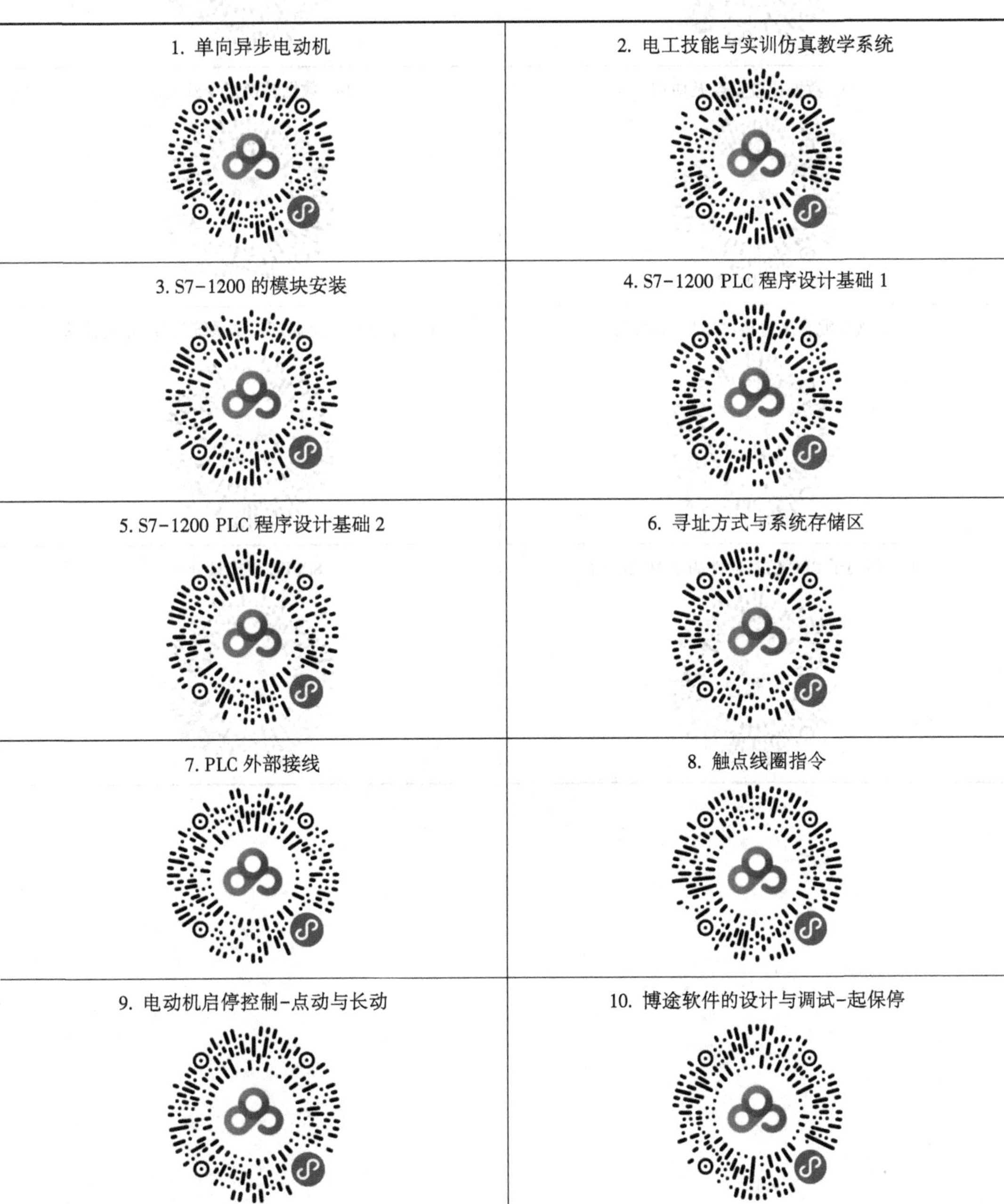

1. 单向异步电动机	2. 电工技能与实训仿真教学系统
3. S7-1200 的模块安装	4. S7-1200 PLC 程序设计基础 1
5. S7-1200 PLC 程序设计基础 2	6. 寻址方式与系统存储区
7. PLC 外部接线	8. 触点线圈指令
9. 电动机启停控制-点动与长动	10. 博途软件的设计与调试-起保停

（续）

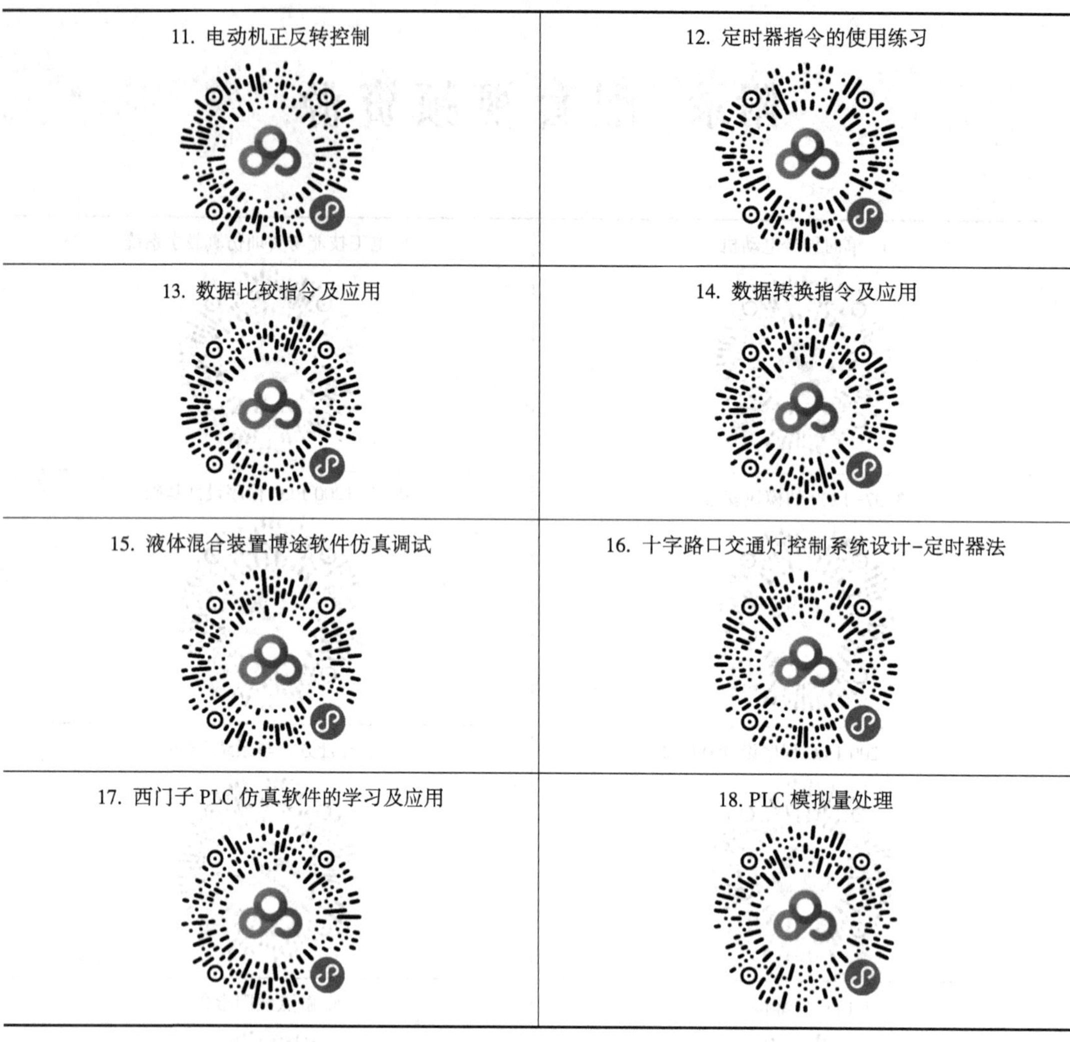

11. 电动机正反转控制	12. 定时器指令的使用练习
13. 数据比较指令及应用	14. 数据转换指令及应用
15. 液体混合装置博途软件仿真调试	16. 十字路口交通灯控制系统设计-定时器法
17. 西门子 PLC 仿真软件的学习及应用	18. PLC 模拟量处理

参 考 文 献

［1］王春峰，段向军．可编程控制器应用技术项目式教程（西门子 S7-1200）［M］．北京：电子工业出版社，2019.
［2］郭淳芳，王光波．可编程控制技术［M］．哈尔滨：哈尔滨工程大学出版社，2023.
［3］郑海春．电气控制与 S7-1200 PLC 应用技术教材［M］．北京：机械工业出版社，2022.
［4］侍寿永，夏玉红．电气控制与 PLC 应用技术（S7-1200）［M］．北京：机械工业出版社，2022.
［5］芮庆忠．西门子 S7-1200 PLC 编程及应用［M］．北京：电子工业出版社，2020.
［6］侍寿永．西门子 S7-1200 PLC 编程与应用教程［M］．北京：机械工业出版社，2020.

图书在版编目（CIP）数据

电气控制与 PLC 应用技术／黄俊梅，朱莹主编．
北京：应急管理出版社，2024．--（煤炭职业教育
“十四五”规划教材）-- ISBN 978-7-5237-0679-4

Ⅰ．TM571

中国国家版本馆 CIP 数据核字第 202402EQ86 号

电气控制与 PLC 应用技术
（煤炭职业教育“十四五”规划教材）

主　　编　黄俊梅　朱　莹
责任编辑　闫　非
编　　辑　田小琴
责任校对　李新荣
封面设计　之　舟

出版发行　应急管理出版社（北京市朝阳区芍药居 35 号　100029）
电　　话　010-84657898（总编室）　010-84657880（读者服务部）
网　　址　www. cciph. com. cn
印　　刷　北京建宏印刷有限公司
经　　销　全国新华书店

开　　本　787mm×1092mm 1/16　**印张**　15　**字数**　354 千字
版　　次　2024 年 8 月第 1 版　2024 年 8 月第 1 次印刷
社内编号　20240839　　**定价**　52.00 元
